Victoria Bruce

Vulkan des Todes

Victoria Bruce

Vulkan des Todes

Die wahre Geschichte der Katastrophen von Galeras und Nevado del Ruiz

Aus dem Amerikanischen
von Renate Weitbrecht
und Helmut Dierlamm

MALIK

Die Originalausgabe erschien 2001
unter dem Titel »No Apparent Danger«
bei Harper Collins, New York

ISBN 3-89029-217-8

Satz: Dr. Ulrich Mihr GmbH, Tübingen
Druck und Bindung: Ebner Ulm
Printed in Germany

www-malik.de

Für meine Eltern
und zur Erinnerung
an Bruno Martinelli,
dessen Leidenschaft für Vulkane
nur von seiner Liebe
zu seiner besten Freundin
übertroffen wurde.

Inhalt

Anhang

Prolog

Pasto, Kolumbien:
12. März 2000

Am späten Morgen erreichen wir den Gipfel des Galeras, eines ausladenden, 4267 Meter hohen Vulkans in Südkolumbien. Hier oben herrschen nur viereinhalb Grad Celsius und ein starker Wind. In meinem Rucksack habe ich zwei Schokoriegel – Opfergaben, um den Berg zu besänftigen, die ich auf das Drängen meines guatemaltekischen Führers Alfredo Roldán hin mitnahm. Alfredo überlebte einen Ausbruch des Galeras und geht kein Risiko ein.

Der Galeras mag keine Fremden.

Der Gipfel des Vulkans ragt 152 Meter über seinem Krater in den Himmel. Unter uns kann ich vier weiße Punkte erkennen, die sich auf den 137 Meter hohen Geröllhaufen zubewegen, der den jungen Kegel des Vulkans bildet: weiße Schutzhelme, die für in der Nähe des Vulkans arbeitende Wissenschaftler vorgeschrieben sind.

Einer der vier Wissenschaftler ist Gustavo Garzón, ein Geologe vom Vulkanobservatorium in Manizales, Kolumbien, der drei deutsche Kollegen herumführt. Gestern Abend genossen Gustavo, Alfredo und ich die Gastfreundschaft eines einheimischen Bauingenieurs mit Verbindungen zum Vulkanobservatorium. Er stellte einen dampfenden Topf Käsefondue und zwei Flaschen

Wodka auf den Tisch, auf dem mindestens sechs Päckchen Zigaretten herumlagen, und wir redeten den ganzen Abend lang über die Vulkane, auf denen wir schon gearbeitet hatten: über den Nevado del Ruiz und den Galeras in Kolumbien, den Pacaya in Guatemala, den Mount Rainier in Nordamerika und den Bezymianny in Rußland. Alfredo zeigte Bilder von einem Ausbruch des Pacaya.

Die Geologen hier, in Kolumbien, kennen einander. Unter ihnen herrscht, wie oft in Wissenschaftlerkreisen, eine Niemand-sonst-versteht-uns-Kameraderie. Wir Geologen verlieren uns gewöhnlich in den langweiligsten Details unserer Wissenschaft, machen alberne Witze über Gneis und Schiefer, geraten in Verzückung, wenn wir an einem Brocken Sandstein ein winziges Körnchen Erz oder Rippelmarken entdecken, und streiten über die chemische Zusammensetzung des Erdkerns.

Ich stehe auf diesem Vulkan, weil sich in dieser öden Landschaft eine Tragödie – für Wissenschaftler und Nichtwissenschaftler – abspielte, eine Reihe von Ereignissen, die eine Stadt ins Chaos stürzte, Journalisten und Politiker entzweite und die Bevölkerung gegen die Wissenschaftler aufbrachte, eine Geschichte, die schon vor Jahrhunderten begann, sich im Verlauf eines Jahrzehnts zuspitzte und 1993 an genau dieser Stelle mit dem Tod von neun Menschen ihren tragischen Höhepunkt erreichte: Sie waren seit Menschengedenken die ersten und einzigen Opfer des Galeras.

Ein Mann vom Vulkanobservatorium in Pasto steht neben uns auf dem Gipfelgrat. Er reicht mir ein Funkgerät. Gustavo steht 800 Meter von uns entfernt neben einer Dampffontäne, die aus einem Loch in der Flanke des Vulkankegels aufsteigt, und wirkt von hier aus so klein wie eine Mücke.

»Ein schöner Tag, nicht wahr?«

»Ja, großartig«, antworte ich zähneklappernd.

Ich gebe das Funkgerät zurück, und wir vernehmen durch das Knacken Gustavos Stimme. Unter uns klettern ein paar Kinder herum, und Gustavo schreit ihnen zu, daß sie den Krater verlassen sollen. Dort unten ist es gefährlich. Wolken so dick wie Schlagsahne treiben in den Krater und aus ihm hinaus. Ich frage mich, wie die Kinder dorthin kamen. Der Krater des Galeras ist offiziell gesperrt.

Wir sitzen auf Felsen in der Nähe eines Seils, das mit Klampen am Gipfel befestigt ist, und beobachten den Atem des Vulkans, dünne weiße Schwaden, die aus seinem Krater aufsteigen. Zehn Minuten später beginnt das Seil zu zittern. Es erscheint eine winzige Gestalt, unter deren flachen Gummistiefeln das Geröll des steilen Hangs rutscht und knirscht. Weitere Jungen folgen im Gänsemarsch. Der jüngste dürfte ungefähr acht Jahre alt sein. Ihre kupferbraunen Gesichter sind rund und weich. Sie tragen ausgebeulte Hosen und bunte Pullover. Einigen fehlen Vorderzähne. Sie haben keine Schutzhelme und keine Sicherheitsausrüstung. Lächelnd winken sie mir zu und begrüßen mich in gebrochenem Englisch.

Nach den Jungen kommen die Väter am Seil herauf. Ihre Gesichter sind scharf geschnitten und zerfurcht. Sie sind genauso angezogen wie ihre Söhne und tragen ebenfalls keine Schutzhelme. Die Männer sind Bauarbeiter, die das Polizeirevier wieder instandsetzen. Daher erhielten sie Zugang zum Vulkan.

Ich deute mit dem Kopf zu einem an die 100 Meter entfernten verfallenen Betonbau hinüber. Einige Monate nach jenem schicksalhaften Tag im Jahr 1993 zerstörte ein weiterer Ausbruch des Vulkans das Gebäude fast völlig.

»Bauen Sie das Polizeirevier wieder auf?« frage ich einen der Arbeiter, einen Mann mit einem kantigen Gesicht und einer Strickmütze auf dem Kopf. Er nickt.

»Glauben Sie, daß der Galeras wieder ausbrechen wird?«

Er grinst, wobei eine Zahnlücke sichtbar wird, und zuckt die Achseln. »Nein ... ja ... vielleicht.«

Er macht sich keine Sorgen. Für die Landbevölkerung, die *campesinos*, gehört der Galeras zur Familie. Der Vulkan mag etwas gegen Fremde haben, aber den eigenen Leuten würde er nie etwas tun.

Vor sieben Jahren war Alfredo Roldán mit einer Gruppe Wissenschaftler aus Los Alamos hier. Diesmal arbeitet er für mich. Er ist mein Führer, und ich bitte ihn, sich diesen 14. Januar 1993 noch einmal ins Gedächtnis zu rufen. Er erzählt, daß es damals hier oben ganz anders aussah. Der Krater ist jetzt weiter. Die »Deformes Fumarolas« sind größer geworden. Es steigt mehr Dampf aus dem Schlund des Vulkans auf. Der Gipfelgrat war viel breiter. Er schweigt ein paar Sekunden lang, dann erinnert er sich an den Augenblick, in dem der Galeras ausbrach, nachmittags um 1 Uhr 43. »Da war ich«, sagt er und deutet auf die Stelle. »Da waren die Journalisten, und dort fielen die Felsbrocken herunter.« Er verstummt und zündet sich mit Hilfe seines kleinen Vergrößerungsglases und der Sonne, die kurz die Wolkendecke durchbricht, eine Zigarette an.

Gustavo nimmt per Funk Verbindung mit Bruno Martinelli auf, der im Vulkanobservatorium in der acht Kilometer entfernten Stadt Pasto die Meßergebnisse der Seismometer in Tabellen einträgt (Ein Seismometer fängt die Erschütterungen auf, die der Seismograph aufzeichnet. Anm. d. Verlages). Der Mann neben uns mit dem Funkgerät fungiert als Verbindungsmann zwischen

Bruno und Gustavo, dessen Team im Krater arbeitet, so daß wir beide sprechen hören können.

Gustavo: »Die Gastemperaturen erreichen 1000 Grad Celsius.«

Bruno: »Das kann nicht sein. Ausgeschlossen. Mit der Ausrüstung stimmt etwas nicht.« Ich kann von hier aus nichts sehen, doch Alfredo beschreibt mir, wie sie mit langen Drahtseilen, an denen ein Thermoelement befestigt ist, die Temperatur des extrem heißen Dampfes messen. 1000 Grad Celsius? Das erscheint auch mir viel zu heiß.

Ich laufe am Grat entlang nach Osten und blicke in den Krater hinab. Ich bin 33, so alt, wie Marta Calvache an jenem Tag im Januar 1993 war. Wie Marta bin ich Geologin, doch Marta wuchs im Schatten dieses Vulkans auf, ich dagegen in den Vororten Südkaliforniens. Während ich noch hin und her überlegte, was ich einmal machen wollte, stellte Marta sich gewaltigen Herausforderungen. Mir gefällt die Vorstellung, in ihre Fußstapfen zu treten, doch ehrlich gesagt weiß ich nicht, ob ich das könnte. Marta ist eine Heldin. An jenem 14. Januar röhrte der Berg wie ein Düsentriebwerk und stieß schwarze Rauchwolken und glühende Gesteinstrümmer aus. Während ein Dutzend Männer, starr vor Angst, auf dem Gipfel stand, stieg Marta in das Inferno hinab.

Ich stelle mir vor, wie die nur 1,55 Meter große Wissenschaftlerin am Seil hinunterklettert. Sie versucht über den Schutt zu laufen. Glühendheiße Gesteinstrümmer versengen die Sohlen ihrer Stiefel und zischen auf dem kalten Untergrund. Der Vulkan röhrt. Neben einem fast einen Meter dicken Felsbrocken findet sie ihren Professor Stanley Williams, der zusammengekrümmt auf dem Boden liegt und um Hilfe schreit. Er hat schwere Verbrennungen und Verletzungen. In seiner Nähe liegen vier weitere Opfer des Vulkans. Sie sind bis zur Unkenntlichkeit entstellt. Ihre Schädel weisen tiefe Löcher auf. Die Kleider sind in ihre leblosen Körper eingebrannt.

Calvache und drei Helfer brauchen über zwei Stunden, um Williams zu bergen. Weitere sechs Menschen entrinnen mit knapper Not dem Tod. Neun kehren nie zurück.

In diesem öden Kessel gibt es todesmutige Helden – und Geister. Der Weg, der sie herführte, verläuft entlang der Zentralkordillere der kolumbianischen Anden fast 500 Kilometer nach Norden. Dort versuchten Marta Calvache und eine Gruppe junger kolumbianischer Wissenschaftler bereits 1984, also fast ein Jahrzehnt vor dem Ausbruch des Galeras, die tödlichen Geheimnisse eines anderen Vulkans, des Nevado del Ruiz, zu enthüllen. Die beiden Vulkane sind untrennbar miteinander verbunden – durch die Geologie, die Legende und wissenschaftliches Versagen. Um zu verstehen, was hier auf dem Galeras geschah, muß man sich an die furchtbare Tragödie am Nevado del Ruiz erinnern.

Ich hole tief Luft und starre gebannt in das dampfende Innere des Vulkans. Im Westen werfen Felsbrocken lange harte Schatten. Ich beobachte, wie die aufsteigende Sonne sie schrumpfen läßt. Leider kommt bald Nebel auf. Weiße Schwaden kriechen über den Rand des Vulkans in den Krater, bis vom Galeras nichts mehr zu sehen ist. Ich warte in der Hoffnung, vielleicht noch einen kurzen Blick auf ihn zu erhaschen, doch die Wolken haben sich wie ein dichter Schleier über den Vulkankegel gesenkt. Ich klatsche in meine behandschuhten Hände, um meinen Kreislauf in Schwung zu bringen, und laufe zu Alfredo hinüber. Es ist Zeit zurückzukehren.

DER NEVADO DEL RUIZ

Der große Berg

Arbolito, Kolumbien:
13. November 1985

Bernardo Salazar und Fernando Gil, zwei junge Wissenschaftler, die beim regionalen Elektrizitätswerk beschäftigt waren, wanderten den steilen Kamm oberhalb des kleinen Bauerndorfs Arbolito hinauf. Über ihnen erhob sich, in Wolken gehüllt, der eisbedeckte Gipfel des über 5300 Meter hohen Nevado del Ruiz, des höchsten aktiven Vulkans in Kolumbien. Eingebettet in die nördlichsten Ausläufer der Anden, symbolisierte der schöne ruhige Nevado del Ruiz für die Bevölkerung der Region Sicherheit und Schutz.

Solange die Menschen sich erinnern konnten, hatte der Vulkan friedlich geschlafen, doch im Vorjahr war er auf einmal unruhig geworden. Das leise Grollen und die hohe, aus seinem Krater aufsteigende Dampfsäule hatten die Bauern, die nahe an den Flanken des Berges wohnten, erschreckt und Kaffeeplantagenbesitzer, Politiker und Wissenschaftler in den umliegenden Städten alarmiert; da es jedoch zu keinem größeren Ausbruch gekommen war, nahmen viele Menschen aus der Umgebung den Vulkan nicht mehr ernst. »Für den großen Berg gehören wir zur Familie«, sagten die Einheimischen. »Der Vulkan mag ein wenig grollen, aber seiner Familie würde er nie etwas antun.«

Nur zwei Monate zuvor hatte die Lage sich etwas verändert. Am 11. September 1985 kam es zu einem kleineren Ausbruch des Nevado del Ruiz. Auf Manizales, die Hauptstadt des Departamento Caldas im Westen des Vulkans, ging ein dünner Ascheregen nieder. Verschreckte Einwohner fegten die Asche von den engen Gassen ihrer Stadt und sprachen scheu und ehrerbietig über den Vulkan wie über ein verehrtes, aber launisches Familienoberhaupt.

Da die blühende Provinzmetropole Manizales hoch oben auf einem Bergkamm liegt, konnten die Wissenschaftler den Einwohnern versichern, daß der Stadt von einem Vulkanausbruch wahrscheinlich keine Gefahr drohe. Doch ernsthafte Sorgen machten sie sich um die vielen tausend Menschen, die in den Tälern und Tiefebenen um den Nevado del Ruiz lebten. So konkret die Bedrohung durch den Vulkan auch war, der Regierung fehlte das Geld für seine systematische Überwachung. Die von Wissenschaftlern gesammelten Daten wurden nur schleppend oder, schlimmer noch, überhaupt nicht ausgewertet. Damit war es praktisch unmöglich, einen Ausbruch präzise vorherzusagen und rechtzeitig Schutzmaßnahmen zu ergreifen.

Nach dem Ausbruch im September hatte Bernardo Salazar, ein ruhiger, angesehener Bauingenieur, jedoch die Genehmigung erhalten, das Team, das seit Anfang des Jahres den Nevado del Ruiz beobachtete, um ein weiteres Mitglied zu verstärken. Salazar wandte sich an Fernando Gil, einen bärtigen Mann mit einem dröhnenden Lachen, der mit ihm an der Universität von Caldas studiert hatte.

»Ich arbeitete als Bauingenieur, als Bernardo mich anrief und fragte, ob ich auf dem Vulkan arbeiten wolle. ›Ja klar‹, sagte ich«, erzählt Gil.

Salazar erklärte Gil am Telefon, daß sie täglich per Auto und zu Fuß alle sechs um den ganzen Berg verteilten seismographischen Meßstationen aufsuchten und die Meßdaten einsammelten. Gil sollte mit Salazar in Arbolito, nur knapp fünf Kilometer nordwestlich vom Gipfel des Vulkans, wohnen. Sie begännen schon vor dem Morgengrauen mit der Arbeit, weil das Austauschen der Registriertrommeln aller Seismographen den ganzen Tag in Anspruch nahm. Die unbefestigten Straßen rund um den Nevado del Ruiz waren notdürftig mit eckigen vulkanischen Steinen oder mit Erde und Schlamm ausgebessert und von Wasserläufen zerfurcht. Um möglichst umfassende Daten zu erhalten, hatte man die Meßstationen in großer Entfernung voneinander über den massiven Kegel des Vulkans verteilt.

Abends hätten die beiden Wissenschaftler dann die Kritzeleien in dem Kohlepapier, mit dem die Registriertrommeln der Seismographen belegt waren, zu prüfen und Uhrzeit und Dauer kleiner Ausschläge zu notieren. Alle 14 Tage fuhr Salazar ins zwei Autostunden entfernte Manizales hinunter, um die Aufzeichnungen, die Seismogramme, im inoffiziellen Hauptquartier des Teams im elften Stock des Banco-Cafetero-Gebäudes abzuliefern. In diesem Büro, das die Wissenschaftler Piso Once (»Stockwerk elf«) nannten, arbeiteten die junge Geologin Marta Calvache und der Chemotechniker Nestor García. Sie schickten die Seismogramme nach Bogotá weiter, wo Wissenschaftler der Regierung vom Landesinstitut für Geologie und Bergbau sie auswerteten.

Das war das offizielle Procedere – doch tatsächlich hatte das Piso Once seit gut zwei Monaten keine Ergebnisse aus Bogotá erhalten. Noch entmutigender war, daß das Wasserkraftwerk, das Salazar die Seismographen geliehen hatte, seine Ausrüstung, die es für andere Projekte brauchte, zurückverlangte. Salazar befürchtete, daß ein Jahr harter Arbeit bald vergeblich würde.

Eine Woche nach Salazars Anruf traf Gil in Arbolito ein. Mit Salazar und zwei Technikern namens Rafael Gonzales und Juan Duarte, die die Ausrüstung in Schuß halten sollten, teilte er sich ein Zweizimmerhaus. Vom Vorgarten aus sahen sie den massiven Gipfel des Nevado del Ruiz, dessen herrliche, eisbedeckte Spitze oft in dicke Wolken gehüllt war. Wenn die Wolken sich verzogen, glichen die Gletscher einer bedrohlichen Reihe spitzer Haifischzähne. Das Eis, in dem tiefe, gewundene Spalten klafften, zog sich vom breiten Gipfel des Vulkans in steile Täler hinab, wo es in spitzen Zungen auslief. »Er war wunderschön, und ich schätzte mich überglücklich«, sagt Gil.

Man schrieb 1985. Gut fünf Jahre zuvor hatte der gewaltige Ausbruch des Mount Saint Helens im Bundesstaat Washington Wissenschaftler in großen Aufruhr versetzt. Auf der ganzen Welt gab es nur eine Handvoll Spezialisten, die die seismischen Signale eines aktiven Vulkans richtig zu deuten verstanden, und von ihnen war keiner zum Nevado del Ruiz gekommen. »Wir waren Bauingenieure und wußten buchstäblich nichts über Vulkane«, sagt Gil. Salazar und Gil hatten zwar die besten Absichten, aber keine Ahnung, wie die kleinen Kritzeleien, die sie Nacht für Nacht in dem Haus aus Lavagestein beim schwachen Licht einer einzigen Lampe betrachteten, zu deuten waren.

Der Seismograph war oberhalb von Arbolito auf einem Bergkamm aufgestellt. In den vergangenen acht Wochen war die Wanderung den steilen grasbewachsenen Hang hinauf Teil von Gils täglicher Tour gewesen; inzwischen mußte er auf dem Weg hinauf nicht einmal mehr eine Atempause einlegen. Ein eisiger Wind peitschte über den Kamm, als Salazar und Gil oben ankamen. Salazar kroch in ein improvisiertes Zelt aus einer Plastikplane und gebogenen Stöcken und öffnete ein Vorhängeschloß, das an einer Metallkiste von der Größe eines Backofens hing. Darin befand sich der Seismograph mit der 46 Zentimeter langen und 20 Zentimeter im Durchmesser messenden rotierenden Registriertrommel. Salazar hob flink die über der Registriertrommel hängende Nadel ab und entfernte die Trommel, in deren Oberfläche die Nadel die Vulkanaktivitäten eines Tages eingeritzt hatte. Die Nadel erhielt ihre Signale von einem Seismometer, einem Gerät von der Größe einer Thermosflasche, das auf dem Bergkamm in den Boden eingelassen war. Das Seismometer registrierte, was im Nevado del Ruiz vor sich ging – Gesteinsbrüche, Gase, die einen sehr hohen Druck erreichten, Schallwellen. Eine Explosion im Vulkan, selbst eine sehr kleine, erschütterte das umgebende Gestein, und die Registriernadel zeichnete diese Vorgänge auf, ähnlich wie ein Lügendetektor die Lebenszeichen einer nervösen Testperson.

Am Nachmittag des 13. November wechselten Gil und Salazar die letzte Registriertrommel aus – die des Seismographen auf dem Kamm oberhalb von Arbolito. Salazar hielt sie zwischen den Händen und drehte sie, damit er und Gil die gesamte Aufzeichnung betrachten konnten. Auf dem Kohlepapier war ein kleineres Gekritzel zu sehen. Gil machte Salazar auf die scharfen Wellen aufmerksam.

»Wir schauten zum Berg hinüber, konnten wegen der Wolken jedoch nichts sehen«, sagt Gil. »Wir hatten keinen Laut gehört, daher hielten wir das Signal nur für ein Hintergrundgeräusch – den Wind vielleicht.« Das Signal war erst gut eine Stunde vorher aufgezeichnet worden, doch Salazar und Gil hatten kein Anzeichen dafür entdecken können, daß auf dem Vulkan etwas vor sich gegangen war. Die Ausschläge auf dem Seismogramm waren stärker als sonst, der Nevado del Ruiz schien jedoch friedlich zu schlafen.

Frierend und müde, mit vor Kälte tauben Händen, packte Salazar die Trommel ein und ließ sich von Gil die andere reichen, die während der nächsten 24 Stunden die seismische Aktivität im Innern des Vulkans aufzeichnen sollte. Er sah auf die Uhr und vermerkte am Rand der Trommel: Arbolito, 13. November 1985, 16 Uhr 30, Nevado del Ruiz.

Ein Jahr davor, im November 1984, hatten Bergsteiger nach ihrer Rückkehr vom Nevado del Ruiz berichtet, sie seien von Erdbeben durchgerüttelt worden und hätten hohe weiße Schwaden stark schwefelhaltiger Gase aus dem Gipfelkrater aufsteigen sehen. Das Elektrizitätswerk, das von einem Ausbruch des Vulkans seine wirtschaftlichen Interessen in der Region gefährdet sah, suchte zusammen mit den ebenfalls besorgten Kaffeeplantagenbesitzern nach Vulkanologen. Wie sich bald herausstellte, gab es in ganz Kolumbien keinen einzigen Wissenschaftler mit Erfahrung auf dem Gebiet der Vulkanüberwachung. Daraufhin übertrug das regionale Elektrizitätswerk Bernardo Salazar und zwei weiteren ihrer besten jungen Wissenschaftler, der Geologin Marta Calvache und dem Chemotechniker Nestor García, die Aufgabe, Tabellen über den unruhigen Vulkan zu erstellen. Calvache war eine von nur zwei wissenschaftlichen Fachkräften im ganzen Land, die Kenntnisse über die geologische Beschaffenheit eines Vulkans besaßen. Garcías Arbeit würde darin bestehen, den Säuregrad und die Temperatur von heißem Dampf, der aus dem Vulkankrater entwich, zu messen.

Bald war klar, daß Salazar, Calvache und García,

obwohl sie mit großem Engagement und Interesse den wieder erwachten Nevado del Ruiz erforschten und beobachteten, die nötige Ausbildung und Ausrüstung für diese Arbeit fehlte. So ersuchte man die Vereinten Nationen um Hilfe. Wissenschaftler aus Ecuador, der Schweiz, Italien und den Vereinigten Staaten kamen nach Manizales, doch ihre oft widersprüchlichen Einschätzungen des Nevado del Ruiz verwirrten die Einheimischen, Politiker und junge kolumbianische Wissenschaftler, die von der kolumbianischen Regierung weder Mittel für Überwachungsgeräte noch anderweitige Unterstützung erhielten.

Die politischen und geographischen Grenzen der Region erschwerten den Umgang mit der Bedrohung durch den Vulkan zusätzlich. An den gewaltigen, in Millionen von Jahren durch Lavaströme entstandenen Nevado del Ruiz grenzen drei kolumbianische Verwaltungsbezirke oder Departamentos: Caldas und Risaralda im Westen, die zusammen die Cafetera bilden, und Tolima im Osten. Die blühende Cafetera-Region war von den politischen und wirtschaftlichen Problemen, unter denen der größte Teil Kolumbiens litt, weitgehend verschont geblieben. Die relativ wohlhabende Bevölkerung von Caldas hatte im Gegensatz zu der ärmeren und weniger gebildeten Bevölkerung von Tolima im Laufe des Vorjahres bereits eine ganze Reihe Schutzmaßnahmen gegen eine mögliche Vulkankatastrophe getroffen.

Seit einiger Zeit nahm man den Vulkan jedoch auch im Departamento Tolima sehr ernst. Wissenschaftler aus der ganzen Welt warnten, viele Städte in den Tiefebenen östlich des Vulkans wären im Falle seines Ausbruchs stark gefährdet.

Schon zweimal, in den Jahren 1595 und 1845, hatten Ausbrüche auf dem Nevado del Ruiz seine Gletscher zum Schmelzen gebracht und das Gebiet, in dem inzwischen über 30 000 Menschen lebten, mit einer todbringenden Lawine aus Schlamm und Schutt überrollt.

Am 7. Oktober gelangten kolumbianische Wissenschaftler zu einem erschreckenden Ergebnis, das die in Bogotá erscheinende Zeitung *El Espectador* auf ihrer Titelseite verkündete: Bei einem Ausbruch des Nevado del Ruiz würden tödliche Schlammströme mit an Sicherheit grenzender Wahrscheinlichkeit die tiefgelegene Stadt Armero im Departamento Tolima zerstören – und für die Evakuierung ihrer Einwohner blieben allenfalls zwei Stunden Zeit.

Gil und Salazar hatten nicht erkannt, daß das letzte Seismometer, dessen Meßergebnisse sie am Nachmittag des 13. November begutachtet hatten, eine sehr klare Botschaft enthielt – in einer Sprache, die keiner der beiden verstand: Der Nevado del Ruiz war bereits ausgebrochen.

Um 15 Uhr 09 hatte der Vulkan eine mehrere Kilometer hohe Wolke aus Asche und Dampf ausgestoßen, die am bewölkten Himmel jedoch nicht zu sehen war. Erst einige Stunden später, als die Asche zusammen mit einem heftigen Regen auf das nördliche Tolima niederging, war allen klar, daß der Vulkan ausgebrochen war. Der Zivilschutz in Tolima war in Alarmbereitschaft versetzt, bisher jedoch nicht zu Hilfe gerufen worden.

In der ruhigen Kleinstadt Armero beobachteten zwei Dutzend Geologiestudenten der Universität von Caldas, wie Asche den Regen in eine schmutzige Brühe verwandelte. Sie wußten sofort, was geschehen war. Die Gruppe befand sich auf einer zweitägigen paläontologischen Exkursion in die Region Tolima. Sie waren am Morgen mit Verspätung in Manizales aufgebrochen und immer noch mehrere Stunden vom Ziel ihrer Reise entfernt.

Da es bereits dunkel war, beschloß Jorge Dorado, der die Exkursion leitende Professor, mit seiner Gruppe die regnerische Nacht in Armero zu verbringen, anstatt, wie ursprünglich geplant, ins zwei Autostunden weiter südlich gelegene Ibagué weiterzufahren.

In der an der Universität von Caldas laufenden Debatte, ob der Nevado del Ruiz für seine Umgebung eine große Gefahr darstellte oder nicht, hatte Dorado zu denen gehört, die sich öffentlich über diesbezügliche Befürchtungen lustig gemacht hatten. »Er war sich sicher, daß der Vulkan nicht gefährlich war«, sagt Fernando Muñoz, der damals an dieser Universität Geophysik lehrte. In dieser dunklen Nacht aber, als der mit Asche vermengte Regen fiel, bemerkten die Studenten, daß ihr sonst so lauter Professor ganz still geworden war.

Für die meisten Studenten war der Vulkanausbruch erlebte Wissenschaft. Es gefiel ihnen, mit Asche vom mächtigen Nevado del Ruiz bedeckt zu werden. Sie hüpften durch die nassen Straßen der Stadt und streckten die Handflächen in den schmutzigen Regen, ohne sich darum zu kümmern, daß er ihre Kleidung verdreckte.

Nur einer der Studenten, Jorge Estrada, war beunruhigt. Erst wenige Wochen zuvor hatte er Wissenschaftlern von der Landesuniversität in Manizales geholfen, Notfallkarten vom Nevado del Ruiz zu erstellen. Die vorläufigen Karten waren mit Buntstiften gezeichnet. Darauf waren im Falle eines Ausbruchs von pyroklastischen Strömen bedrohte Gebiete rot markiert, Gebiete, auf die ein Ascheregen niedergehen würde, waren gelb eingezeichnet und Schlammströme braun. »Ich weiß noch, wie Estrada sich mit einem dicken Bleistift über eine Karte hermachte«, sagt Muñoz. Er zog eine breite Linie, die auf dem Gipfel des Nevado del Ruiz begann und den

Windungen des Flusses Lagunillas folgte. Dann übermalte er mit einem dunkelbraunen Marker die kleine Stadt Armero. »Er lachte und sagte: Da gehst du hin, Armero. Nun begraben wir dich im Schlamm.«

In Ibagué, der Hauptstadt des Departamento Tolima, wies das regionale Notfallkomitee die Zivilschutzstationen und das Rote Kreuz an, *falls nötig* – das hieß, falls gemeldet wurde, daß Schlammströme vom Vulkan herunterkamen – in den tiefgelegenen Städten entlang der Flüsse Alarm auszulösen. Doch um halb acht Uhr abends war der heftige Regen in einen dunstigen Nieselregen übergegangen, und es fiel keine Asche mehr. Das regionale Notfallkomitee meldete dem Roten Kreuz von Tolima, die Situation beruhige sich.

Über die Lautsprecheranlage der Kirche, die fast alle Viertel der Kleinstadt erreichte, betete der Priester von Armero den Rosenkranz und verkündete den Zuhörern, sie hätten nichts zu befürchten. Der Ruiz habe sich wieder beruhigt, sagte er. Es sei nur ein kleiner Ausbruch. Alles ginge gut ab. *Vertraut auf Gott.*

Fernando Gil und Barnardo Salazar hatten in ihrem Häuschen in Arbolito an der Nordwestflanke des Nevado del Ruiz per Funk aus Manizales die Nachricht vom Ascheregen, der in Tolima niederging, erhalten. Als Wissenschaftler war Gil enttäuscht, daß er den Ausbruch nicht gesehen hatte, doch noch mehr ärgerte ihn, außerstande gewesen zu sein, auf dem Seismogramm zu erkennen, daß der Vulkan ausgebrochen war. »Es war unglaublich«, sagt er. »Wir sahen das Signal, aber wir hatten keine Ahnung, was es bedeutete.« Er fragte sich, wozu er und Salazar nutze waren, wenn sie nicht einmal wußten, wie sich ein Vulkanausbruch auf einem Seismogramm darstellt. Gil war erleichtert, als ihm per Funk berichtet wurde, der Ausbruch habe keine Schäden verursacht und nach Aussagen des Zivilschutzes von Tolima scheine alles wieder ruhig.

Gil nahm sich die Seismogramme vor, die er und Bernardo eingesammelt hatten. Er tauchte das Papier in eine Harzlösung, die die Kohle fixierte, so daß die Muster im Graphit erhalten blieben. Dann legte er die Seismogramme zum Trocknen über die Küchenstühle.

Müde von ihrer viele Kilometer langen Tour über die steilen Hänge des Vulkans, gingen die jungen Wissenschaftler um neun Uhr abends zu Bett. Ein starker Wind rüttelte an den Fenstern des Hauses aus Lavagestein. Gil knipste die Lampe aus und schlief ein.

Plötzlich erschütterte eine laute Explosion das Tal und den Boden unter dem Haus. Nur Sekunden später folgte eine zweite Explosion. Die vier Männer sprangen aus ihren Betten und rannten zur Tür. Der Himmel war dunkel. Dann explodierte der Vulkan ein drittes Mal, und die große Wolke über ihm begann wie eine riesige Laterne zu leuchten. Fast gleichzeitig löste die bei dem Ausbruch freigesetzte Hitze über dem Vulkan ein heftiges Gewitter aus. Am bewölkten Himmel zuckten grelle Blitze auf, gefolgt von ohrenbetäubenden Donnerschlägen.

»Ich weiß noch, wie Bernardo nach dem Funkgerät griff und die CHEC (die Zentrale Wasserkraftwerksgesellschaft von Caldas) anrief. Er schrie: ›Der Vulkan ist ausgebrochen … der Nevado del Ruiz ist ausgebrochen‹«, sagt Gil.

In der Zentrale des Energieversorgungsunternehmens in Manizales schreckte ein eingedöster Wachmann hoch und griff nach dem Mikrofon auf seinem Schreibtisch. Er war sich nicht sicher, ob er richtig gehört hatte.

»Können Sie das bitte wiederholen?« rief er.

»Der Ruiz ist *ausgebrochen*!« schrie Salazar ins Funkgerät.

»Ist jemand verletzt? Brauchen Sie Hilfe?«

»Hier nicht«, rief Salazar. »Melden Sie den Ausbruch dem Zivilschutz! Sagen Sie denen, sie sollen die Evakuierung einleiten!«

Es begann Steine zu hageln. Die Männer zogen sich schnell ins Haus zurück. Die auf das Blechdach prasselnden Steine klangen wie Maschinengewehrfeuer. Größere Bimssteine folgten. Als ein Brocken von der Größe eines Baseballs das Dachfenster durchschlug, rannten die Männer in Deckung.

Trotz der herrschenden Hysterie war Gil von dem Ausbruch überwältigt. Er hatte die Explosionswellen im ganzen Körper gespürt. »Mir war, als hätte ich Gott in mir gefühlt, als hätte er meine Seele berührt«, sagt Gil. Der junge Wissenschaftler trat in die Nacht hinaus. Er fiel auf die Knie und senkte den Kopf; von Demut und Ehrfurcht ergriffen, begann er zu weinen.

Wenige Minuten später begann die Erde erneut zu beben. Mit jeder Sekunde wurde das Grollen lauter und das Beben stärker. Die vier Männer starrten zum Flußtal, dem scharfen V, das vom Berg direkt auf sie zulief. »In der Dunkelheit konnten wir nichts sehen, aber wir konnten sie kommen hören«, sagt Gil. Es war klar, was das donnernde Geräusch zu bedeuten hatte. Die Schlammwand bewegte sich schnell und unaufhaltsam das Tal hinab, riß die weiche Erde auf ihrem Weg auf, wurde immer lauter und mit jeder Sekunde vernichtender.

Salazars Hand zitterte, als er das Funkgerät aus seiner Manteltasche zog, es dicht an den Mund hielt und hineinbrüllte, um das Getöse der sich nähernden schwarzen Lawine zu übertönen.

»Manizales, die Schlammströme kommen! Alarmieren Sie sofort das Departamento Tolima!«

»Der Zivilschutz ist in Alarmbereitschaft«, sagte die Stimme am anderen Ende. »Die Situation ist unter Kontrolle.«

Plötzlich erschien eine einheimische Familie – die Nachbarn der Wissenschaftler – auf der anderen Straßenseite. Erwachsene und Kinder, die sich Töpfe und Pfannen über die Köpfe hielten, da es immer noch Steine hagelte, hasteten in kniehohen Gummistiefeln auf sie zu.

»Sie schrien, und der Vater flehte: ›Bitte, nehmen Sie uns mit‹«, sagt Juan Duarte.

Duarte und Rafael Gonzales rannten zum Lastwagen und warfen den Motor an. Salazar und Gil kamen aus dem Haus und liefen mit der sechsköpfigen Familie hinterher. Sie quetschten sich alle in den Lastwagen und holperten die unbefestigte Straße hinunter, weg vom ausbrechenden Vulkan. Fernando Gil schaute zum Berg zurück und betrachtete ihn wortlos, während sie davonrasten – auf sicheres Gebiet zu.

Die Entstehung der Anden

Im Süden Kolumbiens, an der Grenze zu Ecuador, fächern sich die Anden wie der Fuß eines riesigen Kondors in drei Stränge auf, die sich bis in den Norden des Landes erstrecken und seinen ganzen Westen einnehmen. Die drei mächtigen Kordilleren der kolumbianischen Anden entstanden durch die noch andauernde Kollision zweier tektonischer Platten der starren Erdkruste, die auf dem heißen, elastischen Gestein unter der Erdoberfläche treiben und sich unabhängig voneinander bewegen. Vom Westen her schieben sich die schweren Gesteinsschichten auf dem Grund des Pazifischen Ozeans jedes Jahr ein paar Zentimeter nach Osten, während der südamerikanische Kontinent, der auf einer eigenen Platte liegt, kontinuierlich in die entgegengesetzte Richtung wandert. In den letzten 200 Millionen Jahren stießen die beiden Platten mit solcher Wucht aufeinander, daß sich am gewundenen westlichen Rand des südamerikanischen Kontinents ein gewaltiges, rund 8000 Kilometer langes Gebirge auffaltete.

Die drei Kordilleren der kolumbianischen Anden sind von ganz unterschiedlichem Charakter. Die Berge der Westkordillere, die der sichelförmigen kolumbianischen Pazifikküste folgt, sind eine chaotische Masse aus Basalt und Meeressedimenten, die zu großen, unregelmäßigen Haufen zusammengeschoben werden, während die Nazca-Platte, die schwerer und dünner ist als die kontinentale Kruste, mit der südamerikanischen Platte kollidiert und unter sie abtaucht.

In der Ostkordillere wölben sich Schichten von Milliarden Jahre altem Sandstein, Kalkstein und Schiefer unter dem Druck der aufeinandertreffenden tektonischen Platten nach oben. Bei dem heftigen Zusammenstoß dehnt sich das Gestein, bis sich Brüche bilden; Bruchplatten werden nach Osten über jüngere Sedimente geschoben, wodurch das Land effektiv schmäler wird.

Zwischen der West- und der Ostkordillere erhebt sich majestätisch die Zentralkordillere, eingerahmt von zwei großen Flüssen, die dem Meer Unmengen von tropischem Regen zuführen.

Hier sind die Berge lebendig.

Kolumbiens Kette von Vulkanen entstand durch die Nazca-Platte, eine acht Kilometer dicke Platte aus kaltem Gestein, die tief in den heißen Erdmantel gleitet. Sie sinkt nicht waagerecht nach unten, sondern wird dort, wo sie unter die kontinentale Kruste Südamerikas gerät, steil nach unten abgelenkt. Wenn die kalte ozeanische Platte, deren Gestein von Meerwasser durchtränkt ist, eine gewisse Tiefe erreicht, in der die nötige Temperatur und der nötige Druck herrschen, gibt sie Wasser in das umgebende Gestein des Erdmantels ab, und dieses Wasser, das als Katalysator wirkt, bringt das feste Gestein des Erdmantels zum Schmelzen.

Im Laufe von Hunderttausenden von Jahren bildet das schmelzende Gestein rund 30 Kilometer unter der Erdoberfläche riesige unterirdische Magmakammern. Und wie eine Luftblase unter Wasser beginnt die Schmelze emporzusteigen, bahnt sich durch Brüche und Spalten im umgebenden Gestein gewaltsam einen Weg nach oben. Schließlich durchbricht das Magma die Erdoberfläche, und ein Vulkan ist geboren.

Die Vulkane der kolumbianischen Anden sind nicht einzigartig. Überall auf der Welt, wo eine tektonische Platte unter eine andere abtaucht, bilden sich auf der Erdoberfläche darüber hohe Vulkane. Im pazifischen Nordwesten der Vereinigten Staaten schiebt sich ein kleineres Stück ozeanischer Kruste, die Juan-de-Fuca-Platte, in den Erdmantel unter dem nordamerikanischen Kontinent; dieser Prozeß brachte eine Kette von Vulkanen, die sogenannten Kaskaden, hervor. Im Kaskadengebirge liegen der Mount Saint Helens, ein 10 000 Jahre alter Kegel, der 1980 die oberen 600 Meter seines Gipfels wegsprengte, und der Mount Rainier, sein Millionen Jahre alter, eisbedeckter Nachbar. In Japan, in Indonesien und auf den Alëuten Alaskas ist die Situation ähnlich, nur daß dort ozeanische Platten kollidieren. Eine Platte der kalten ozeanischen Kruste, die eine große Dichte besitzt, wird von dickeren jüngeren Gesteinsschichten in den Erdmantel abgedrängt, wo sie Gestein zum Schmelzen bringt und die Bildung von Vulkanen fördert, die durch den Meeresboden brechen und mit der Zeit Landmassen über dem Meer entstehen lassen.

Es gibt zwei Haupttypen von Vulkanen: Stratovulkane und Schildvulkane. Schildvulkane, wie die auf Hawaii, verströmen ständig flüssige Lava und bilden breite flache Kegel aus. Stratovulkane, wie die der kolumbianischen Anden, verdanken ihren Namen der Art, wie sie wachsen; sie bauen sich schichtweise auf. Ein Stratovulkan hat im Laufe seiner Lebenszeit ganz verschiedenartige Ausbrüche. In seiner frühen Jugend fließt Lava aus seinem Schlot, breitet sich aus und bildet eine stabile Basis.

In seiner späten Jugend reichert sich sein Magma mit Kieselsäure an und wird so zähflüssig wie Harz. Die Lava quillt aus dem Krater, fließt die Flanken des Vulkans hinab und baut einen steilen Kegel auf. Im Verlauf von vielen tausend Jahren verfestigt sich das zähflüssige Magma weiter und verstopft den Schlot des Vulkans; dann beginnt das Verhalten des jungen Berges sich zu verändern. Unter dem Kegel steigt der Druck, da weiterhin Magma aus sehr tiefen Schichten nach oben drängt. Während sie aufsteigt, kühlt sie sich ab und setzt Gase frei, wodurch sich im verschlossenen Schlund des Vulkans ein extrem hoher Druck aufbaut. Wenn der Druck zu groß wird, explodiert der Vulkan, zersprengt das kalte Gestein in seinem Schlot in feinste Partikel und schleudert Asche hoch in die Atmosphäre hinauf. Manchmal rast eine extrem heiße Lawine aus Gestein, Asche und Dampf, ein sogenannter pyroklastischer Strom, mit einer Geschwindigkeit mit bis zu 500 Stundenkilometern die Flanken des Vukans hinab. Da die Explosion den Schlot des Vulkans wieder geöffnet hat, können zähflüssige Lavaströme in den darauffolgenden Jahrzehnten, Jahrhunderten oder Jahrtausenden ruhiger aus dem Krater fließen. Dieser Prozeß wiederholt sich immer wieder. So entsteht in Zehntausenden von Jahren ein hoher, ebenmäßiger grauer Kegel, ein riesiger Hügel aus Lavaschichten, in die Schichten zerfallender pyroklastischer Ablagerungen eingebettet sind. Zwischen gewaltigen Ausbrüchen kann der Vulkan friedlich schlafen oder unruhig bleiben – sich räuspern, niesen, husten und gelegentlich eine anderthalb Kilometer hohe Aschewolke ausspeien, um aufgestauten Druck abzulassen.

Dieses schichtweise Wachstum durch pyroklastische und Lavaströme setzt sich fort, bis der Stratovulkan »ausgewachsen« ist. Über seinen steil ansteigenden Flanken ragt majestätisch sein Gipfel in die Wolken. Doch die Art und Weise, auf die er diese Größe erreichte, macht ihn in sich instabil. Die festen Lavaschichten stützen den Berg zwar, aber dazwischen liegen Schichten aus nur schwach verbackenem Geröll. Im Laufe von vielen tausend Jahren sickert von vulkanischem Dampf erhitztes und angesäuertes Regenwasser durch die porösen pyroklastischen Ablagerungen und verwandelt sie in zerbröckelnden Lehm. Parallel dazu löst die Schwerkraft große Brocken aus den steilen Hängen des Berges. Nach ungefähr einer Million Jahre erkaltet der Schlund des Vulkans und wird fest, so daß Schäden, die durch die fortschreitende Zersetzung und Verwitterung entstehen, nicht mehr durch frische Lavaströme repariert werden können. Dann beginnen der Zahn der Zeit und die Schwerkraft den einst so majestätischen Stratovulkan allmählich zu zerfressen und abzutragen, bis sie ihn dem Erdboden gleichgemacht haben.

Als vor 20 000 Jahren Menschen über den Isthmus von Panama nach Kolumbien wanderten, hatten die einst sehr explosiven Vulkane der Zentralkordillere sich bereits beruhigt. Bei ihren Ausbrüchen setzten sie nur noch Dampfwolken und kleine pyroklastische Ströme frei, die den Menschen wahrscheinlich Respekt, aber keine Furcht einflößten.

Das Land zwischen dem Äquator und dem 10. Grad nördlicher Breite wurde das ganze Jahr über von tropischer Sonne erwärmt. Doch anders als in den dunstigen Tiefebenen Mittelamerikas war es in den Bergen und Hochtälern Kolumbiens angenehm kühl. In den Anden regnete es zweimal im Jahr; dazwischen lagen zwei Trockenzeiten. In den Tiefebenen war es feuchtheiß, während die höchsten Berge der Kordilleren immer mit Schnee bedeckt waren.

In den vielen verschiedenen Klimazonen konnte sich eine erstaunlich vielfältige Flora und Fauna entwickeln. Es gab mehrere hundert Arten Säugetiere und Reptilien und Tausende von Vogelarten. Stattliche Andenkondore kreisten am Himmel über den Bergen, und prächtige bunte Papageien und Tukane leuchteten in den Regenwäldern der Tropen. Kolumbiens Flora war ebenso beeindruckend. In den Hochtälern wuchsen Hunderte von Orchideenarten, und erstaunlich widerstandsfähige Pflanzen, *frailejones* genannt, paßten sich den harten Bedingungen in 3700 Metern Höhe an.

Auf ihrem Weg nach Südamerika durchquerten die meisten Völker Kolumbien und ließen sich in Gebieten nieder, in denen später das Nazca-Reich und das Inka-Reich entstanden und die heute zu Ecuador, Peru und Chile gehören. Doch einige Stämme blieben in dem gebirgigen Gebiet des heutigen Kolumbiens, das für jeden Herrscher schwer zu kontrollieren war. Acht kleinere Stämme siedelten in den sehr fruchtbaren Tälern und Ebenen um die großen Kordilleren.

Um 1500, kurz vor der spanischen Eroberung Kolumbiens, waren die Muisca der mächtigste einheimische Stamm. Das Handwerker- und Bauernvolk, das Schätzungen zufolge 500 000 Menschen umfaßte, lebte in einem rund 36 300 Quadratkilometer großen Hochland am Rand der Ostkordillere, auf ungefähr 2500 Meter über dem Meeresspiegel. Dort oben war es kühl und saftig grün, der Boden war schwarz und fruchtbar. Die Muisca bauten viel Mais und Kartoffeln an, und Salzbergwerke und Smaragdminen am Fuße der Kordillere bescherten ihnen großen Reichtum.

Die Muisca wurden aber nicht wegen ihrer Edelsteine

oder ihrem fruchtbaren Land berühmt. Als die Spanier 1499 zum ersten Mal an der karibischen Küste landeten, waren sie erstaunt über den Reichtum der Einheimischen. Viele Gerüchte kursierten über eine Stadt aus Gold, die tief im Landesinnern liegen sollte. Es hieß, daß der Herrscher des Landes sich mit Goldstaub bedeckte und seine Untertanen kostbare Goldstatuen und Juwelen in einen See warfen, der für sie eine Kultstätte war. Die Spanier nannten den Herrscher *El Dorado* – den »Vergoldeten«. Unverzüglich starteten sie von der pazifischen und der karibischen Küste sowie vom südlichen Quito aus Expeditionen ins Landesinnere. Doch das gebirgige Land war äußerst schwer zu durchqueren. Hunderte verhungerten unterwegs oder starben an Krankheiten und Erschöpfung.

Um 1536 unternahm Gonzalo Jiménez de Quesada von der karibischen Küste aus die Expedition, bei der die Muisca und das vielbeschriebene El-Dorado-Reich entdeckt und unterworfen wurden. Der Spanier begann seine Reise mit 800 Männern, 50 Pferden und 200 kleinen Booten, die den parallel zu den Westhängen der Ostkordillere verlaufenden Magdalena-Fluß, der ins Karibische Meer mündet, hinaufsegeln sollten. Es wurde eine Expedition voller Strapazen, Schrecken und Gefahren. In der dünnen Bergluft bekamen etliche Männer Anfälle von Höhenkrankheit. Die Berge waren tückisch und mühsam zu erklimmen, und die Sümpfe waren voller Insekten, die Krankheiten übertrugen. Die Lebensmittel waren knapp, und da die Spanier auf keine Indios stießen, die sie hätten ausrauben können, verhungerten viele von ihnen. Nur 200 von Jiménez de Quesadas Männern erreichten schließlich die Ostseite der Ostkordillere und das Gebiet der Muisca.

Obwohl er drei Viertel seiner Männer verloren hatte,

fiel es Jiménez de Quesada nicht schwer, die friedlichen Muisca zu unterwerfen. Das Volk war zu jener Zeit in zwei Sippen gespalten: die Zaque im Norden und die Zipa im Süden. 1598 gründete Jiménez de Quesada oberhalb von Bacatá, der Hauptstadt der Zipa, die Stadt Santa Fe de Bogotá. Doch die vielen goldenen Artefakte, die die Spanier den Einheimischen raubten, genügten Jiménez de Quesada nicht. Er war davon überzeugt, daß in einem geheimen Versteck noch mehr Gold verborgen sein mußte. Ursprünglich wollten die Konquistadoren den Anführer der Zipa gefangennehmen und so lange foltern, bis er ihnen sagte, wo der Schatz versteckt war, doch er fiel in der Schlacht. Auch sein Nachfolger starb, ohne die Quelle des ganzen Goldes zu verraten. Die Städte und Schätze der Muisca fielen an die Eroberer; die goldenen Städte und die Goldminen aber wurden nie entdeckt, da die Muisca das Gold im Tausch gegen Salz, Smaragde und feine Baumwollstoffe von Stämmen aus einer ganz anderen Region erworben hatten. In den Bergen im Westen, Hunderte von Kilometern und zwei Gebirgszüge entfernt, gab es viele Goldvorkommen, die sich durch die Hitze der Kollision zwischen der Nazca-Platte und der südamerikanischen Platte gebildet hatten. Das Gold hatte sich in heißen Flüssigkeiten angereichert, die durch Brüche im Gestein zirkulierten, als die Berge entstanden. Im Verlauf von vielen zehntausend Jahren wusch der tropische Regen die Berge aus, legte ergiebige Goldadern frei und spülte verwitterte Gesteinsbrocken und Mineralien in die Flüsse hinunter, wo das schwere Edelmetall sich im Flußsand ablagerte; die Einheimischen brauchten es nur herauszuholen.

Als Eroberer des Landes östlich der Ostkordillere waren die Männer von Jiménez de Quesada von der

Quelle des Muisca-Goldes weit entfernt. Die Legende von El Dorado geht indes tatsächlich auf einen uralten Brauch der Muisca zurück, den sie schon Jahrhunderte vor der Ankunft der Spanier pflegten. Nur 50 Kilometer nördlich der neugegründeten Hauptstadt Santa Fe de Bogotá, im Vorgebirge der Ostkordillere, lag die Laguna de Guatavita, ein kleiner kreisrunder See, der den Spaniern in den folgenden vier Jahrhunderten keine Ruhe lassen sollte, denn er war voller Gold.

Der 30 Meter tiefe, von Bäumen gesäumte See war jahrhundertelang der Mittelpunkt einer großen Zeremonie gewesen. Bei der Einsetzung eines neuen Muisca-Herrschers wurde dessen nackter Körper zuerst mit einer klebrigen Substanz bemalt und anschließend völlig mit Goldstaub bedeckt. Dann stieg er die steile Böschung zum See hinunter und fuhr mit einem kleinen Floß auf das stille Gewässer hinaus. Das Floß war mit herrlichen goldenen Artefakten und Juwelen verziert, und die Untertanen des Herrschers warfen vom schmalen Ufer aus Gold und Edelsteine als Opfergaben in den See. Am Ende der Zeremonie tauchte der neue Muisca-Herrscher in das kalte smaragdgrüne Wasser, um die Kraft der Götter zu erlangen.

Schon bald nach ihrem Einmarsch ins Land der Muisca unternahmen die Spanier den ersten Versuch, die Laguna de Guatavita trockenzulegen. Menschenketten schöpften mit ausgehöhlten Kürbissen Wasser aus dem See, doch sie konnten den Wasserspiegel nur um etwa drei Meter senken und so lediglich einen schmalen Uferstreifen freilegen. Jahrzehnte später wurde ein gewaltiger Schacht in den Rand des Sees getrieben, dessen Wände jedoch während der Grabungsarbeiten einbrachen und viele Arbeiter töteten. Bei jedem Versuch, an die Reichtümer im See zu gelangen, wurde genug

Gold zutage gefördert, um nachfolgende Generationen zu weiteren Versuchen zu reizen. 1898 hatte die Gesellschaft zur Ausbeutung der Laguna de Guatavita die Idee, einen Tunnel bis zur Mitte des Sees zu graben, um das Wasser abzuleiten. Die abfließenden Wassermassen sollten durch Pforten geleitet werden, und in den Tunnel eingesetzte Quecksilberfilter sollten Smaragde und Gold auffangen. Der Plan schien zu funktionieren. Der Tunnel erreichte die Mitte des Sees, und das Wasser floß ab, bis der 30 Meter tiefe See leer war. Danach war der Grund des Sees mit kniehohem glitschigem Schlamm bedeckt und nicht begehbar. So wartete die Gesellschaft ab. Am nächsten Tag hatte die sengende Sonne den lehmigen Schlamm in eine knochenharte undurchdringliche Masse verwandelt, die die Pforten verstopfte und den Tunnel verschloß, und bald füllte sich die Laguna de Guatavita wieder bis zur ursprünglichen Höhe mit Wasser. Ein paar hundert Pfund Gold, die man am ersten Tag aufgesammelt hatte, wurden versteigert, kurze Zeit später machte die Gesellschaft Bankrott. In den nachfolgenden Jahrzehnten wurden noch ein paar Versuche unternommen, den See mit Hilfe von mechanischen Erdbewegungsmaschinen trockenzulegen, bis die kolumbianische Regierung die Laguna de Guatavita schließlich 1965 unter Naturschutz stellte.

Die vierhundertjährige Suche nach der legendären El-Dorado-Stadt hat unter den Ureinwohnern Kolumbiens einen hohen Blutzoll gefordert. Als die Muisca ihnen nicht zu dem erhofften unermeßlichen Reichtum verhalfen, gaben die Spanier ihre gierige Suche nicht auf. Die Konquistadoren und ihre Nachfolger rotteten schließlich fast alle Indiovölker der nördlichen Anden aus. Heute machen die Indios nur noch ein Prozent der gesamten Bevölkerung Kolumbiens aus.

Das Land der kolumbianischen Anden war ganz anders als der ruhige europäische Boden, von dem die Spanier gekommen waren. Nicht nur, daß es dort viel Gold und viele Vulkane gab, die Erde selbst war lebendig – und lebensgefährlich. Die heftigen Erdbeben, die *terremotos*, setzten ohne Vorwarnung ein. Sie wurden von denselben tektonischen Kräften ausgelöst, die die Vulkane entstehen ließen. Doch im Gegensatz zu den kleinen Ausbrüchen der kolumbianischen Vulkane brachten die Erdbeben Hunderten von Menschen den Tod. Sie starben unter den Trümmern der Häuser und Kirchen, die sie zu ihrem Schutz erbaut hatten. Plötzlich zuckte und bebte die Erde, begann zu schwanken und zu schaukeln wie ein Schiff auf unruhiger See. Gebäude aus Ziegel oder Stein bekamen Risse, stürzten um ihre Bewohner herum ein und verwandelten sich in Massengräber.

Das erste Erdbeben, über das die Spanier berichteten, ereignete sich am 1. September 1530 um zehn Uhr morgens. Heftige Erdstöße erschütterten die karibische Küste von Cartagena bis Caracas und zerstörten, als die Erdbebenwellen den sandigen Boden ins Rutschen brachten, neu errichtete spanische Dörfer. Im Laufe der nächsten 400 Jahre erschütterten 300 starke Erdbeben den Norden Südamerikas. In der Hauptstadt Bogotá stürzten Kirchen ein, und Barackensiedlungen fielen in sich zusammen. In Popayán und den Zuckerrohranbaugebieten bei Calí wurden Hunderte von Menschen von Gebäudetrümmern erschlagen. Immer wieder wurden die blühenden Städte Medellín und Manizales im Norden dem Erdboden gleichgemacht und neu aufgebaut. Todbringende Beben verwüsteten die Stadt Pasto im Süden Kolumbiens, an der Grenze zu Ecuador. Während beschädigte Häuser repariert und zerstörte Dörfer wieder aufgebaut wurden, forderten neue Erdbeben unter der wachsenden Bevölkerung immer weitere Opfer, und oft machte die gebirgige Landschaft jede Hilfe unmöglich. Obwohl die Erde nie zur Ruhe kam, gab es in ganz Kolumbien keine Geowissenschaftler; die Menschen machten Gottes Zorn für die wiederholten Zerstörungen verantwortlich.

Der Aufruhr unter der Erdkruste schien sich bis zur Oberfläche auszubreiten und die Bewohner des Landes anzustecken. Mit Hilfe von Simon Bolívar erkämpfte sich die Republik Groß-Kolumbien, die auch das heutige Ecuador umfaßte, 1819 die Unabhängigkeit von Spanien. Doch bald nachdem der große Befreier ausgezogen war, um andere Teile Südamerikas zu erobern, zerfiel die Republik, und die Hoffnungen Bolívars auf eine heilige Union aller Länder, die er befreit hatte, zerschlugen sich. Das 19. Jahrhundert erwies sich für Kolumbien als außerordentlich blutig und gipfelte 1899 in einem verheerenden Bürgerkrieg, der 100 000 Menschen das Leben kostete. Angeheizt wurden die Kriege durch die wirtschaftliche Stagnation in Kolumbien, deren Ursache darin lag, daß es in dem jungen Land so unglaublich schwierig war, von einem Ort zum andern zu gelangen. Das Problem war nicht die Entfernung zwischen seinen Wirtschaftszentren – Bogotá und Medellín lagen nur knapp 200 Kilometer auseinander, und die Hafenstadt Cartagena war nur gut 600 Kilometer von der Hauptstadt entfernt. Die hohen Berge und tiefen Täler isolierten die Ballungszentren, und die wenigen Straßen verteuerten den Transport von Gütern von einer Stadt in die andere extrem. Menschen und Maultiere waren im Bereich der Kordilleren die einzigen Transportmittel. Da es in jeder Region Kolumbiens unterschiedliche Klimazonen gibt, waren die einzelnen Departamentos landwirtschaftlich autark und blieben das ganze Jahrtausend lang eigenständige Provinzen mit einem starken Unabhängigkeitsdrang.

Anfang des 20. Jahrhunderts ebbten die Bürgerkriege ab, und Kolumbien erlebte eine ruhige Phase. Für das Departamento Antioquia, das die nördlichen Regionen der Zentral- und der Westkordillere umfaßte, war das eine besonders gute Zeit. Dieses Gebiet barg 70 Prozent der Goldvorkommen des Landes, und seine Hauptstadt Medellín war ein blühendes Industriezentrum.

Im Jahr 1910 wanderte ein kleiner Junge namens Jesús Emilio Ramírez über die sanften Hügel der Finca seiner Familie im Dorf Yolombó, unweit von Medellín. Versonnen betrachtete er die hohen Berge vor sich. Jesús Emilio liebte diese Landschaft. Er staunte, wie mächtig die Berge aus den langen, tiefen Tälern aufragten, und war begeistert, wenn die *terremotos* kamen. Dann bebte der Boden unter seinen Füßen, und das ganze Haus schwankte, als sei die Erde, auf der es stand, flüssig. Die aktiven Vulkane der Zentralkordillere hatte er zwar noch nie gesehen, doch er stellte sich oft vor, wie sie Feuer spien und mit großer Wucht explodierten. Für Ramírez war die Erde lebendig, und er wollte unbedingt verstehen, warum sie das war.

Im Jahr 1922, als Jesús Emilio Ramírez schon ein Teenager war, erhielt die jesuitische Universität in Bogotá aus Spanien den ersten Seismographen. Das Gerät wurde im Jesuitenkolleg in der Innenstadt von Bogotá aufgestellt, wo die Priester täglich die wechselnden Bewegungen in der Atmosphäre ablasen in der Hoffnung, schwere Stürme rechtzeitig vorhersagen zu können.

Der Wetterseismograph war interessant, aber es frustierte Ramírez, daß ein paar Jesuitenpriester, die Meteorologie studierten, als einzige in ganz Kolumbien naturwissenschaftliche Forschung betrieben. Er beschloß, sich diesem katholischen Orden anzuschließen, der für seine wissenschaftlichen Studien weltberühmt war. Vier Jahre lang studierte er in Bogotá Altphilologie; dann ging er in die Vereinigten Staaten, wo er an der Universität von Saint Louis 1939 den Doktor in Seismologie machte.

Mit den neuesten wissenschaftlichen Erkenntnissen über die gefährlichen *terremotos* vertraut, kehrte Ramírez nach Kolumbien zurück und gründete 1946 auf dem Gelände der jesuitischen Universität in Bogotá das Instituto Geofísico de los Andes. Das Institut, das in einem kleinen, in vier Räume unterteilten Gebäude untergebracht war, widmete sich der Erdbebenforschung, doch Ramírez ermunterte die Studenten, sich mit allen Geowissenschaften zu beschäftigen. Im selben Jahr erhielt Ramírez von einer Gruppe deutscher Jesuiten das erste Erdbebenseismometer, das auf kolumbianischem Boden aufgestellt werden sollte. Er baute das Gerät sorgfältig zusammen, wobei er besondere Mühe auf die Messingfedern und -drähte verwendete, und setzte es behutsam in sein Gehäuse aus poliertem Holz ein. Das Seismometer mußte an einem sicheren Ort installiert werden, wo die Vibrationen einer hektischen Großstadt die Meßergebnisse nicht beinflussen konnten. Ramírez entschied sich für das Vorgebirge oberhalb der jesuitischen Grundschule. Unter der Aufsicht des hochgewachsenen Priesters sprengten sechs Arbeiter mit Dynamit einen Tunnel in den gewachsenen Fels. Danach half er ihnen in seiner langen schwarzen Robe, den Weg in den Berg freizuräumen.

Die Arbeiter bauten zwei Räume in die tiefe Höhle. Im hinteren Raum wurde das schwere deutsche Seismometer in den Boden eingelassen. Der Seismograph, der die vom Seismometer registrierten Bewegungen aufzeichnete, stand auf einem Eichenschreibtisch im vorderen Raum. Ramírez wies die Männer an, den Tunneleingang mit einer Fassade zu versehen. Sie malten eine Karte von Nordamerika auf den linken Türflügel und eine von Südamerika auf den rechten. Vor dem Tunneleingang war ein Bronzeglobus aufgestellt, und über der schweren Holztür prangte ein Schild, auf dem in Messinglettern der Name von Ramírez' wahr gewordenem Traum stand: Instituto Geofísico de los Andes Colombiano.

Jeden Morgen ging Ramírez zu dem Berghang, um die seismographischen Aufzeichnungen zu holen. Stundenlang erläuterte er jedem, den es interessierte, was die seismischen Signale bedeuteten. Er breitete die langen schwarzen Bögen aus und versicherte, er könne sagen, ob das registrierte Erdbeben klein oder groß war und ob es aus der Erde unter Bogotá oder aus dem weit entfernten China kam. Es sei mit den Wellen vergleichbar, die entstehen, wenn man einen Stein in einen ruhigen See warf. Die Wellen breiteten sich von der Mitte aus und brauchten länger, um die äußeren Bereiche des Sees zu erreichen. Wenn das Gerät die seismischen Wellen als Gekritzel aus dichtgedrängten Linien aufzeichnete, lag das Epizentrum in der Nähe, doch wenn es das seismische Signal als weit auseinanderliegende Wellenlinien wiedergab, registrierte das Seismometer das langsame Heben und Senken, mit dem die Erde auf ein weit entferntes Erdbeben reagiert – ein Mensch würde das nie wahrnehmen, aber das empfindliche Seismometer schon. Auch die Stärke des Bebens ließ sich anhand des Seismogramms abschätzen. Bei einem starken Beben waren die Ausschläge etliche Zentimeter lang. Bei einem schwachen ragten sie nur wenig über die horizontalen Linien hinaus.

Die Verbreitung von Atomwaffen in den sechziger Jahren bahnte eine Wende für die Seismologie an. Eine detonierende Atombombe sendet Stoßwellen durch das Umgebungsgestein, die die Seismographen ebenso registrierten wie Erdbeben. Bald wurde die ganze Welt mit Seismometern gespickt, um Atomtests überwachen und nachweisen zu können. Ramírez sorgte dafür, daß sein Land von dem globalen Netz seismographischer Beobachtungsstationen, das die Alliierten einrichteten, profitierte. Die Supermächte mochten ein Wettrüsten befürchten, doch für den Pater war das International Seismic Network ein wissenschaftlicher Glücksfall. Ramírez bekam sechs seismographische Meßstationen – mit freundlichen Empfehlungen von den Alliierten –, die er auf besonders erdbebengefährdete Gebiete Kolumbiens verteilte. Während die Regierungen die Seismogramme auf Signale von Atomversuchen überprüften, sammelten die Jesuiten wertvolle Daten über Erdbeben in Kolumbien. Das Institut leitete alle Erdbebenforschungsprojekte im Land. In den folgenden zwei Jahrzehnten trieb Ramírez die wissenschaftliche Arbeit voran und sorgte dafür, daß sein Land auf dem neuesten Stand der Erdbebenforschung blieb. Doch leider hielt die zunehmende Gewalt durch Guerilleros und aufkommende Drogenkartelle ausländische Forscher davon ab, in Kolumbien wissenschaftliche Studien durchzuführen und hochmoderne Ausrüstung zu installieren. Da sie größtenteils mit den spärlichen Mitteln der jesuitischen Universität finanziert werden mußte, konnte Forschung nur in bescheidenem Umfang betrieben werden.

Die Erdbebenkunde war nicht Ramírez' einzige Leidenschaft. Schon als Kind begeisterte ihn die Sage von den Feuerbergen. Sie wurde von den Tolima-Indios erzählt, die einst die Zentralkordillere bewohnten:

In weißer Erde, wo die Götter wohnen, ragen sieben Gipfel, inmitten denen tiefe Gruben bis ins Erdinnere hinabreichen, ihre weißen Spitzen in den Himmel. In diesem göttlichen Land treffen sich die Götter, Zauberer und Orakel und sagen, von schönen Mädchen umgeben, die Zukunft, das Wetter und kommendes Unglück voraus.

In diesem Heiligtum wollte ein trunksüchtiger und böser Zauberer unter Berufung auf ein göttliches Recht das schönste der Mädchen vergewaltigen. Eines Tages erkor er ein junges Mädchen, das zum Kreis der Königin Dulima gehörte, zum Objekt seiner Begierde. Die Königin wollte nicht zulassen, daß der schreckliche Zauberer ihr wunderschönes Mädchen nahm, und ersann mit den anderen Mädchen einen Plan.

Sie servierten dem bösen Zauberer berauschende Getränke aus vergorenen Blumen. Dann tat das junge Mädchen so, als würde es seinen Zudringlichkeiten nachgeben und lockte ihn in eine Höhle. Ihre Freundinnen hatten heimlich große Steine und Felsbrocken bereitgelegt. Genau im richtigen Augenblick floh das schöne Mädchen, und ihre Freundinnen verschlossen den Eingang der Höhle mit Bergen von Geröll und Erde. So brachten sie den Zauberer zum Schweigen.

Das dachten sie jedenfalls.

Der böse Zauberer war lebendig begraben, und seine teuflische Magie ließ die Erde unter den Füßen ihrer verschreckten Bewohner grollen und beben. Aus dem Inneren des Berges quollen schwarze Rauchsäulen, Schwefelströme und Feuerzungen heraus. Und dann bebte die Höhle und entlud sich in drei tosenden Wasserfontänen – eine war bitter, eine siedend heiß und die dritte kalt wie geschmolzener Schnee –, die zur Oberfläche des Vulkans Machín schossen.

Die Sage vom Vulkan Machín und den sieben Bergen mit den weißen Gipfeln, zu denen der Nevado del Ruiz und der Tolima gehören, war eine von Ramírez' Lieblingsgeschichten, doch er wollte mehr wissen. Im Laufe der Jahre hatte er fleißig Augenzeugenberichte über die Aktivitäten der kolumbianischen Vulkane gesammelt, die bis in die Zeit der spanischen Eroberung des Landes zurückreichten. Es existierten Hunderte von detaillierten Aufzeichnungen von Priestern, Mönchen, Historikern, Naturforschern und Soldaten. Seit 1505 war es bei sieben von Kolumbiens 30 Vulkanen zu Ausbrüchen gekommen. 1816 spie der Vulkan Puracé bei Popayán Asche und andesitische Gesteinstrümmer aus. 1899 rumorte der Vulkan Doña Juana und färbte seine Flüsse schwefelgelb. Der Cumbal und der Tolima stießen sporadisch Asche und Dampf aus. Der Galeras an der Südgrenze Kolumbiens ließ 1580 Asche auf die Stadt Pasto niederregnen und hatte von da an in jedem Jahrhundert unruhige Phasen.

Die Ausbrüche der kolumbianischen Vulkane lösten Aufregung und Erstaunen aus, richteten in der Regel jedoch kaum Schaden an. Ein Vulkan allerdings bildete eine Ausnahme. Der mächtige Nevado del Ruiz hatte in historischer Zeit schon zweimal Schrecken verbreitet und Zerstörung angerichtet. In beiden Fällen schmolz nach relativ kleinen Ausbrüchen die Eiskappe des Vulkans; dann wälzten sich Lawinen aus Eis, Gesteinstrümmern und Schlamm die tiefen Täler hinunter. Ohne jede Vorwarnung wurden die tief am Fuße des Berges gelegenen Städte unter vielen Millionen Tonnen Schlamm und Schutt begraben. Wie viele Menschen umkamen, war nicht zu ermitteln, da die in Bewegung geratene Erde ganze Dörfer verschlang.

Ramírez stellte fest, daß viele der frühen Augenzeugen

intuitiv eine Verbindung zwischen Erdbeben und Vulkanausbrüchen hergestellt hatten. Er fragte sich, ob und wie die beiden Naturphänomene zusammenhängen könnten. Entstand durch Gesteinsbrüche an Verwerfungslinien Hitze, die vulkanische Aktivität auslöste? Oder zersprengten die wachsenden Vulkane die Erdkruste? Erst Anfang der sechziger Jahre begannen die Wissenschaftler den Zusammenhang zwischen den beiden Naturphänomenen zu begreifen – es war die erstaunlichste geologische Entdeckung des Jahrhunderts.

Die Debatten über einen möglichen Zusammenhang begannen schon 1912, als Alfred Wegener, ein deutscher Geophysiker, Meteorologe und Grönlandforscher, die Theorie der Kontinentalverschiebung veröffentlichte. Daß Afrika und Südamerika wie Puzzleteile aneinanderpaßten und auf beiden Kontinenten 200 Millionen Jahre alte Fossilien derselben Reptilienarten gefunden wurden, erklärte er mit den sich verschiebenden Landmassen, und er behauptete, daß Gebirgszüge und Vulkane sich aufwölbten, während Kontinente sich über die feste ozeanische Kruste wälzten.

Wegeners Theorie erschien damals abstrus. Die Fachwelt machte sich über ihn lustig, und die Kirche griff ihn heftig an. Es gelang dem Deutschen nicht, seine Kritiker zu überzeugen, weil er keinen Mechanismus beschreiben konnte, der mächtig genug war, um riesige Kontinente zu bewegen. Wegeners Theorie wurde als verschrobene Idee ad acta gelegt, bis Wissenschaftler 1962 entdeckten, daß mitten im Atlantischen Ozean neuer Meeresboden entstand. Aus einem großen Spalt, der sich vom nördlichen Polarkreis bis zur Antarktis erstreckte, quoll dicke basaltische Lava und pflasterte den Meeresboden. In dieser sogenannten Spreizzone wurden Europa und Afrika von Amerika weggetrieben.

Während im Atlantik neuer Meeresboden entstand, sank im Pazifik alter, kälterer Meeresboden in das Erdinnere zurück; entlang der Küste Südamerikas entdeckten unbemannte U-Boote über 9000 Meter tiefe Gräben. Wegener hatte teilweise recht gehabt. Doch nicht nur die Kontinentalmassen der Erde sind in Bewegung, sondern die ganze äußere Schale des Planeten. Angetrieben werden die riesigen Platten vom heißen Kern der Erde, einer glühenden, 7000 Grad heißen, festen Masse aus Eisen und Nickel, die immer noch die Hitze von der Entstehung der Erde speichert. Die äußere Schale, die den kalten Temperaturen des Weltraums ausgesetzt war, kühlte sich zuerst ab und bildete eine harte Kruste. Doch die immer noch im Erdinnern eingeschlossene Hitze wollte heraus und bahnte sich gewaltsam ihren Weg durch zerklüftetes Gestein, strömte in Form von heißer Lava auf den Meeresboden und zerbrach die Erdkruste in riesige unregelmäßig geformte Platten.

Für Jesús Emilio Ramírez war das Kräftespiel, das die Theorie beschrieb, eine wunderschöne Symphonie, die nur Gott komponiert und dirigiert haben konnte. Wie perfekt harmonierende Orchesterstimmen erhoben sich herrliche Berge gen Himmel. Lebendige Vulkane explodierten in gewaltigen Crescendos mit lauten Paukenschlägen. Glühendheiße Erde durchbrach ihre Schale zu einer donnernden Hymne der Erneuerung.

Im Januar 1981 starb der Priester, der sein ganzes Leben der Aufgabe gewidmet hatte, den Kolumbianern ihr launisches Land verstehen zu helfen, im Alter von 75 Jahren in seinem Haus in Bogotá – nur fünf Jahre bevor ein erneuter Ausbruch des Nevado del Ruiz eine der verheerendsten Vulkankatastrophen in der Geschichte auslöste.

Geister in der Küche

Nevado del Ruiz, Kolumbien:
16. Dezember 1984

Der kalte Dezemberwind pfiff, als brauste er mitten durch die hölzerne Schutzhütte hoch oben am Westhang des Nevado del Ruiz. Drinnen wärmte Maria Elena Vivas ihre behandschuhten Hände über dem Gasofen in der Küche. Alle anderen schliefen schon. Es war 22 Uhr, der 16. Dezember 1984 – fast ein Jahr bevor Fernando Gil und Bernardo Salazar ihre Arbeit am Vulkan aufnahmen. Das rustikale kleine »Berggasthaus«, das nur fünf Zimmer hatte, wurde vom National Park Service betrieben. Der Wirt war ein stämmiger bärtiger Einheimischer, ein Andinista namens John Jairo Gutierrez.

Vivas arbeitete seit einem Jahr in dem Gasthaus. Sie putzte die Gästezimmer und Bäder und schrubbte nach den Mahlzeiten in der Küche Töpfe, Pfannen und schmutzige Teller. Sie war ständig am Fegen, doch es schien ihr einfach nicht zu gelingen, die Holzböden von dem Staub zu befreien, den die Besucher hereintrugen. Während des Tages genoß sie es, von Gästen umgeben zu sein, doch nachts, wenn alle im Bett waren und sie nur die Schutzhütte knarren und ächzen hörte, sehnte sie sich nach dem Haus ihrer Eltern in Manizales und nach einem wärmeren Schlafplatz. »Es war immer bitterkalt«, sagt Vivas.

Das Gasthaus war auf Bergsteiger eingestellt, die die steilen weißen Hänge des Nevado del Ruiz erklimmen wollten. Einige wanderten sogar mit ihren Skiern die schneebedeckten Gletscher hinauf und fuhren im Slalom herunter. Die Regenzeit in der Zentralkordillere war gerade vorbei, und es lag ziemlich viel Schnee. Doch so kurz vor dem Beginn der Weihnachtsferien hatte das kleine Berggasthaus nur wenige Gäste.

Das zweistöckige Holzhaus war keine Luxusherberge. Es lag rund 4600 Meter hoch, 700 Meter unter dem Gipfel des Vulkans. Zwar gab es Propantanks zum Kochen und Elektrizität von einem nahegelegenen Stausee, aber »der Strom fiel ständig aus, und der Notstromgenerator war immer kaputt«, sagt Vivas. Das Wasser kam aus einer Quelle in der Nähe, im Sommer waren die Leitungen jedoch die meiste Zeit eingefroren, weil stürmische Winde eisige Luft aus dem Osten heranwehten. Und wenn Wasser lief, stank es nach Schwefel und konnte nur zum Putzen und mit Einschränkung zum Kochen verwendet werden. Trinkwasser mußte in 40-Liter-Plastikkanistern herangeschafft werden. Manche Gäste hatten schon bald nach ihrer Ankunft die Nase voll und verließen die Schutzhütte mit rasenden Kopfschmerzen.

Die Gästezimmer waren spärlich möbliert. Die Matratzen waren hart und die Wände fast kahl. Es gab elektrische Heizgeräte, doch da der Sauerstoffgehalt der in dieser großen Höhe ohnehin dünnen Luft sich bei Erwärmung weiter verringerte, schaltete Gutierrez, von seinen Freunden und Kletterkumpanen J. J. genannt, selten ein Heizgerät an. Das Gasthaus nahm keine Reservierungen an. An den Wochenenden waren die Zimmer schnell belegt; unter der Woche mußte Gutierrez jedoch selten jemanden abweisen.

Der Nevado del Ruiz war das Kronjuwel im 583 Quadratkilometer großen Nationalpark Los Nevados, dessen fünf Vulkane mitsamt den sie umgebenden Bergen den höchsten Teil der Zentralkordillere bildeten. An einem klaren Tag hatte man von der Schutzhütte aus eine phantastische Aussicht. Die schmutzige Spitze einer 30 Meter dicken Gletscherzunge des Nevado del Ruiz reichte bis in den Vorgarten. Der flache und breite Gipfel des Vulkans war von 23 Quadratkilometern Eis bedeckt, das wie die Fangarme einer Riesenkrake in acht Täler hinabreichte, die strahlenförmig vom Gipfel ausgingen.

Abends füllte sich das Speisezimmer des Gasthauses mit erschöpften Bergsteigern und Skifahrern, die eine Tasse *Tinto* nach der anderen tranken – *Tinto* war schwarzer Kaffee mit viel Zucker. Danach genehmigten sie sich ein paar Schlückchen Brandy, Rum oder *Aguardiente* – kolumbianischen Anisschnaps.

In jener Nacht lief Maria Elena Vivas in das leere Speisezimmer, um den langen Holztisch in der Mitte des Raums abzuräumen. Plötzlich begann der Boden unter ihren Füßen zu beben, zuerst kaum wahrnehmbar, dann immer stärker.

Vivas packte den Tisch an den Ecken und versuchte ihn gerade zu halten, doch die Vibrationen erfaßten ihre Arme. »Die ganze Schutzhütte klapperte«, sagt sie. Weitere 30 Sekunden lang beobachtete sie entsetzt, wie Tassen und Teller sich langsam auf die Tischkante zubewegten. Dann blieben sie stehen.

Zögernd ließ sie den Tisch los. Die schwache Lampe, die von der hohen Decke herabhing, pendelte in einem 30 Zentimeter langen Bogen hin und her und warf unheimliche Schatten auf die dunklen Holzwände. Vivas hatte das Gefühl, ihr würde gleich das Herz aus der Brust springen. Sie saß reglos auf einem der Holzstühle und horchte, vernahm aber nichts als den Wind. Im Haus war alles still. Niemand war aufgewacht.

Vivas schlief sehr unruhig in dieser Nacht. Sie stand wie gewöhnlich vor Tagesanbruch auf und machte sich mit einer Petroleumlampe in der Hand auf den Weg zur Küche. Mit einem mulmigen Gefühl lief sie den engen Flur hinunter. J. J. Gutierrez war bereits in der Küche und kochte Kaffee.

»Ich hatte Angst; ich erzählte J. J., daß das Haus rumpelte, als seien Geister mitten durch die Küche gelaufen. Zuerst glaubte er mir nicht«, sagt Vivas.

Von der Küche aus hörte Vivas die Gäste in den Speiseraum kommen und begann das Frühstück herzurichten. Sie war dankbar für das Geplapper nebenan. Es war erst kurz vor fünf Uhr und noch stockfinster. Sie hielt gerade einen Wasserkessel unter den Hahn eines riesigen Plastikkanisters, der auf dem Tresen stand, als der Boden erneut zu vibrieren begann. Vivas ließ den Kessel fallen und rannte ins Speisezimmer. Die Bergsteiger waren aufgesprungen. Das ganze Haus bebte, und die Geräusche, die die Erschütterungen verursachten, verschmolzen zu einem dumpfen Dröhnen.

Vivas erinnert sich noch, wie Gutierrez kreidebleich durch die Vordertür hereingerannt kam. »Von den *campesinos*, deren Familien schon seit Hunderten von Jahren dort lebten, wußte er viel über den Nevado del Ruiz, auch daß der Vulkan nicht immer geschlafen hatte«, sagt sie.

Gutierrez und Vivas hatten Angst. Der Vulkan grollte. Der schöne, bisher so friedlich schlafende Nevado del Ruiz konnte erwachen, und sie befanden sich nur 700 Meter unter dem Gipfel und dem gurgelnden Rachen des Vulkans.

Auch in den darauffolgenden Tagen erschütterten

Vibrationen, die mit einem leisen, dumpfen Dröhnen einhergingen, die Schutzhütte. Die Beben schienen mit jedem Tag häufiger zu werden, aber sie waren nicht stark und brachten lediglich ein paar Tassen auf den Küchenregalen zum Klappern. Allmählich gewöhnten Vivas und Gutierrez sich an das Grollen. »Wir sagten zu den Neuankömmlingen, die es mit der Angst bekamen, so sei es eben auf einem Vulkan«, sagt Vivas.

Drei Tage nachdem Vivas das erste Beben gespürt hatte, kletterten zwei Bergsteiger zum Gipfel hinauf und berichteten Gutierrez nach ihrer Rückkehr, daß der kürzlich noch von Eis überzogene Krater des Vulkans nun zu sehen sei. Es rieche dort droben stark nach Schwefel, und der Schnee auf dem Gipfel sei mit winzigen gelben Kristallen bedeckt.

Gutierrez beschloß, selbst nachzusehen, was geschehen war. Am folgenden Morgen um vier Uhr verließ er die Schutzhütte zusammen mit Luis Fernando Toro, dem berühmtesten und erfahrensten Andinista Kolumbiens (den alle nur unter seinem Spitznamen »Bis« kannten). In nur zwei Stunden bewältigten die beiden routinierten Bergsteiger den kilometerlangen und rund 700 Meter hohen Aufstieg über Eis und Fels. Oben angelangt, staunten sie über die unglaubliche Veränderung des einst so glatten Gipfels. Der Krater war nun ein tiefer Schlammtümpel von gut 150 Metern Durchmesser. In einiger Entfernung stiegen aus dem Schlamm dünne Dampfschwaden auf und waberten in die Atmosphäre. Die Luft stank nach Schwefel und brannte ihnen in Augen, Nase und Mund. Gutierrez hatte das Gefühl, an den beißenden Dämpfen zu ersticken, und versuchte das Kratzen und Brennen in seinem Rachen loszuwerden, indem er immer wieder in den Schnee spuckte.

Er kehrte zu der Schutzhütte zurück und berichtete

den Parkaufsichtsbehörden per Funk, was er gesehen hatte. Diese verständigten den Zivilschutz für das Departamento Caldas, und bald verbreitete sich die Nachricht, daß der schöne friedliche Nevado del Ruiz wieder erwachte.

Einer der ersten, die von der plötzlichen Unruhe des Vulkans hörten, war Pablo Medina, der 45jährige Vizedirektor der Genossenschaftsbank von Caldas. Medina war ein stattlicher, angesehener Mann aus einer der ältesten Familien von Manizales, der selbst Kaffeeplantagen besaß und großes Interesse daran hatte, die wohlhabende Region vor Schaden zu bewahren. Er war unter den ersten gewesen, die 1966 den Gipfel des Vulkans erreichten, und schon viele Dutzend Mal hatte er die steilen Hänge bestiegen, um mit Skiern von oben abzufahren. Es war besorgniserregend, daß der Nevado del Ruiz wieder aktiv wurde, doch Pablo Medina war entschlossen, dieses Problem sofort in Angriff zu nehmen.

Medinas geliebtes Land erlebte eine schmerzliche und furchterregende Zeit. Kolumbien war so reich an landschaftlichen Schönheiten, an Gold, Smaragden, Erdöl und fruchtbarem schwarzem Boden, doch es schien sich in einem Zustand ständiger Selbstzerstörung zu befinden. Konflikte zwischen den das Land regierenden beiden großen Parteien – den Liberalen und den Konservativen – waren im 20. Jahrhundert immer wieder zu Bürgerkriegen eskaliert. Der schlimmste, *La Violencia*, dauerte von 1948 bis 1953 und forderte mehr als 200 000 Menschenleben.

Wegen der nach wie vor bestehenden Kluft zwischen der kleinen herrschenden Elite und den Bauern waren die Ende der vierziger Jahre entstandenen militanten Guerilla-Bewegungen Anfang der achtziger Jahren bereits außer Kontrolle geraten. Vier Guerillagruppen mit Beziehungen zu Kuba und der Sowjetunion terrorisierten das Land, entführten Reiche, um Lösegeld zu erpressen, ermordeten Bauern auf dem Land, entführten Busse und Flugzeuge und verübten Bombenanschläge auf Ölbohrplattformen, Strom- und Sendemasten.

Und noch ein anderes Gift verbreitete sich im ganzen Land. In den siebziger Jahren hatte Kolumbien sich zu einem Hauptumschlagplatz für Kokain aus Peru und Bolivien entwickelt. Tausende, die vor der Gewalt der Guerilleros auf dem Land flohen, wurden schnell in die Machenschaften der Drogenkartelle verwickelt. Die Drogenbosse, die mit ihrem illegalen Handel mit den Vereinigten Staaten Millarden verdienten, wurden reicher als die traditionelle Elite, und um einer Verurteilung und der damit verbundenen Gefängnisstrafe zu entgehen, bestachen sie Richter und ermordeten die, die sich nicht kaufen ließen.

Anfang der achtziger Jahre drangen die Guerilleros und Drogendealer bis in die Regenwälder Kolumbiens vor und bekriegten einander. Die Guerilleros kassierten Steuern von den Kokabauern, und paramilitärische Gruppen metzelten im Auftrag von Rinderzüchtern, die sich mit den Drogendealern verbündet hatten, die Rebellen nieder.

In dieser Zeit der scheinbar endlosen Gewalt war es in der Cafetera-Region jedoch ruhig geblieben, zum großen Teil wegen der unermüdlichen Arbeit von engagierten Mitgliedern der Führungsschicht wie Pablo Medina. Sie sorgten dafür, daß die Arbeiter auf den Kaffeeplantagen anständige Löhne erhielten und die reichen Großgrundbesitzer deren Familien gut versorgten. In der Region gab es wenig Unzufriedenheit oder Armut, die Sympathien für die Guerilleros nährten oder die Bereitschaft zur Zusammenarbeit mit den Drogenbossen förderte.

So entschlossen, wie Medina sich für die Lösung anderer Probleme der Region eingesetzt hatte, handelte er auch, als er vom Erwachen des Nevado del Ruiz erfuhr. Er brachte die Genossenschaftsbank der Kaffeeplantagenbesitzer dazu, ihm das leerstehende elfte Stockwerk des Banco-Cafetero-Gebäudes in Manizales zu überlassen. Und da er wußte, daß es in Kolumbien keine Vulkanologen gab, wandte er sich an die Vereinten Nationen und informierte sie, daß ein wieder erwachter Vulkan die Regionen um den Nationalpark Los Nevados bedrohte. Dann bereitete er alles für die Scharen internationaler Experten vor, die bald darauf eintreffen würden.

Inzwischen gaben sich Wissenschaftler aus Manizales und der ganzen Region im Piso Once die Klinke in die Hand. Pablo Medinas größte Hilfe kam von der CHEC, der Zentralen Wasserkraftwerksgesellschaft von Caldas. Das Unternehmen unterhielt an aufgestauten Flüssen in der Nähe des Vulkans mehrere Wasserkraftwerke, die Strom für das Departamento Caldas lieferten, und befürchtete, daß seine Anlagen bei einem Ausbruch zerstört werden könnten. Außerdem hatte die CHEC im Gebiet um den Vulkan schon geothermische Untersuchungen durchgeführt und beschäftigte eine dynamische junge Wissenschaftlerin, die mehr über Vulkane wußte als alle anderen wissenschaftlichen Fachkräfte, die in Kolumbien zu bekommen waren: die Geologin Marta Lucía Calvache.

Calvache kehrte in der ersten Februarwoche 1985 von einem dreimonatigen Studienaufenthalt in Neuseeland zurück. Als sie am Montag früh das CHEC-Büro in Manizales betrat, lief sofort ihr Kollege Nestor García auf sie zu. »Als Nestor mich sah, sagte er nicht einmal: ›Hallo Marta, wie geht's?‹, sondern sprudelte hervor: ›Der Nevado del Ruiz ist aktiv, wir müssen zum Nevado del Ruiz‹«, erzählt Calvache.

Calvache hatte García noch nie so gesehen. Der sonst so ruhige Chemotechniker zitterte vor Aufregung. Er berichtete ihr, Salazar, ein Bauingenieur, mit dem die beiden in der CHEC zusammenarbeiteten, habe ihn angerufen und ihm mitgeteilt, daß die Chefs der CHEC das Problem des grollenden Vulkans an ein dreiköpfiges Team delegieren wollten, das aus Salazar, Calvache und García bestand.

»Den Chefs der CHEC erschien es naheliegend, uns den Vulkan beobachten zu lassen«, sagt Calvache. Aber sie fragte sich wirklich, warum.

García sagte ihr, was alle Wissenschaftler in Kolumbien bereits wußten, nämlich daß sie mehr Erfahrung mit Vulkanen hatte als sonst irgendwer im Land. Sie fand diese Vorstellung lächerlich. Sie stand erst ganz am Anfang ihrer Karriere und hatte während ihrer Ausbildung nie das Verhalten eines aktiven Vulkans studiert. In den drei Monaten ihres Aufenthalts in Neuseeland hatte sie einiges über die geologische und chemische Beschaffenheit der geothermischen Energiefelder des Landes gelernt. Doch im Umgang mit den potentiellen Gefahren, die von einem aktiven Vulkan ausgingen, war sie völlig unerfahren.

Ihr schwirrte der Kopf, als Nestor García ihr schilderte, was geschehen war, seit die Leute in der Schutzhütte das erste Grollen des Vulkans gespürt hatten. Mit einigem Unbehagen fand sie sich allmählich damit ab, daß sie mit ihren 26 Jahren als Kolumbiens führende Vulkanexpertin galt.

1976 erlebte Kolumbien einem gewaltigen Ölboom. Mehrere Verwandte der damals 18jährigen Marta Calvache arbeiteten als Geologen für die staatliche Ölgesellschaft Ecopetrol. Sie selbst war im Begriff, ein Studium aufzunehmen, und da die Aussichten auf eine Karriere im Ölgeschäft sehr gut waren, belegte sie an der Landesuniversität in Bogotá Anfängerkurse in Geologie. Gleich nach ihre Ankunft freundete sie sich mit einer Kommilitonin namens Maria Luisa Monsalve an, die wie sie Geologie im Hauptfach studierte. Nie zuvor hatte sich mehr als eine Frau für diesen Studiengang eingeschrieben, doch in diesem Jahr waren es acht.

Calvache und Monsalve besuchten dieselben Kurse und suchten sich ganz gezielt Wahlfächer aus, mit denen sie die besten Chancen auf eine Karriere bei Ecopetrol hatten. Sie erforschten die ölreichen Gebiete Kolumbiens östlich der Ostkordillere, wo in porösen Sand- und Kalksteinschichten zwischen dicken Schichten von 100 Millionen Jahre altem Sedimentgestein viel Erdöl und Erdgas eingeschlossen waren. Sie lernten, potentiell ölreiche Orte zu erkennen: die Falten und Verwerfungen in uralten Gesteinsschichten, in denen das wertvolle Rohöl sich angesammelt hatte und eingeschlossen wurde.

Die beiden Frauen hatten schon drei Jahre lang studiert und geforscht, als die Ecopetrol nach Problemen mit einigen Absolventen der Landesuniversität verkündete, sie werde in Zukunft keine Leute von der Universität mehr einstellen. Calvache und Monsalve waren niedergeschmettert. »Alle die Kurse, die wir belegten, sollten uns auf die Arbeit bei der Ecopetrol vorbereiten – sie war die *einzige* Ölgesellschaft in Kolumbien«, sagt Calvache. Hier war guter Rat teuer.

Einen Monat später erzählte ihnen Monsalves Bruder, die CHEC suche Studenten, die an ihrem neuen geothermischen Forschungsprojekt mitarbeiteten. Dieser Job führte sie nach Manizales, also in die Nähe von

Armenia, wo Monsalves Familie wohnte. »Für Maria Luisa war es die ideale Lösung. Ihre Mutter war vor kurzem gestorben, und sie wollte in der Nähe ihres Vaters und ihrer Brüder sein. Es war nur so, daß wir nichts über Vulkane oder geothermische Energie wußten«, sagt Calvache. Doch da es schwer war, überhaupt in einem Bereich der Geologie Arbeit zu finden, erklärte Calvache sich schließlich einverstanden. »Ich war nicht sehr überzeugt, aber es war die beste Stelle für Luisa«, sagte sie.

Die Frauen zogen in kleine Wohnungen in Manizales, eine quirlige Stadt, die von grünen, mit Kaffeeplantagen überzogenen Bergen umgeben war. Sie sollten mit einer Gruppe Italiener an einem Projekt arbeiten, nach geothermischer Energie forschen und nach Wegen suchen, die vulkanische Hitze anzuzapfen und in Dampf umzuwandeln, der Turbinen antreiben sollte, die Strom produzierten. Jeden Tag liefen sie meilenweit in den üppig bewachsenen, zerklüfteten Bergen in der Umgebung des massiven Vulkans herum und erklommen steile, 150 Meter hohe Wände aus Millionen Jahre alten Lavaströmen. Die beiden Freundinnen atmeten den ganzen Tag die kühle Luft der Anden und lernten, soviel sie konnten, von den italienischen Wissenschaftlern. Sie stellten fest, daß die Suche nach geothermischer Energie der Suche nach Öl, Gold oder Edelsteinen glich. Man hielt nach bestimmten Gesteinsformationen Ausschau, in diesem Fall nach vulkanischem und porösem Gestein, das Brüche aufwies.

Im Herbst gingen Calvache und Monsalve wieder nach Bogotá. Dort beendeten sie ihre Kurse, machten ihren Abschluß und kehrten nach Manizales zurück, um bei der CHEC eine Ganztagsstelle anzutreten. Drei Jahre lang arbeiteten die beiden Frauen zusammen. Dann wurde Monsalve nach Paris geschickt, um Geologie zu studieren, und Calvache nach Neuseeland, wo sie mehr über die geologischen Besonderheiten geothermischer Energiefelder lernen sollte. Und nun, nur fünf Jahre nach ihrem Abschluß, war Calvache eine ungeheure Verantwortung übertragen worden.

Sie verließ das Büro um drei Uhr nachmittags und ging nach Hause, um die Sachen zusammenzupacken, die sie zum Vulkan mitnehmen wollte. »Nestor riet mir, mich warm anzuziehen, noch ein paar Stunden zu schlafen und auf jeden Fall noch etwas zu essen, bevor wir abfuhren.« Sie stopfte zwei dicke Wollpullover in ihren Rucksack, legte eine Jeans, ein Paar dicke Socken und die dünnen Stiefel zurecht, die sie immer bei der Arbeit im Freien trug. Um den Gipfel des Nevado del Ruiz zu erreichen, bevor die Sonne den Schnee in Matsch verwandelte und er nicht mehr begehbar war, mußten sie am nächsten Tag um ein Uhr in der Früh aufbrechen. Die Sonne schien noch durch das Fenster von Calvaches Schlafzimmer, als sie um fünf Uhr nachmittags zu schlafen versuchte.

Es war zwecklos. Sie stand wieder auf. Noch ein paarmal legte sie sich ins Bett, ohne Schlaf zu finden. Inzwischen war es halb elf. Sie wußte, daß sie in zwei Stunden aufstehen mußte. Ihr schwirrte der Kopf. Was konnte sie an einem aktiven Vulkan ausrichten? Was sollte sie auf dem Gipfel machen? »Ich wußte, daß es gar nicht so leicht ist, auf 5000 Meter zu klettern«, sagt sie. Würde sie es überhaupt bis zum Gipfel schaffen?

Sie lag mit weit offenen Augen im Bett und starrte zur dunklen Zimmerdecke hinauf. Sie versuchte etwas zu essen und bekam nichts hinunter. Sie versuchte erneut zu schlafen, doch es klappte einfach nicht. Noch nie hatte sich Calvache vor einer schwierigen Aufgabe gedrückt und hatte es auch jetzt nicht vor, wenngleich sie noch nie vor einer so großen Herausforderung gestanden hatte. Zehn Minuten nachdem sie endlich eingeschlafen war, klingelte Nestor García an ihrer Wohnungstür.

Es herrschte völlige Finsternis, als sie auf endlosen gewundenen Straßen in den Nationalpark fuhren. Bis, der Andinista, der sie zum Gipfel des Vulkans führen würde, raste den Berg hinauf. Auf dem Beifahrersitz saß Pablo Medina, Bis' alter Kletterkumpan. Bis schien ununterbrochen zu reden und nur über ein Thema: den Nevado del Ruiz. Calvache und Nestor García saßen schweigend hinten im Lastwagen.

Während Bis den Berg hinaufkurvte, wurde die Luft immer kälter. Ein strahlender Halbmond beleuchtete die sich in Serpentinen den steilen, kahlen Hang hinaufwindende Zufahrtsstraße zur Schutzhütte. Calvache blickte aus dem Fenster und betrachtete die rauhe Landschaft. Hier waren die Berge nicht mehr mit saftig grüner Vegetation bedeckt – rundum nichts als nackter grauer Fels.

Es war vier Uhr morgens, als sie vor der Schutzhütte aus dem Lastwagen kletterten. Die Fenster des zweistökkigen Holzhauses waren noch dunkel. Der Wind heulte durch die öde Landschaft. Bis klopfte laut an die Vordertür, und eine Minute später erschien ein verschlafener J. J. Gutierrez.

Drinnen setzten sich Bis und Medina, die beiden Andinistas, inmitten ihrer Ausrüstung auf Holzstühle und schnürten ihre schweren Kletterstiefel. Bis trug dicke schwarze Hosen und eine wattierte rote Jacke. Über seine geschnürten Stiefel legte er noch blaue Nylongamaschen mit einem Steg um die Stiefelsohlen an. Eine Sonnenbrille hing an einer dünnen Kordel um seinen Hals. Pablo Medina war ähnlich ausstaffiert.

Calvache und García brauchten keine fünf Minuten, um sich fertig zu machen. »Wir hatten weder die richtige Kleidung noch die richtigen Stiefel – nichts. Und natürlich auch keinen Eispickel oder so was.«

Bis musterte die beiden Wissenschaftler und lachte laut auf. »Okay, Leute, mal sehen, was für Andinistas ihr seid!«

Die vier stapften hinaus und begannen den steilen Pfad, der sie zum Gipfel des Vulkans führte, hinaufzuwandern. Es war inzwischen fünf Uhr, aber immer noch ziemlich dunkel. Bis richtete den Lichtkegel einer Taschenlampe auf den Boden, wo sie nur ein schmales Wegstück beleuchtete. Calvache blickte angestrengt nach unten, um nicht über aus dem verharschten Schnee herausragende Felsen zu stolpern. Sie und García traten in die Spuren der schweren Bergstiefel ihrer Führer, die wie Treppenstufen aufwärts führten.

Dort, wo der Fels aufhörte und der Gletscher begann, blieben Bis und Medina stehen. Sie waren Calvache und García, die ständig aufpassen mußten, daß sie auf dem Eis nicht ausrutschten, da die Sohlen ihrer Stiefel kaum Profil hatten, 100 Meter voraus. Am fernen Horizont ging die Sonne auf und färbte den Gletscher mattrosa.

Die beiden jungen Wissenschaftler keuchten, als sie die Bergsteiger erreichten. Nach dem strammen Marsch war ihnen immer noch einigermaßen warm, aber ihre Schuhe waren naß, und sie hatten eiskalte Füße und Hände. Bis bedauerte, daß er nicht für jeden der beiden einen Eispickel hatte – ein unentbehrliches Werkzeug beim Aufstieg über vergletschertes Gelände. Auch hatten sie weder Gurte noch genug Seil dabei, um eine Seilschaft zu bilden. Doch Bis wußte, daß es wichtig war, diese zwei Wissenschaftler zum Gipfel des Vulkans zu bringen, daher wies er die Anfänger in einem zehnminütigen Schnellkurs in alpines Bergsteigen ein.

Er war angenehm überrascht. Die beiden hatten Durchhaltevermögen und eine sehr gute Kondition. In drei Stunden erreichte die Gruppe eine Höhe von fast 5200 Metern. Es war das erste Mal, daß García und Calvache einen Vulkan von oben sahen. Die aufsteigende Sonne erleuchtete den vergletscherten Gipfel, auf dem nun gelbe Schwefelkristalle funkelten. Er war volle 800 Meter breit, und unterhalb seines nördlichen Rands lag der dampfende Schlund des unruhigen Vulkans.

Calvache und García blieben stehen, atmeten die schwefelhaltige Luft ein und betrachteten den lebendigen Berg. Aus seinem massiven Krater stiegen ein Dutzend weiße Dampffontänen auf, die im Wind leise zischten. Es stimmte – der Nevado del Ruiz schlief nicht mehr.

Calvache wußte, wie die Dampffontänen, die sogenannten *fumarolas*, entstanden. Sie ähnelten den Geysiren, die sie in Neuseeland studiert hatte. An anderen Stellen ragten Hügel aus glänzendem Schlamm wie Ameisenhaufen ein paar Meter weit aus dem Krater. Aus kleinen Kratern in ihren Kuppen blubberte warmer Schlamm an die Oberfläche.

García wanderte in den Krater hinunter, auf die Dampfschwaden zu. »Ich erinnere mich noch, wie Nestor ein normales Laborthermometer nahm und es einfach in eine Fumarole zu stecken versuchte.« Doch das Gas war so heiß, daß García nicht nahe genug herankam, um das kleine Thermometer ablesen zu können. Nach mehreren Versuchen gab er es schließlich auf.

Calvache lief zu einer ebenen Stelle im Krater, zog ihr gelbes Arbeitsnotizbuch heraus und fertigte eine Skizze vom Krater an; sie zeichnete die Fumarolen ein und vermerkte, wie sie rochen, welche Farbe sie hatten und welche Höhe die Dampfschwaden erreichten, bevor sie sich in der dünnen Luft auflösten.

Bis und Pablo Medina erzählten Calvache, daß sie im Laufe der letzten zehn Jahre viele Dutzend Male am Krater gewesen waren und der Gipfel immer von einer endlosen Eisschicht überzogen war. Nur an einer leichten Senke im Gelände war zu erkennen gewesen, wo sich der Schlot des Vulkans befand. Nun war der dampfende Krater so groß wie zwei Fußballfelder und 30 Meter tief.

Im Licht der aufsteigenden Sonne leuchteten die Felder der kleinen Höfe rund um den Vulkan wie smaragdgrüne Flicken in der Landschaft. Am zartblauen Himmel zogen dünne Wolkenfetzen vorüber.

Calvache stand auf dem Gletscher und blickte nach Süden. Am anderen Ende des Gipfels erhob sich wie ein riesiger schneebedeckter Baumstumpf La Oletta, der Überrest eines alten, erloschenen Kraters des Nevado del Ruiz. Dahinter waren die beiden Vulkane Cisne und Santa Isabel zu sehen. Und noch weiter in der Ferne ragte der ebenmäßige, schneebedeckte Kegel des Tolima empor. Calvache drehte sich langsam im Uhrzeigersinn. Im Westen erstreckte sich die Cafetera-Region mit der wohlhabenden Stadt Manizales, die auf einem steilen Kamm inmitten endloser Kaffeeplantagen thronte, und im Norden erhob sich der schlafende Vulkan Cerro Bravo mit seinen sanft ansteigenden Flanken. Dann wandte sie sich nach Osten, der aufgehenden Sonne zu, und folgte mit den Augen dem Flußlauf des Lagunillas, der ein tiefes Tal in die endlos scheinende Gebirgslandschaft schnitt. Sie wußte, daß der Fluß bis zum Fuß der Berge hinabrauschte, sich dann durch die Tiefebene von Armero wälzte und schließlich in den mächtigen, gewundenen Magdalena-Fluß mündete, der nach Norden ins Karibische Meer floß.

Als sie so den Blick am Horizont entlangschweifen ließ und die ganze Welt tief unter ihr zu liegen schien, vergaß sie, wie kalt ihr war und daß sie in dieser Nacht nur zehn Minuten geschlafen hatte. Es kümmerte sie auch nicht, daß sie in der schwefelhaltigen Luft, die ihr in Mund und Hals brannte, kaum atmen konnte.

Das ist also mein neues Arbeitsgebiet! dachte sie, blinzelnd im vom Gletscher reflektierten Sonnenlicht. Sie konnte ihr Glück kaum fassen.

Während Nestor García und Marta Calvache nun jede Woche zum Krater hinaufstiegen, um nachzuschauen, ob der Nevado del Ruiz sich veränderte, bemühte Pablo Medina sich unermüdlich um mehr Unterstützung für ihre Arbeit. Es gelang ihm, die Handelskammer und verschiedene andere Einrichtungen in Manizales zu mobilisieren und einen Meteorologieprofessor von der Landesuniversität in Manizales sowie weitere einheimische Wissenschaftler für das Problem zu interessieren.

Er selbst befragte Bauern, Andinistas und andere Leute aus der Region nach ihrer Meinung über das Verhalten des Vulkans. Anfang März wurde eine Gemeindeversammlung in der Landesuniversität in Manizales anberaumt. Die Wissenschaftler vom Piso Once, die den Nevado del Ruiz beobachteten, sollten ein öffentliches Seminar über den Zustand des Vulkans veranstalten.

Marta Calvache erklärte sich bereit, einen Vortrag über frühere Ausbrüche des Nevado del Ruiz zu halten und suchte das Historische Landesmuseum in Bogotá auf, um soviel wie möglich über die Geschichte des Vulkans in Erfahrung zu bringen. In der Bibliothek des Museums zog sie einen verstaubten ledergebundenen Band, *Comptes Rendues*, Akademie der Wissenschaften, Paris 1846, aus dem Regal.

Sie schlug das Buch auf und blätterte seine vergilbten Seiten durch. Im Inhaltsverzeichnis fand sie einen Verweis auf »die Schlammeruption des Vulkans Ruiz und die Katastrophe im Tal des Flusses Lagunillas in der Republik Neugranada«.

Auf Seite 709 begann ein zweiseitiger Bericht eines kolumbianischen Naturforschers namens Joaquin Acosta. Langsam kämpfte sie sich durch den französischen Text.

Am 19. Februar des Jahres 1845 war in der Umgebung des Magdalena-Flusses, von Ambalema bis zum Dorf Mendez, ein lautes unterirdisches Grollen zu hören ... Auf dieses plötzliche Grollen folgte ein Erdbeben in einem viel kleineren Gebiet. Dann ergoß sich ein gewaltiger Strom dicken Schlamms aus seinen Quellen auf dem Nevado del Ruiz in das Flußbett des Lagunillas, füllte es in kurzer Zeit, verschlang Bäume und Häuser oder riß sie mit sich fort und begrub Menschen und Tiere unter sich. Alle, die im oberen Bereich und in den engeren Abschnitten des Lagunillas-Tals lebten, kamen ums Leben; an den Hängen zum Glück weniger. Andere saßen auf den Kuppen kleiner Hügel fest, von denen sie nicht mehr rechtzeitig gerettet werden konnten ... Als der Schlammstrom mit großer Geschwindigkeit die Ebene erreichte, teilte er sich. Der viel größere Hauptstrom folgte dem Lauf des Lagunillas in Richtung Magdalena. Der Nebenstrom wälzte sich, nachdem er die hohe Wasserscheide überwunden hatte, quer durch das Santo-Domingo-Tal ... und in den Fluß Sabandija, in dem er einen riesigen Damm aufstaute. Die stromabwärts gelegenen Gebiete schienen von einer Überschwemmung bedroht. Glücklicherweise fiel während der Nacht reichlich Regen, so daß sich das Wasser allmählich einen Weg durch dieses Gemenge aus entwurzelten Bäumen, Sand, Steinen und stinkendem Schlamm bahnte; die Lawine führte auch riesige Eisbrocken mit sich, die in solchen Massen von den Bergen herunterkamen, daß sie mehrere Tage später immer noch nicht völlig geschmolzen waren... Das von Schutt und Schlamm bedeckte Gelände ist mehr als 93 Quadratkilometer groß; es sieht aus wie eine Wüste oder Salztonebene, aus der Haufen zersplitterter Bäume, die der Gewalt des Stroms widerstanden, wie lauter kleine Inseln herausragen. Die Schlammschicht war unterschiedlich dick. Im oberen Bereich der Ablagerung ist sie viel dicker. Dort erreichte sie an vielen Stellen fünf bis sechs Meter. Nach einer realistischen Schätzung kamen von den Flanken des Vulkans Ruiz mehr als 300 Millionen Tonnen schlammigen Materials herunter.

Da Calvache den Gipfel des Nevado del Ruiz und den Verlauf des Lagunillas inzwischen gut kannte, konnte sie sich leicht vorstellen, wie die schreckliche Lawine aus Eis und Schlamm sich das Flußtal hinabgewälzt hatte.

Sie vertiefte sich in ein anderes Buch mit dem Titel *Noticias historiales de las conquistas de tierra firma en las Indias Occidentales*, das ein spanischer Priester namens Pedro Simon im Jahre 1625 verfaßt hatte. Er berichtete über ein Ereignis, das 1595 stattgefunden hatte, also 251 Jahre vor dem von Joaquin Acosta geschilderten Ausbruch mit den alles verschlingenden Schlammströmen.

> Dann, an jenem Tag, Monat und Jahr (dem 12. März 1595), geschah es, daß ... von diesem Vulkan so ein seltsamer, lauter und röhrender Donnerschlag kam und danach noch drei weniger starke, die in einem Umkreis von mehr als 190 Kilometern zu hören waren ... Die Spanier sahen, daß der Vulkan große Mengen Bimsstein herausschleuderte. Manche Steine waren so groß wie Straußeneier; die kleinsten hatten die Größe von Taubeneiern. Sie glühten rot wie Eisen aus der Esse und ähnelten umherirrenden Sternen. Einige fielen auf die Männer und ihre Pferde herab, was sie gehörig erschreckte. Und auf der Ostseite dieses Berges ... führte der Fluß Guali, der die Grundmauern von Mariquita umspült – ebenso wie der Fluß Lagunillas im Süden, der wie der Guali vom abschmelzenden Schnee dieses Berges gespeist wird –, so viel Asche mit sich, daß sein Wasser eher einer dicken Aschesuppe glich. Beide Flüsse traten über die Ufer und überfluteten das Land, das hinterher so verwüstet war, daß viele Jahre lang nur noch Unkraut darauf wuchs.

Nach mehreren Stunden in der Bücherei packte Calvache ihre Notizen zusammen und fuhr nach Manizales zurück, um den Vortrag auszuarbeiten, den sie am darauffolgenden Tag an der Universität halten sollte. Es war der 18. März 1985, fast anderthalb Jahrhunderte nach dem letzten belegten Ausbruch des Nevado del Ruiz.

Während der Vulkan im April und im Mai leise weitergrollte, stritten Bogotá und die Cafetera darüber, wer für ihn zuständig war. Ressentiments gegeneinander hegten beide Regionen schon vor dieser Krise, die nun das gegenseitige Mißtrauen noch verschärfte. Beide Parteien beanspruchten die uneingeschränkte Entscheidungsgewalt über den Nevado del Ruiz. Der komplizierteste Streitpunkt waren die seismographischen Daten, die am Vulkan gesammelt wurden. Bei dem nur fünf Jahre zurückliegenden Ausbruch des Mount Saint Helens hatte sich gezeigt, von welch entscheidender Bedeutung seismographische Aufzeichnungen für die Vorhersage eines drohenden Vulkanausbruchs waren. Doch zu der Zeit, als der Nevado del Ruiz zu beben begann, gab es in ganz Kolumbien nur sechs Seismographen – das von Pater Jesús Emilio Ramírez in den sechziger Jahren aufgebaute Seismographennetz. Diese Seismographen zeichneten die vielen Erdbeben auf, von denen das Land erschüttert wurde, waren jedoch zu weit vom Nevado del Ruiz entfernt, um dessen leises Grollen zu registrieren. Die jesuitischen Wissenschaftler wollten ebenfalls die Beobachtung des Vulkans übernehmen, doch ihre seismologischen Erfahrungen beschränkten sich auf Erdbeben. Außerdem fehlten ihnen die Mittel, um die Aktivitäten des Nevado del Ruiz vor Ort zu überwachen.

Im Landesinstitut für Geologie und Bergbau in Bogotá, der für geologische Studien zuständigen Regierungsbehörde, war die Situation nicht besser. Auch dort fehlte es an Geld, Ausrüstung und Fachwissen über das Verhalten eines aktiven Vulkans. Nichtsdestotrotz erklärte das Institut, es würde die Auswertung sämtlicher am Nevado del Ruiz gesammelter seismographischer Daten übernehmen.

Ende Juni hatten die Wissenschaftler der Regierung, die aus Bogotá, Medellín und Ibagué kamen und die Zusammenarbeit mit Pablo Medinas Gruppe verweigerten, von einem kolumbianischen Energieversorgungsunternehmen drei Seismographen zugesagt bekommen.

Doch die Geräte trafen ohne Seismometer ein – die Sonde, die im Boden Erschütterungen registriert – und waren daher nutzlos. Da die Wissenschaftler mit den erhaltenen Seismographen nichts anfangen konnten, baten sie die Katastrophenhilfe der UNO (UNDRO) und die Vereinigten Staaten um Hilfe. Der U.S. Geological Survey (USGS) war für seine Kompetenz auf dem Gebiet der Vulkanüberwachung inzwischen weltbekannt. Die Wissenschaftler des USGS waren im Gegensatz zu ihren kolumbianischen Kollegen offiziell für alle durch aktive Vulkane oder Erdbeben in ihrem Land entstandenen Krisensituationen zuständig. Die Chefs der USGS erklärten sich bereit, drei Seismometer zu schicken, die von der UNO bezahlt würden, doch die Bitte um personelle Unterstützung lehnten sie mit der Begründung ab, die vulkanischen Aktivitäten am Mount Saint Helens und in Hawaii würden ihre Vulkanologen voll in Anspruch nehmen.

Im August hatten die kolumbianischen Wissenschaftler mehr Glück. Bruno Martinelli, ein hochgewachsener, netter Vulkanologe aus der Schweiz, war bereit, nach Manizales zu kommen und drei eigene Seismographen mitzubringen. Er war erstaunt, daß keiner der für die Regierung arbeitenden Wissenschaftler wußte, wie man Seismographen installiert und bedient – oder wie man seismographische Daten analysiert. Noch schlimmer war, daß die drei Geräte, die sie bereits auf dem Berg installiert hatten, nicht richtig funktionierten und zudem so schlecht plaziert waren, daß ihr Nutzen gering war. »Ich hatte bald genug von der Inkompetenz des Geominas [Kolumbiens Landesinstitut für Geologie und Bergbau]«, sagt Martinelli. »Ich arbeitete lieber mit Bernardo Salazar und Juan Duarte zusammen.« Martinelli stellte fest, daß Duarte, ein Techniker in den Vierzigern von der jesuitischen Universität in Bogotá, der einzige im ganzen Land war, der mit einem Seismographen umgehen konnte. Doch selbst Duarte verstand die Signale eines aktiven Vulkans nicht zu deuten.

Martinelli, Duarte und Salazar installierten gemeinsam Martinellis drei Schweizer Geräte und versetzten die anderen drei. Es war eine ungeheuer schwierige Arbeit. Martinelli war zwar in den Schweizer Alpen aufgewachsen und schon von Kindesbeinen an auf Berge geklettert, doch die Schutzhütte am Nevado del Ruiz lag schon mit dem Gipfel des höchsten Berges der Schweiz auf einer Höhe, und von dort aus waren es weitere 700 Meter bis zum Vulkankrater. »Die ersten zwei Wochen waren sehr hart«, erinnert sich Martinelli. »Wir versuchten zwei- oder dreimal, zum Krater hinaufzusteigen. Wir mußten die Seismometer mitschleppen und alle 50 Meter stehenbleiben.« Der eisige Wind schien nie nachzulassen, und die dünne Luft stank widerlich und brannte in den Lungen.

Ende August waren die Seismometer endlich installiert. Nun wanderten Duarte, Martinelli und Salazar Tag für Tag zum Berg, um die Meßdaten zu sammeln und die Registriertrommeln auszuwechseln.

Im Grunde brauchte Martinelli keine neuen Daten, um die entscheidende Frage beantworten zu können. Der einst von Eis bedeckte Krater des Vulkans war inzwischen eine tiefe dampfende Grube, und der Berg bebte immer häufiger. »Ich sagte der kolumbianischen Regierung, der Vulkan ist aktiv und wird wahrscheinlich in nicht allzu ferner Zukunft ausbrechen«, sagt Martinelli.

Am Abend des 10. September fuhren Martinelli und Salazar nach Manizales zurück. Salazar brachte den Schweizer Wissenschaftler ins Hotel Las Colinas. Am nächsten Morgen stand Martinelli spät auf, stattete dem

Piso Once einen Besuch ab, aß gemütlich zu Mittag und kehrte in sein Hotelzimmer zurück.

»Ich war gerade dabei, meine Sachen für meine Heimreise in die Schweiz zu packen, als J. J. und Maria Elena Bernardo Salazar per Funk anriefen; so um halb zwei. Daraufhin rief Bernardo mich im Hotel an. Er sagte, J. J. habe gemeldet, daß Asche auf die Schutzhütte herabregne und daß er viele Beben gespürt habe, und fügte hinzu, J. J. habe sehr ernst geklungen. Ich dachte, daß J. J. vielleicht übertrieb, aber Bernardo war der Meinung, daß wir hinfahren sollten, um uns selbst ein Bild zu machen.«

Es war ein trüber Tag. Die beiden Wissenschaftler hatten auf ihrer Fahrt zum zwei Autostunden entfernten Nevado del Ruiz nicht mehr als 800 Meter Sichtweite. Um vier Uhr nachmittags erreichten sie die Straße, die zur Schutzhütte hinaufführte. Der Himmel war so dunkel wie in einer mondlosen Nacht. Salazar schaltete die Autoscheinwerfer an. Es begann Asche zu regnen. Zuerst nur wenig, als würde Pulverschnee niederrieseln. Bald aber kam die Asche so dick herunter, daß Salazar nur Schritttempo fuhr, aus Angst, von der Straße abzukommen.

Peng!

Ein Stein von der Größe eines Golfballs kam aus dem Nichts angeflogen und traf den Lastwagen; ein weiterer folgte, und gleich darauf hörte es sich an, als würde das Wagendach mit einem Maschinengewehr beschossen. Grelle Blitze erleuchteten die Finsternis für Bruchteile von Sekunden. Salazars Instinkt sagte ihm: Dreh um und sieh zu, daß du so schnell wie möglich vom Berg wegkommst. Doch er mußte J. J. Gutierrez und Maria Elena Vivas aus der Schutzhütte holen.

Langsam fuhr er durch den dichten Ascheregen weiter hinauf, als plötzlich zwei mit Staub und Asche bedeckte

Gestalten aus der dunklen Wolke auftauchten. Die Hände vor den Mund haltend, stolperten Gutierrez und Vivas aus der Finsternis auf den Wagen zu. Vivas riß die Hecktür auf und sprang hinein. Gutierrez schob die völlig verängstigte Frau ein Stück beiseite und kletterte hinterher. Vorsichtig nahm Salazar eine scharfe S-Kurve und fuhr so schnell, wie er sich traute, durch den dunklen Ascheregen die unbefestigte Straße hinunter.

Der Nationalpark wurde für Besucher geschlossen, und zur Schutzhütte hatten nur noch Wissenschaftler Zutritt, die am Vulkan arbeiteten. Auch wenn bei dem Ausbruch weniger als ein Millimeter Asche auf Manizales herabgerieselt war, konnten die Leute den wieder erwachten Vulkan, der sich drohend über ihnen erhob, nun nicht länger ignorieren. Auf den Ausbruch folgte ein schöner, klarer Tag; so war gut zu sehen, daß vom dampfenden Gipfel des Vulkans eine weiße Gaswolke aufstieg. Die Medien berichteten ausführlich über die aufregendsten Aspekte des Ausbruchs, und bald wußte das ganze Land, daß der Nevado del Ruiz nicht mehr schlief.

In der darauffolgenden Woche kehrte Marta Calvache von einem Geothermikkongreß in Hawaii zurück. Diesmal war sie besser ausgerüstet: »Ich hatte ein Paar richtige Bergstiefel, die ich in den Staaten gekauft hatte, und Pablo Medina hatte neue Kletterausrüstung für uns alle besorgt.« Zum ersten Mal würden sie mit Steigeisen, Eispickeln und anderen unentbehrlichen Bergsteigerutensilien zum Krater aufbrechen. »Es war, als hätten wir Uniformen«, sagt sie. »Wir hatten sogar die gleichen Jacken, auf denen hinten Comité de Estudios Vulcánicos stand.«

Sie brauchten nur knapp zwei Stunden bis zum Gipfel. Der Krater war tiefer als sie ihn je gesehen hatten, und der Schnee war von schwarzer Asche bedeckt. Aber die Fumarolen waren schwächer als vor dem Ausbruch. Nichts deutete darauf hin, daß dabei pyroklastische Ströme freigesetzt worden waren, und soweit sie sehen konnten, waren auch keine durch abschmelzende Gletscher erzeugten Schlammströme geflossen. Es war ein komisches Gefühl für Calvache, daß der Vulkan tatsächlich ausgebrochen war. Sie waren so oft auf seinem Gipfel gewesen, daß ihre Arbeit fast schon zur Routine geworden war. Obwohl sie die Berichte über frühere Ausbrüche des Nevado del Ruiz kannte, war es beunruhigend, die konkreten Beweise für einen Ausbruch vor sich zu sehen. Zum ersten Mal wurde ihr voll bewußt, wie extrem gefährlich und unberechenbar der Vulkan war und wie leicht sie, während sie auf seinem Gipfel standen, umkommen konnten.

In den Büros des Piso Once in Manizales drängten sich inzwischen Wissenschaftler von den örtlichen Universitäten und Journalisten. Gelegentlich erschienen auch Lokal- oder Landespolitiker. Der Ausbruch hatte Vulkanologen aus der ganzen Welt auf den Nevado del Ruiz aufmerksam gemacht, und sowohl die kolumbianische Regierung als auch Pablo Medinas »Komitee« nutzten die Gelegenheit, um mehr Unterstützung zu erbitten.

Pete Hall, ein amerikanischer Vulkanologe, der das Vulkanobservatorium in Quito, Ecuador, leitete, kam als Repräsentant der UNO nach Manizales. Es war sein zweiter Besuch – er war bereits im Mai in der Stadt und auf dem Vulkan gewesen. Und er war befremdet. »Keine meiner frühen Empfehlungen war befolgt worden«, sagt Hall. Es gab immer noch kein richtiges Überwachungssystem und keinen Evakuierungsplan. Nach wie vor herrschte Chaos zwischen den verschiedenen Gruppen, Streit zwischen Tolima und Caldas und Mißtrauen zwischen der Cafetera und den Regierungsstellen in Bogotá. Hall war entsetzt, als er erfuhr, daß die Seismogramme immer noch zur Auswertung nach Bogotá geschickt wurden und von dort seit über anderthalb Monaten keine Ergebnisse eingetroffen waren.

Er nahm sich vor, zuerst dafür zu sorgen, daß die Seismogramme in Manizales ausgewertet wurden. Er holte einen jungen Geophysiker namens Fernando Muñoz, der an der Universität von Caldas lehrte, nach Manizales, machte ihn mit Bernardo Salazar bekannt und brachte den beiden im Eilverfahren bei, wie man die Signale auf den Seismogrammen las. Doch Hall war kein Experte auf dem Gebiet vulkanologischer Seismographie. Muñoz erinnert sich: »Pete Hall zeigte uns, wie man Erdbebensignale las, nicht vulkanische Signale. Damals hatte ich keine Ahnung, daß da ein Unterschied bestand.« Als Hall seinen halbstündigen Schnellkurs beendet hatte, sagte er noch zu den beiden, sie müßten auf dem Vulkan eine seismische Telemetriestation einrichten lassen. »Ich dachte, Bernardo wüßte, was eine seismische Telemetriestation ist, und ich wollte nicht, daß einer der beiden merkte, daß ich keine Ahnung hatte, wovon Hall sprach«, sagt Muñoz.

»Okay«, sagte Hall zu Muñoz, »Fernando, du übernimmst in den nächsten zwei Wochen die Auswertung der Daten. Und du, Bernardo, sammelst in dieser Zeit die Meßdaten vor Ort. Alle vierzehn Tage wechselt ihr euch ab. Solange ihr draußen am Vulkan arbeitet, wohnt ihr im Haus in Arbolito, und nach den zwei Wochen bringt ihr die Seismogramme nach Manizales zurück.«

Beide nickten nur zustimmend. Dann ließ Hall sie stehen und verließ das Gebäude.

»Okay«, sagte Salazar, als Hall weg war. »Ich gehe zuerst zum Berg.« Dann überreichte er Muñoz einen

Stoß Seismogramme, die er mitgebracht hatte. »Hier«, sagte er, »fang mit denen an.«

Muñoz zog sein Notizbuch heraus, las die Notizen durch, die er sich während Pete Halls Schnellkurs gemacht hatte, und gelangte sofort zu dem Schluß, daß mit den Seismometern etwas nicht stimmen konnte. »Da waren so viele Signale. Sie konnten unmöglich alle etwas zu bedeuten haben. Ich glaubte, die Geräte wären kaputt«, sagt Muñoz. Er war sich sicher, daß im Vulkan nicht so viel Aktivität herrschen konnte.

Einige Tage später kam John Tomblin, der Leiter der Katastrophenhilfe der UNO (UNDRO), nach Manizales und besuchte das Piso Once. Kurz davor hatte Fernando Muñoz schließlich herausgefunden, daß eine seismische Telemetriestation ein Seismometer war, das die Signale vom Vulkan direkt an einen Seismographen im Labor übermittelt. Der junge Kolumbianer hoffte auf die Unterstützung des angesehenen britischen Wissenschaftlers. »Ich nahm John Tomblin beiseite und bat ihn um eine seismische Telemetriestation. Er sagte mir, daß sie bereits versuchten, vom U.S. Geological Survey ein paar Telemetrieseismographen zu bekommen.« Dann würden die Wissenschaftler im Piso Once sofort erfahren, was in dem Vulkan vor sich ginge, und nicht erst zwei Wochen später – oder wie im Fall der Daten, die nach Bogotá gingen, überhaupt nicht.

Während die Chefs des U.S. Geological Survey darüber debattierten, wie viele Telemetrieseismometer sie erübrigen konnten, beschlossen sie, auch einen ihrer Wissenschaftler nach Kolumbien zu schicken – einen Geologen namens Darrel Herd, der zehn Jahre zuvor in diesem Gebiet Studien für seine Doktorarbeit durchgeführt hatte.

Herd kam nach Kolumbien und hielt am 23. September im voll besetzten Auditorium der Landesuniversität in Manizales vor Einheimischen, Journalisten und Regierungsbeamten einen Vortrag. Der hochgewachsene distinguierte Experte aus den USA zerstreute viele Befürchtungen seiner Zuhörer und versicherte ihnen, der Vulkan stelle für die bewohnten Gebiete *keine* Bedrohung dar, da von einem Ausbruch nur Gebiete in einem Umkreis von zehn Kilometern vom Gipfel betroffen wären. Die Wissenschaftler vom Piso Once, die alles getan hatten, um die Regierung und die Bevölkerung vor der Gefahr zu warnen, die vom Nevado del Ruiz ausging, waren niedergeschmettert. »Alle waren gekommen, um Darrel Herds Vortrag zu hören. Viele Einheimische, die Jounalisten, die Politiker – einfach alle«, sagt Calvache. Die Nachricht von Herds optimistischer Prognose wurde am nächsten Tag von der überregionalen Tageszeitung *El Espectador* verbreitet und mit großer Erleichterung aufgenommen.

Pater Rafael Goberna, der Leiter des Instituto Geofísico an der jesuitischen Universität in Bogotá, versicherte der Bevölkerung einige Tage später in der Septemberausgabe des Magazins *8 Días* ebenfalls, daß ihr vom Nevado del Ruiz keine Gefahr drohe:

> Heute, da wir den Vulkan überwachen, können wir der gesamten Bevölkerung mitteilen, daß auf dem Vulkan nichts vor sich geht, was die Bewohner der Region bedroht. Falls Katastrophenalarm gegeben werden muß, wird das Instituto Geofísico de los Andes das rechtzeitig tun. Vorschnelle Katastrophenwarnungen würden die Bevölkerung nur grundlos beunruhigen.

Die Handelskammern der Region, insbesondere die der Departamentos Caldas und Tolima, waren hocherfreut über Herds und Gobernas Einschätzungen der Situation. Stadtväter ärgerten sich nun über die reißerischen Presseberichte und sprachen von einem »Vulkanterrorismus«, der die Grundstückspreise ins Purzeln brachte. Der Bürgermeister von Armero war besonders froh über die Entwarnung. Sein schönes Städtchen lebte nicht nur von der Landwirtschaft, sondern auch vom Tourismus. Und ein Vulkan, der es unter Schlammassen zu begraben drohte, war schlecht fürs Geschäft.

Sorgen bereitete dem Bürgermeister allerdings ein großer Damm aus Geröll, der sich beim Ausbruch vom September im Fluß Lagunillas gebildet hatte. Wenn dieser Damm brach, konnte eine Überschwemmung in seiner Stadt großen Schaden anrichten. Die Landesregierung lehnte seine Bitte um Entsendung von Fachleuten, die das angestaute Wasser ableiteten, ab, und ihm fehlten die Mittel, um selbst Abhilfe zu schaffen. Sein Verdruß kam in einem Interview des Magazins *Consigna* vom 8. Oktober deutlich zum Ausdruck: »Das neue Notfallkomitee verfügt nicht über die nötigen Informationen oder die finanziellen Mittel, um im Falle einer Katastrophe irgend etwas zu tun«, sagte er. »Aus diesem Grund haben die Menschen das Vertrauen in die Richtigkeit der Informationen verloren und ihr Schicksal in Gottes Hände gelegt.«

In den Vereinigten Staaten räumte der USGS endlich ein, daß angesichts der sich zuspitzenden Lage am Nevado del Ruiz dringender Handlungsbedarf bestand, und entschied, David Harlow und Randy White, zwei seiner erfahrensten Seismologen, zusammen mit einem Telemetrieseismometer nach Kolumbien zu schicken. Am 6. November 1985 packten Harlow und White in ihrem kalifornischen Heimatort Menlo Park die Koffer für ihren Einsatz am Nevado del Ruiz. Dann schalteten sie die Nachrichten an.

In Bogotá hatte eine brutale Stadtguerilla-Gruppe, die sogenannte M-19, zwei vor dem Justizpalast postierte Wachen überwältigt und das Gebäude besetzt, um Forderungen nach politischen Reformen Nachdruck zu verleihen. Einige Stunden später brachen auf Anordnung von Präsident Betancur Panzer ohne Vorwarnung durch die Vordereingänge und eröffneten das Feuer auf die Guerilleros und ihre Geiseln. Über 100 Menschen wurden im Gerichtsgebäude von Regierungstruppen getötet, darunter elf Richter des Obersten Gerichts. Mehr als 200 Menschen verschwanden. Die Regierung versuchte zunächst, die politische Katastrophe zu vertuschen, und untersagte an diesem Abend alle Live-Nachrichtensendungen aus der Hauptstadt. Die beiden staatlichen Fernsehsender übertrugen ein Fußballspiel und die Wahl der Miss Colombia. »Am nächsten Tag erhielten wir Telegramme, daß die Reisegenehmigung zurückgezogen wurde«, erinnert sich Harlow. Das US-Außenministerium hatte die Reise aus Sicherheitsgründen abgesagt.

Das Landesinstitut für Geologie und Bergbau und die Wissenschaftler vom Piso Once bedauerten es sehr, daß sie nun auf die Hilfe und die Ausrüstung vom Geological Survey verzichten mußten. Doch ihnen blieb nichts anderes übrig als weiterzumachen. So stiegen Marta Calvache, Nestor García und ein paar Kollegen am Mittwoch, den 12. November, wieder auf den Berg. Es herrschte strahlendes Wetter, und die Äquatorsonne brannte auf den Gipfel herab, während sie den Fumarolen Proben entnahmen. Inzwischen verdeckte eine glatte, funkelnd weiße Decke frischen Schnees die Verwüstungen, die der Ausbruch vom September angerichtet hatte.

Calvaches Gruppe kehrte nach Manizales zurück und hielt mit anderen Wissenschaftlern, die im Piso Once arbeiteten, die übliche Lagebesprechung ab. »Wir berichteten ihnen, daß auf dem Gipfel alles normal war«, sagt sie. Seit dem Ausbruch vor zwei Monaten schien sich nichts verändert zu haben.

»Am Nachmittag des folgenden Tages war es richtig dunkel, denn es regnete stark, und ich war froh, daß wir am Tag davor auf dem Vulkan waren.« Von ihrem Büro im Piso Once aus schaute sie gelegentlich aus dem Fenster und hielt nach dem Gipfel des Vulkans Ausschau, doch er war in dem strömenden Regen nicht zu sehen. »Ich wußte nicht, was am Nevado del Ruiz los war, bis ich abends in meiner Wohnung einen Anruf vom Piso Once erhielt.« Der Kollege erzählte ihr, daß im nördlichen Tolima ein Ascheregen niederging.

Marta legte den Hörer auf und fühlte Panik in sich aufsteigen. Das konnte nur eines bedeuten. Die schlimmsten Befürchtungen der einheimischen Vulkanbeobachter, die ein ehrwürdiger Priester und ein amerikanischer Wissenschaftler als unbegründet abgetan hatten, hatten sich bewahrheitet: Der Nevado del Ruiz brach aus.

Calvache schaltete den Fernseher ein. Ein Schlammstrom hatte Chinchiná erreicht und bereits drei Menschen getötet, die vor der tödlichen Lawine zu fliehen versuchten, berichtete der Reporter. Sie sah die Landkarte des Gebiets um den Nevado del Ruiz vor sich. *Wenn in Chinchiná Menschen starben, was war dann in Armero los?*

Calvache rief Nestor García an. Sie vereinbarten, am nächsten Morgen zum Nevado del Ruiz zu fahren, um sich selbst ein Bild von den Folgen des Ausbruchs zu machen. Dann kroch sie ins Bett. Sie fühlte sich so hilflos. Jetzt, in der Nacht, konnte sie nichts weiter tun als für die Menschen in Chinchiná und Armero zu beten.

Ein verhängnisvoller Zusammenfluß

**Nevado del Ruiz, Kolumbien:
13. November 1985, 21 Uhr 30**

Um 21 Uhr 15 erhielt die CHEC-Zentrale Bernardo Salazars hysterischen Anruf aus Arbolito und verständigte sofort das Büro des Gouverneurs. Kurz darauf wurde über alle Radiosender für die Gemeinden im westlichen Caldas, die an den auf dem Vulkan entspringenden Flüssen lagen, die höchste Alarmstufe ausgerufen. Minuten später berichtete das staatliche Fernsehen über den Ausbruch des Nevado del Ruiz.

Auf die Stadt Armero, die am Fluß Lagunillas und am Fuße der 65 Kilometer vom Gipfel des Vulkans entfernten Berge lag, war nach dem frühen Ausbruch am Nachmittag ein Ascheregen niedergegangen. Inzwischen fiel keine Asche mehr, aber es regnete immer noch sintflutartig, und die Geschäfte blieben geschlossen. In Armero wußte noch niemand von dem Ausbruch, den Salazar gemeldet hatte, und der Priester des Ortes rief die Bevölkerung über die Lautsprecheranlage der Kirche erneut auf, Ruhe zu bewahren.

Juan José Restrepo, Sofía Navarro und noch ein paar der Geologiestudenten aus Manizales, die sich auf einer Studienreise durch die Tolima-Region befanden, hörten in ihrem Hotelzimmer in Armero den örtlichen Radiosender. »Der Bürgermeister sprach und sagte, es bestünde kein Grund zur Sorge, es sei nur ein Ascheregen niedergegangen, vom Nevado hätten sie nichts gemeldet«, erzählte Restrepo dem Wissenschaftler Jack Lockwood vom U.S. Geological Survey in einem Interview kurze Zeit nach dem Ausbruch. Der Radiosprecher habe gesagt: »Wenn wieder Asche fällt, legen Sie sich ein nasses Taschentuch aufs Gesicht und vermeiden Sie es, die verschmutzte Luft einzuatmen.«

Inzwischen war es 21 Uhr 35.

Auf dem vergletscherten Gipfel des Nevado del Ruiz brachte die bei dem Ausbruch frei werdende Hitze viele Millionen Tonnen Eis zum Schmelzen. Die frischen Ströme aus heißem Gestein, Dampf und Asche vermischten sich unter heftigen Reaktionen mit dem Schmelzwasser zu einer dicken heißen Flüssigkeit, die durch die Flußtäler den Berg hinabströmte. Auf seinem Weg durch die schmalen Flußbetten, wo er weiche nasse Sedimentschichten mehrere Meter tief aufriß, wurde der warme, Geröll mitführende Schlamm immer dicker. Schlammlawinen, die die Flußufer 18 Meter überragten, rasten mit mehr als 80 Stundenkilometern die steilen Täler hinab.

Die Ströme kamen in Schüben. An Brücken stauten sie sich kurz und hielten inne, als wollten sie Atem schöpfen, bis sie schließlich mit ungeheurer Gewalt durchbrachen und ihren zerstörerischen Vorstoß fortsetzten.

Um 22 Uhr 30 forderte der Schlammstrom 25 Kilometer westlich vom Gipfel des Nevado del Ruiz im Dorf Chinchiná im Departamento Caldas die ersten Opfer. Dunkel, dick und unvorstellbar laut donnerte er durch das Tal des Flusses Chinchiná. Einige Dorfbewohner, die an den Ufern wohnten, waren evakuiert worden, doch die Flut war viel höher und brach schneller herein als erwartet. In Panik kletterten die Menschen die steilen Hänge des Tals hinauf, doch nur wenige entkamen der Schlammlawine. In weniger als 60 Sekunden waren mehr als 1000 Einwohner von Chinchiná tot. Verzweifelte Notrufe wurden nach Manizales gefunkt, und die Rettungskräfte des Zivilschutzes rasten in Krankenwagen nach Chinchiná; auf das, was sie dort erwartete, waren sie allerdings absolut nicht vorbereitet.

Im Osten wurden die Flüsse Azufrado und Lagunillas zu Abflußkanälen für die reißenden Schlammströme, die vom hohen Gipfel des Nevado del Ruiz herabschossen. Die Schlammlawine war bereits 30 Meter hoch, als sie durch das steile Tal des Azufrado auf dessen Einmündung in den Lagunillas zuraste.

Die zuständigen Beamten in Ibagué, der Hauptstadt von Tolima, hatten kaum begonnen, die Evakuierung der 30 000 Einwohner von Armero vorzubereiten, als in der ganzen Stadt der Strom ausfiel. Die Telefone und Radios blieben stumm, aber mit den beruhigenden Worten des Priesters im Ohr zündeten die Leute gelassen Kerzen an und brachten ihre Kinder ins Bett.

Inzwischen war die Schlammlawine, die sich durch das Tal des Azufrado auf Armero zubewegte, nur noch eine halbe Stunde von der Einmündung des Azufrado in den Lagunillas entfernt, in dessen Tal der Schlamm bereits neun Meter über dem Flußufer stand. Familien aus den kleinen Bergdörfern an den steilen Hängen des Azufrado-Tals rannten schreiend aus ihren Häusern, doch das ohrenbetäubende Getöse der Lawine machte jede Verständigung unmöglich. Während der Schlammstrom vorbeidonnerte, bebte die Erde, als trampelte eine riesige Rinderherde in wilder Flucht über sie hinweg.

Die meisten Bergdörfer lagen so hoch über dem Flußbett des Azufrado, daß sie von den Schlammassen verschont blieben. Unter den Leuten, die die Lawine niedergehen sahen, waren ein paar Funkamateure, die sofort Warnungen an die gut 30 Kilometer flußabwärts gelegene Stadt Armero durchgaben. Einige Bewohner Armeros, die diese Funkmeldungen auffingen, flohen in Autos und kleinen Lastwagen durch die engen nassen Straßen aus der Stadt. Andere kletterten, mit schweren Bündeln beladen und kleine Kinder hinter sich herzerrend, die Hänge hinauf. Vom Regen durchnäßte Gestalten rannten in Panik durch die dunklen Straßen, die nur von den Scheinwerfern davonrasender Autos kurz erhellt wurden.

Die Bewohner von Armero wußten, daß bei einem Ausbruch des Nevado del Ruiz zwei Stunden für die Evakuierung ihrer Stadt blieben, wohin sie fliehen sollten, hatte ihnen indes niemand gesagt.

Um 22 Uhr 45 – mehr als anderthalb Stunden nach dem Ausbruch – alarmierte der Zivilschutz schließlich per Funk die Feuerwehr in Armero und ordnete die Evakuierung an. Da es weder einen offiziellen Evakuierungsplan noch Strom gab, um den Alarm auszulösen, rasten die Feuerwehrleute durch die Straßen, weckten die Bevölkerung mit Trillerpfeifen und forderten sie auf, ihre Häuser und die Stadt zu verlassen. Erstaunlich wenige folgten dem Aufruf. Ein junger Feuerwehrmann rannte verzweifelt von Haus zu Haus, pochte an die Türen und ersuchte die Bewohner inständig herauszukommen. Immer wieder bekam er nur zu hören, das sei falscher Alarm, der Pater habe gesagt, es drohe keine Gefahr.

Um das eigene Leben fürchtend, gab der Feuerwehrmann schließlich auf und brachte sich in Sicherheit.

Der Bürgermeister von Armero war nach seiner beschwichtigenden Rundfunkansprache in sein Büro in einer dunklen Straße in der Innenstadt zurückgekehrt. Dort erreichte ihn der Zivilschutz in Ibagué über Funk und ordnete die Evakuierung Armeros an. Der Bürgermeister war müde und verwirrt. Ihm bereitete viel größere Sorgen, daß der aufgestaute Lagunillas die Stadt überschwemmen könnte. Über Funk stritt er sich mit dem Zivilschutz über die Situation. »Es ist nur ein Ascheregen«, sagte er. Er hatte genug von der ganzen Aufregung und wollte nach Hause zu seiner Familie, die in Armero geblieben war.

Um 22 Uhr 50 war plötzlich das dumpfe Geräusch zu vernehmen, das schnell näher kam, ein tiefes Rauschen, das mit jeder Sekunde lauter wurde. Der Zivilschutz in Ibagué hörte noch die letzte Durchsage des Bürgermeisters: »Warten Sie einen Augenblick«, rief er. »Ich glaube, Armero wird überschwemmt.«

Am anderen Ende der Stadt rannten die Geologiestudenten der Universität von Caldas auf die Straße hinaus. »Autos kurvten herum und überfuhren Leute«, erinnerte sich Juan José Restrepo. »Es herrschte völlige Dunkelheit; das einzige Licht kam von den Autos ... wir rannten und waren kurz vor der Straßenecke, als ein Sturzbach die Straßen herunterkam. Wir drehten um, liefen zum Hotel zurück und begannen zu schreien, weil das Wasser bereits Betten davontrug, Autos umwarf und Leute wegschwemmte.«

Sie rannten zur Hotelterrasse im dritten Stock hinauf und beobachteten voller Entsetzen, wie in Panik geratene Autofahrer über die Körper ihrer Nachbarn hinwegfuhren und wie die Sturzflut Müttern ihre Kinder aus den Armen riß.

Und dann kam der Schlamm.

Restrepo hielt das Grollen zuerst für ein Erdbeben, doch es wurde immer lauter. Plötzlich tauchte hinter dem Hotel der Schlamm aus der Dunkelheit auf wie eine Wand aus schwarzem Schaum. »Da das Gebäude aus Beton war, dachte ich, es würde standhalten, aber der Schlamm brach mit so überwältigender Kraft herein wie eine Wand aus Bulldozern, die die Stadt niederwalzten, die alles niederwalzten.« Die Schlammwalze krachte gegen die Rückseite des Hotels und drückte die Betonwände ein. Die Deckenplatte brach. Innerhalb von Sekunden zerstörte der Schlamm das ganze Gebäude und trug die Trümmer zusammen mit zermalmten Autos, Kühlschränken und Körpern davon. Restrepo klammerte sich an eine Betonplatte, die zur Ruhe gekommen war, während um ihn herum der Schlamm weiterfloß. Plötzlich sah er einen großen eckigen Wassertank direkt auf sich zukommen. Er war sich sicher, daß der Tank ihn erschlagen und im Schlamm versenken würde. Wie durch ein Wunder prallte der Tank gegen etwas in der Dunkelheit, verkeilte sich und blieb liegen.

Von immer noch warmem Schlamm umgeben, hielt Restrepo sich weiterhin an dem unbeweglichen Stück Hotelwand fest. Er blickte nach oben und sah auf dem Schlammstrom, über dem zertrümmerten Hoteldach, den Bus der Universität brennen. Dann explodierte der Bus, und glühende Metallteile flogen durch die Luft. »Ich schützte mein Gesicht und dachte, hier an diesem Ort sterbe ich einen schrecklichen Tod.«

Noch ein paar quälend lange Minuten vergingen, bis die Schlammlawine zur Ruhe kam. Restrepo hörte Hilfeschreie aus der Dunkelheit, konnte jedoch nicht sehen, woher sie kamen. Eine alte Dame neben ihm lebte noch und rang nach Atem. Ihr schlammbedeckter Körper war zwischen zwei Betonblöcken eingeklemmt und ihr Gesicht blutverschmiert. Wenige Meter entfernt sah Restrepo den Körper eines kleinen Mädchens. Es sah so aus, als sei ihm der Kopf abgetrennt worden.

»Die alte Frau sagte zu mir: ›Schauen Sie, das Mädchen da hat ein Bein bewegt‹«, erinnerte sich Restrepo.

Er war sich sicher, daß die Frau halluzinierte. Trotzdem kämpfte er sich auf das Kind zu und sank dabei immer tiefer in den Schlamm, bis er die Beine nicht mehr bewegen konnte. Schließlich gelang es ihm, zu dem Mädchen vorzudringen. Ihr Kopf steckte im Schlamm. Er packte sie bei den Schultern und zog immer fester, konnte es aber einfach nicht befreien. Verzweifelt wühlte er mit den Händen im Schlamm um den Kopf des Mädchens, doch es war sinnlos. Die Haare des Kindes hatten sich in etwas unter dem Schlamm verfangen. Bis zur Taille im zähen Schlamm steckend, mußte Restrepo hilflos mitansehen, wie der kleine Körper erschlaffte.

Unter Schock stehend, strampelte er um sein Leben. Es regnete weiter in Strömen. Dann begann die Erde plötzlich erneut zu beben und zu grollen. Ein zweiter Strom ergoß sich über die dicke Schlammschicht, unter der bereits die Leichen seiner Freunde und vieler tausend Menschen begraben lagen.

Die Sekunden kamen Restrepo wie Stunden vor. Die Wand, hinter der er während der ersten Flut gefangen war, schützte ihn bei der zweiten. Doch die alte Frau neben ihm wurde von der niedergehenden Lawine verschlungen. Zuerst verschwanden ihr Kopf und ihre Schultern, dann wurden ihr Rumpf, ihre Beine und schließlich ihre kleinen nackten Füße erbarmungslos in den heißen Schlamm gezogen.

Eine Stunde lang vernahm Restrepo verzweifelte Schreie aus allen Richtungen. Dann beruhigte sich die Erde, und er hörte nichts mehr.

Der Schlamm

**Armero, Kolumbien:
14. November 1985, 7 Uhr**

Bei Sonnenaufgang starrte Juan José Restrepo blinzelnd auf eine braune Ödnis. Das muß das Ende der Welt sein, dachte er. Als seine Augen sich an das Meer aus Schlamm im Morgenlicht gewöhnt hatten, konnte er Gestalten ausmachen, die sich langsam bewegten. Nur das Weiße in ihren Augen war deutlich zu erkennen. Um ihn herum waren Hunderte von schlammbedeckten Körpern; einige rührten sich noch, andere nicht mehr. »Wir waren fassungslos, als wir dieses schreckliche Meer aus Schlamm sahen, das so riesig war ... Da waren begrabene Leute, die schrien und um Hilfe riefen.« Es war eine Szene des Grauens, entsetzlicher als jeder Alptraum.

Restrepo wollte sich den Dreck aus den Augen reiben, doch seine Hände waren völlig mit Schlamm überzogen. Eine Armlänge von ihm entfernt ragte der große Wassertank auf, der ihn beinahe erschlagen hätte, als er auf das Hotel zuraste. Nun lag der anderthalb Meter hohe und neun Meter lange Betontank wie ein Güterwagen auf dem Schlamm. Restrepo dachte, wenn er es schaffte, auf den Tank zu klettern, hätte er eine bessere Chance, gerettet zu werden – zumindest würde er dem immer fester werdenden Schlamm entrinnen, der seinen Unterkörper umschloß wie Zementbrei.

Als Restrepo sich zum Tank vorzuarbeiten versuchte, hörte er hinter sich einen leisen Schrei. Es war Sofía Navarro. Er hatte sie nicht mehr gesehen, seit er auf der Hotelterrasse angesichts des Schlamms ihre Hand ergriffen hatte. Daher hatte er angenommen, sie sei umgekommen. Es schien wie ein Wunder, daß sie überlebt hatte, daß sie beide diese Nacht überstanden hatten.

Er packte sie am Handgelenk, um sie näher an den Tank heranzuziehen, doch der Schlamm hielt sie fest. Restrepo befürchtete, ihr den Arm auszurenken, obwohl sie nicht aufschrie. Schließlich konnte sie sich mit seiner Hilfe herauswinden. Er half ihr auf den Tank, befreite sich selbst aus dem Schlamm und kletterte ebenfalls hinauf. Von oben blickten sie auf eine unwirkliche Landschaft.

Das schöne friedliche Armero existierte nicht mehr.

An seiner Stelle breitete sich nun ein endloser Sumpf aus nasser brauner Erde aus, übersät mit hochgeschwemmten Überresten des einst so malerischen Städtchens. Autos und Lastwagen waren umgekippt oder ragten mit den Rädern nach oben aus dem Schlamm. Das Holz, aus dem die einfachen Häuser des Ortes gebaut waren, lag wie Stroh überall verstreut. Pferde, Kühe und Hunde lagen mit von sich gestreckten Beinen auf der Seite. Am entsetzlichsten war jedoch der Anblick der vielen entkräfteten Überlebenden, die bis zum Hals im Schlamm steckten, und der unzähligen entstellten Toten, die wie weggeworfene Puppen überall herumlagen. Einigen Überlebenden war es gelungen, in eine Baumgruppe zu klettern, die der Lawine erstaunlicherweise getrotzt hatte.

Einige kleine Hügel erhoben sich aus dem Schlamm wie Inseln aus einem glatten braunen Ozean. Ein paar Häuser standen noch. Restrepo sah Hunderte von menschlichen Gestalten auf die Kuppen der Hügel zukriechen. Alle versuchten verzweifelt, höheres Gelände zu erreichen. Er senkte den Kopf und weinte. Sein Schluchzen verschmolz mit den Klagelauten der anderen, die es auf den Tank geschafft hatten. Dann riß ein grauenerregender Schrei ihn kurz aus seiner Verzweiflung.

Ein Mann, dessen Beine über den Knien völlig abgetrennt waren, lag hilflos auf dem Schlamm. Restrepo und ein anderer Mann legten sich auf den Bauch und griffen nach den Unterarmen des Schwerverletzten. »Wir halfen dem Mann, der seine Beine verloren hatte, aus dem Schlamm und zogen ihn auf einen Tank.« Sie schmierten Schlamm auf seine Stümpfe, damit er nicht verblutete.

Um acht Uhr verdeckten Wolken die Sonne, die Luft war heiß und feucht. Inzwischen hatte ein gutes Dutzend Menschen es geschafft, sich auf den Wassertank zu retten. Ein fünfjähriges Mädchen, das von anderen Überlebenden hinaufgehoben worden war, rieb sich mit schmutzigen Fäusten die Tränen aus den Augen. Sein Nachthemdchen war steif von getrocknetem Schlamm, und seine Beine waren von Schnittwunden übersät. Es war ein Wunder, daß das Kind überlebt hatte. Mit nackten Füßchen stapfte es zum Rand des Tanks, blickte auf den Schlamm hinunter und rief nach seiner Mutter.

Eine Frau mit einer klaffenden Wunde auf der Wange ging zu dem weinenden Kind, nahm es in den Arm und versuchte es zu trösten, sie versprach ihm, seine Mutter würde bald kommen. Doch die Frau wußte, daß sie das kleine Mädchen anlog. Seine Mutter würde höchstwahrscheinlich *nie* wiederkommen. In der Nacht hatte ein Strom nasser Erde dieser Frau den eigenen Sohn aus den Armen gerissen und ihn in die Dunkelheit verschleppt.

Restrepo hörte ein Flugzeug näher kommen. »Ich zog mein Hemd aus und schwenkte es herum«, erinnerte er sich. Einige andere Männer taten es ihm nach, doch es nützte nichts. »Es sah uns einfach nicht.« Restrepo sank auf die Knie und betete eine volle Stunde lang, das Flugzeug möge zurückkehren. Vergebens.

Auf dem Schlamm lagen auch Lebensmittel verstreut; sie stammten aus geborstenen Kühlschränken, die die Lawine mitgerissen hatte. Restrepo und ein paar andere begannen Früchte und Getränkedosen aufzuklauben, die in ihrer Reichweite lagen.

Unter den Verletzten auf dem Tank machte sich immer größere Angst breit, und Restrepo bemühte sich nach Kräften, sie zu beruhigen. Der junge Geologiestudent fühlte sich verpflichtet, Herr der Lage zu bleiben, weil er offenbar als einziger die Nacht ohne Verletzungen überstanden hatte. Es gab kein Wasser und nichts, um die Verletzten auch nur notdürftig zu versorgen. Ein Mann hatte ein Auge verloren; an dessen Stelle klaffte jetzt ein tiefes rotbraunes Loch. Der Kopf eines anderen Mannes sah aus, als wäre er gespalten, und sein dickes Haar war mit klebrigem braunem Blut getränkt. Sofía Navarro hatte eine tiefe, 15 Zentimeter lange Wunde am Oberschenkel und konnte nur sehr langsam gehen. Die meiste Zeit saß sie schweigend da. Restrepo stand in der Mitte des Tanks. Er sprach ein Gebet und versuchte der Gruppe um sich herum Mut zu machen. Er erinnert sich, daß er zu den Leuten sagte: »Sie werden uns retten. Wenn wir heute nicht geborgen werden, dann wird Gott dafür sorgen, daß wir morgen geborgen werden.«

An jenem Morgen kurz vor drei Uhr wurde Marta Calvache vom Schrillen des Telefons geweckt. Es war Nestor García. Er klang sehr aufgeregt. »Der Ausbruch hat in Chinchiná Tausende von Menschen getötet«, sagte er.

Sofort war Calvache hellwach und saß aufrecht im Bett. »Wir kommen dich in 15 Minuten abholen.«

Sie legte den Hörer auf, sprang aus dem Bett, zog sich hastig an und griff nach der Ausrüstung, die sie am Vorabend zusammengepackt hatte.

García und Bis trafen vor ihrer Wohnung ein, und sie fuhren zusammen mit ein paar Kollegen zum Berg, um zu sehen, was dort passiert war. Um sechs Uhr morgens erreichten sie das kleine Haus in Arbolito, wo Bernardo Salazar und Fernando Gil am Vorabend den Ausbruch miterlebt hatten. Sie hielten an und stiegen aus. Es war bereits hell genug, um einen ersten Blick auf den Gipfel des Vulkans zu werfen.

»Überall um den Vulkan sahen wir Bimsstein, alles war grau«, sagt Calvache. Die Wissenschaftler standen an der Landstraße und starrten nach Südosten zum Vulkan hinüber. Die gewaltigen Gletscher, deren bis in die Täler hinabreichende Ausläufer wie riesige Reißzähne ausgesehen hatten, waren zur Hälfte abgeschmolzen, und der Schnee auf dem Gipfel war schwarz vor Asche. Der Schlamm hatte auf seinem Weg durch das enge Flußbett des Guali Bäume und Erde mitgerissen und auf den steilen Hängen des Flußtals eine 30 Meter hohe Spur der Verwüstung hinterlassen.

Eine Minute später saßen die Wissenschaftler bereits wieder im Lastwagen und fuhren auf den Berg zu. Die Straße war mit einer dünnen Schicht murmelgroßer Bimssteine bedeckt, die unter den Reifen knirschten. Als sie sich dem Guali näherten, sahen sie, daß die Brücke, die über den Fluß führte, verschwunden war. Der Fahrer hielt den Wagen vor dem Steilhang an, und die Wissenschaftler stiegen aus, um sich die Zerstörung anzusehen. Normalerweise war der Guali ein schmaler Strom eisigen Wassers, jetzt füllte kaffeebrauner Schlamm, durch den sich bereits ein kleines Rinnsal frischen Wassers schlängelte, das ganze Flußbett aus. »Ursprünglich wollten wir versuchen, in die Nähe der Schutzhütte zu gelangen, und die [seismischen] Aufzeichnungen holen. Aber alle Straßen waren abgeschnitten«, sagt Calvache. Da die Brücke weg war, konnten sie nicht zur Schutzhütte weiterfahren. Bis breitete eine Landkarte aus und fuhr mit dem Zeigefinger eine andere Route zum Vulkan nach. Nun machte die Gruppe sich zu Fuß auf den Weg, doch die Berge waren steil und mit dichter Vegetation bedeckt, so daß sie nur langsam vorankam. Als sie schon mehrere Stunden gewandert war, begann es zu regnen.

Marta Calvache schwirrte der Kopf. Nachdem sie den Guali gesehen hatte, konnte sie erahnen, wie es auf der anderen Seite des Vulkans aussehen mußte, wo der Strom aus dem Tal des Lagunillas sich womöglich auf Armero ergossen hatte.

Um acht Uhr knackte das Funkgerät. Es war das Piso Once. »Es liegt ein Bericht von einem Piloten vor, der heute früh Armero überflog. Er berichtete, daß die Stadt nicht mehr existiert. Sie ist völlig mit Schlamm zugedeckt.«

García und Calvache standen wie versteinert da und starrten auf den Boden. Ihr schlimmster Alptraum war wahr geworden.

Am Nachmittag waren Juan José Restrepo und die anderen auf dem Wassertank sehr ruhig geworden. Die Lebensmittel, die sie aufgelesen hatten, waren inzwischen verbraucht, und es war schwül und brütend heiß.

Auf einmal hörte Restrepo ein weit entferntes Geräusch. Zuerst dachte er, er bilde es sich nur ein, bis das schwache, rhythmische Geräusch lauter und klarer wurde: ein Hubschrauber. Als die kleine Militärmaschine aus den Wolken auftauchte, schrien die verletzten Überlebenden um Hilfe. Es sah so aus, als würde der Hubschrauber direkt auf sie zufliegen. Doch er schwebte über einem nahegelegenen Hügel und ließ eine Strickleiter herabfallen, die in dem vom Rotor verursachten Wind wild herumtanzte. Gleich darauf kletterte ein Mann in einem leuchtend orangen Overall die Leiter hinab und gurtete ein verletztes Kind an. Im Nu war er von einer Menschenschar umringt. Die Leute auf dem Hügel brüllten, um den Lärm des Hubschraubers zu übertönen.

Restrepo und die anderen auf dem Tank schrien verzweifelt um Hilfe, während der Mann von der Luftrettung weitere Verletzte angurtete. Darauf verschwand der Hubschrauber mit den geborgenen Opfern an Bord wieder in den Wolken, und alle verstummten. Restrepo verließ der Mut. Er dachte an seine Familie zu Hause in Manizales. Sie hatte keine Ahnung, daß er hier in Armero war, mitten in diesem furchtbaren Alptraum. Sie glaubte, daß er mit den anderen Geologiestudenten in Ibagué war. Er dachte über seine Freunde und ihre Familien nach und fragte sich, ob noch mehr seiner *compañeros* überlebt hatten.

Es wurde immer heißer. Stunden vergingen, und der Hubschrauber kehrte nicht zurück.

Am frühen Morgen hatte der Pilot Fernando Rivera, nachdem er mit seinem Sprühflugzeug über Armero hinweggeflogen war, dem Zivilschutz von Tolima berichtet, die Stadt existiere nicht mehr, und er habe keine Überlebenden gesehen – nur ein endloses Meer aus braunem Dreck. Sofort brachen Rettungsmannschaften des

Roten Kreuzes und des Zivilschutzes voll ausgerüstet zu der Kleinstadt auf. Was sie dort erwartete, übertraf ihre schlimmsten Befürchtungen. Es war unmöglich, an die Stadt heranzukommen. Alle Straßen waren dick mit Schlamm bedeckt und alle Brücken zerstört. Die Einsatzkräfte konnten jedoch erkennen, daß Hunderte von Menschen noch am Leben waren. Es war sofort klar, warum der Pilot sie aus der Luft nicht gesehen hatte. Die völlig mit Schlamm überzogenen Körper der Opfer waren kaum wahrnehmbar.

Journalisten und Fernsehteams aus Ibagué folgten den Rettungsmannschaften auf den Fersen, und schon bald brachte das kolumbianische Fernsehen erste Berichte über die Katastrophe. Stunden später hatte die Nachricht sich um die ganze Welt verbreitet. Die Bilder wirkten surreal; drastische Szenen von Zivilschutzmännern, die Leichen aufstapelten wie Klafterholz. Eine Luftaufnahme zeigte Hunderte von Opfern, die im Schlamm steckten und um Hilfe schrien. Die Kirchturmspitze schien auf dem braunem Meer zu treiben. Und auf dem örtlichen Friedhof, der auf einem kleinen Hügel im Norden der Stadt lag, waren sorgsam gepflegte Gräber und gemeißelte Grabsteine völlig unversehrt geblieben.

In den Vereinigten Staaten, wo die Nachricht am frühen Nachmittag die Radio- und Fernsehsender erreichte, hatten die meisten Leute vorher noch nie etwas vom Nevado del Ruiz gehört. Norm Banks, ein Vulkanologe in den Vierzigern, der im Cascades-Vulkanobservatorium in Vancouver im Bundesstaat Washington arbeitete, war entsetzt über die hohe Zahl der Opfer, als er am Nachmittag von dem Vulkanausbruch erfuhr. Er erinnerte sich, einige Monate zuvor von einem aktiv gewordenen Vulkan in Kolumbien gehört zu haben. Man hatte ihm gesagt, daß der Geological Survey zwar Ausrüstung hinschicken wollte, aber keinen Vulkanologen, der vor Ort technische Hilfe leistete.

Für Banks war die Nachricht ein besonders harter Schlag. Nach dem Ausbruch des Mount Saint Helens hatte er sich über vier Jahre lang für die Einrichtung des ersten mobilen Vulkanobservatoriums der Welt eingesetzt.

Es war ein langer, mühsamer Kampf gewesen. Jedes Jahr hatte er beim Geological Survey einen entsprechenden Antrag eingereicht, der jedesmal abgelehnt worden war. In der Zwischenzeit hatte er eifrig überschüssige Meßinstrumente gesammelt und auf seinen Einsatzbefehl gewartet – er war überzeugt, daß er ihn früher oder später erhalten würde. Im Sommer 1981 war es soweit. Auf einer der Marianen-Inseln war ein kleiner Vulkan namens Pagan ausgebrochen. Es war kein Geheimnis, daß Norm Banks' Büro voller Überwachungsausrüstung war, und so entschied man, ihn zum Pagan zu schicken.

Banks war in der Lage, den nächsten Ausbruch des Vulkans präzise vorherzusagen, und wurde auf der Insel als Held gefeiert. Er nutzte die Gelegenheit, um die dortige Regierung davon zu überzeugen, daß sie mit der von ihm mitgebrachten Überwachungsausrüstung gut bedient wäre, da die Insulaner inzwischen von ihm gelernt hatten, wie man mit ihr umging. Statt seine ganzen Gerätschaften zurückzuschleppen, kam er mit genug Geld nach Hause, um alles, was er am Pagan zurückgelassen hatte, ersetzen zu können. Nun hatte er sechs Schrankkoffer mit funkelnagelneuen Instrumenten, die er dann zum nächsten Vulkanausbruch mitnahm – diesmal in Indonesien. Ein Teil seiner neuen Ausrüstung wurde auf dem Weg durch den indonesischen Zoll gestohlen. Den Rest nahm er mit nach Papua-Neuguinea, wo ein Vulkan namens Rubal zu grollen begonnen hatte. Wie schon einmal ließ er die Ausrüstung dort und kam mit genug Geld zurück, um sogar noch mehr neue Instrumente kaufen zu können. Banks wiederholte diese Methode bei vier weiteren, erfolgreich bewältigten Vulkankrisen in verschiedenen Teilen der Welt und war am Ende sehr gut ausgerüstet.

»Norm setzte sich mit Leib und Seele für das VCAT [Volcano Crisis Assistance Team] ein, weil er wußte, wie dringend es gebraucht wurde«, sagt Jack Lockwood. Trotz der Erfolge von Banks machten die Chefs des U.S. Geological Survey das VCAT erst 1985 zu einem offiziellen »Vulkankrisenhilfsprogramm«, dennoch lehnten sie es im selben Jahr ab, den kolumbianischen Wissenschaftlern, die den wieder aktiv gewordenen Nevado del Ruiz bereits vor dem Ausbruch überwachten, im Rahmen dieses Programms personelle Unterstützung zu gewähren.

Der Hubschrauber kam nicht wieder. In der Abenddämmerung fielen Schwärme von Mosquitos und stechenden Fliegen über Juan José und seine Leidensgenossen auf dem Tank her. Einige Verletzte starben in der Nacht. Andere konnten vor Schmerzen nicht schlafen. Alle quälte der Durst und der Hunger. Sofía Navarros Infektion verschlimmerte sich.

Restrepo döste immer wieder ein und schreckte nach ein paar Minuten hoch, weil er geträumt hatte, der Vulkan bräche aus und der Schlamm käme. Die Nacht dauerte eine Ewigkeit, und als die Sonne wieder aufging, bewegten sich im Umkreis des Tanks weniger Körper als am Vortag.

Da eine Rettung angesichts der vielen tausend Opfer

unwahrscheinlich schien, entschloß sich Restrepo zum Handeln. Er schlug vor, zusammen mit den kräftigeren Leuten eine Brücke zu einem kleinen Hügel zu bauen, der ungefähr zwei Häuserblocks entfernt war. »Wir nahmen ein paar Tische und alles, was wir im Schlamm finden konnten, und bauten daraus eine Brücke«, erzählt er. Die improvisierte Überführung trug immer nur eine Person, und es war gefährlich, auf ihr den Schlamm zu überqueren. »Wäre man von der Brücke in den Schlamm gefallen, wäre man darin steckengeblieben und umgekommen.« Der Hügel, den sie erreichen wollten, überragte die Stadt um gut 15 Meter, auf seiner schmalen Kuppe standen noch Häuser. Während sie sich abmühten, hörten sie ab und zu Hubschrauber, doch keiner landete in ihrer Nähe.

Von den Menschen, die sich auf den Tank gerettet hatten, lebten noch sechzehn. Auf ihrem Weg über die Brücke kamen sie an Dutzenden von Leichen vorbei, die in der Hitze bereits zu verwesen begannen. Restrepo erinnert sich: »Alles stank unerträglich. Um uns herum waren viele Tote und Mosquitos und Fliegen. Ich mußte mir die Nase zuhalten, um atmen zu können.« Schließlich erreichten sie trockenes Gelände auf der Kuppe des Hügels und gingen in eines der drei Häuser, die dort noch standen. In dem Haus sah es aus, als hätten seine Bewohner es fluchtartig verlassen. Aus offenen Schubladen hingen Kleidungsstücke heraus, und auf der Frisierkommode im Schlafzimmer lagen umgekippte Familienfotos. »Die Leute gerieten immer mehr in Panik, weil sie hungrig waren. Wir aßen ein paar rohe Eier und tranken Cola«, erinnert sich Restrepo. Dann plünderten sie die Kleiderschränke und zogen sich saubere Sachen an.

Einige gingen noch in die beiden anderen Häuser, um

nach Essen und Wasser zu suchen. Dann setzten sie sich auf die Straße und sahen den ganzen Nachmittag zu, wie Hubschrauber Opfer bargen. Währenddessen krochen weitere Überlebende lautlos aus dem Schlamm auf den Hügel und schlossen sich ihnen an.

Am selben Nachmittag versammmelten sich auf der anderen Seite der Zentralkordillere die Wissenschaftler, die mit ihrer Arbeit eine Katastrophe am Nevado del Ruiz verhindern wollten, im Piso Once. Die Stimmung war düster.

Im Piso Once herrschte nun rund um die Uhr Hochbetrieb. In den vergangenen zwei Tagen hatten ununterbrochen Konferenzen mit Regierungsvertretern, internationalen Wissenschaftlern und der Presse stattgefunden. »Wir hatten so viel zu tun; es war verrückt«, sagt Fernando Muñoz. »Wir arbeiteten 40 Stunden durch und schliefen dann auf den Tischen.« Es war der 15. November. Aus Chinchiná wurden schon über tausend Tote gemeldet, aus Armero über 20 000; und die Zahlen stiegen ständig. Von Manizales aus sah man eine weiße Dampffontäne vom Gipfel des Nevado del Ruiz mehr als drei Kilometer hoch in den Himmel steigen, und die Wissenschaftler hatten keine Ahnung, ob der Vulkan erneut ausbräche.

Das unrasierte Kinn in die Hand gestützt, saß Pablo Medina in einem zerknitterten weißen Hemd mit hochgekrempelten Ärmeln an einem großen Konferenztisch. Er war von Dutzenden von Wissenschaftlern umgeben, unter denen sich auch Bernardo Salazar befand. Salazar hatte den Ausbruch vom Haus in Arbolito aus gesehen. Er hatte die Schlammströme gehört und eine Funkwarnung durchgegeben, daß sie kamen. Er hatte seine

Durchsage mehrmals wiederholt. *Hatte er sich nicht klar genug ausgedrückt? Warum war Armero nicht evakuiert worden?*

Fernando Muñoz, der hochgewachsene, gepflegte Dozent für Geophysik, der zusammen mit Bernardo Salazar für die Auswertung der Seismogramme zuständig war, war ebenfalls verzweifelt. »Der Ausbruch veränderte unser Leben, jeden im Team. Es war so schlimm, weil wir die Informationen hatten. Bernardo ging es richtig schlecht. Er hatte die Informationen in jener Nacht vor Ort. Wir konnten ihm ansehen, daß er völlig fertig war, und er wollte nicht mit uns reden.«

Marta Calvache ging es ähnlich. »Wir waren am Tag davor auf dem Gipfel, und es bestand absolut kein Grund zu der Annahme, daß der Vulkan bald ausbrechen würde. Alles sah normal aus.«

Plötzlich brachten ausländische Wissenschaftler, die bisher alle Einladungen, zum Nevado del Ruiz zu kommen, abgelehnt hatten, hochmoderne Ausrüstung nach Manizales. Die ersten, die im Piso Once eintrafen, waren Bruno Martinelli, der hochgewachsene Schweizer Seismologe, und John Tomblin, der Leiter der UNO-Katastrophenhilfe.

Tomblin reiste am Tag nach dem Ausbruch aus Hawaii an, wo er im Vulkanobservatorium von Hawaii gearbeitet hatte. »Er brachte uns einen inoffiziell ›ausgeborgten‹ Telemetrieseismographen mit«, erinnert sich Fernando Muñoz.

Muñoz betrachtete das Gerät mit den Stangen und der Antenne, das seismische Signale vom Vulkan zu einem Seismographen im Piso Once übermitteln würde. Es war der erste Telemetrieseismograph, der je nach Kolumbien gelangt war. *Ein bißchen spät,* dachte er.

Er machte John Tomblin keinen Vorwurf. Er konnte

die Schuld keiner bestimmten Person oder Organisation zuweisen. Tatsache blieb jedoch, daß das Krisenmanagement einer Handvoll junger kolumbianischer Wissenschaftler überlassen wurde, die keine Ahnung hatten, was zu tun war. Ohne nennenswerte Unterstützung von ihrer Regierung oder dem Rest der Welt hatten sie getan, was sie konnten, um eine Katastrophe zu verhindern. Doch sie waren praktisch hilflos. Der Vulkan brach aus, und über 23000 Menschen starben.

Juan José Restrepo und die anderen blieben die ganze Nacht des 15. November auf dem kleinen Hügel. Restrepo hatte seit zwei Tagen nicht geschlafen und machte auch in dieser Nacht kein Auge zu. Er kümmerte sich die ganze Zeit um Sofía Navarro und die anderen Verletzten. Ab dem späten Nachmittag waren keine Hubschrauber mehr gekommen. Restrepo schaltete ein Kofferradio ein, das er in einem der Häuser gefunden hatte. »Wir hörten im Radio, daß alle Überlebenden geborgen wurden«, erinnert er sich. Die vielen Dutzend Leute, die es inzwischen auf die Kuppe des Hügel geschafft hatten, stöhnten verzweifelt auf.

Die Stunden krochen dahin, und Restrepo verlor allmählich jegliches Zeitgefühl. Er überlegte sich, wie lange es eigentlich schon her war, daß der Schlamm gekommen war. Dann dachte er wieder an seine Familie. Sie fragte sich sicher, warum er noch nicht von seiner Exkursion zurück war.

Restrepo erzählt: »Wir sahen, wie die Hubschrauber weitere Leute herausholten. Wir mußten die ganze Nacht dort bleiben und uns um andere Leute kümmern. Wir konnten nicht schlafen. Dann hörten wir Hunde bellen, und die Leute dachten, es würde wieder losgehen. Im

Radio hieß es, daß der Lagunillas wieder anschwoll. Mir war, als säße mir der Tod im Nacken.«

Stunden vergingen, und der Schlamm kam nicht. Der Gestank verwesender Leichen verpestete die Luft. Restrepo und die anderen hielten sich die Nase zu und beteten, daß sie die Nacht überlebten.

Als die Sonne aufging, hatte der Schlamm sich endlich soweit verfestigt, daß er ihr Gewicht trug. Sie begannen nach Norden zu wandern, auf den Friedhof zu. Dort drängten sich inzwischen viele Überlebende, die auf ihre Rettung warteten. Es war beschwerlich, durch die immer noch sumpfige und weiche Erde zu laufen. Die meisten Leute waren verletzt und schleppten sich mühsam vorwärts. Schließlich erreichten sie den Hügel, auf dessen Kuppe vom Schlamm unberührte Steinkreuze und Grabsteine standen.

Ein paar Hubschrauber kamen und warfen Wasser und Essen ab, das die ausgehungerten Opfer sofort gierig verschlangen. Da nun Scharen von Überlebenden auf den Bergfriedhof zukrochen, hatte Restrepo wenig Hoffnung, daß sie von hier eher gerettet werden würden als von dem Wassertank. Sie ruhten sich eine Weile aus, dann kämpften sie sich weiter. Navarro humpelte stark, und sie kamen nur quälend langsam voran. Schließlich erreichten sie das mehrere Kilometer nördlich gelegene Dorf Guayabal, das mit bemitleidenswerten Gestalten überfüllt war. Es kam Restrepo so vor, als wäre ganz Kolumbien nach Guayabal gekommen. Leute fuhren herum und verteilten Milch, Wasser und süße braune Zuckerstangen. Entlang der Landstraße waren Lazarettzelte aufgebaut, und Hunderte von Überlebenden liefen verstört durch das Dorf, hielten Leute an und fragten sie nach Vermißten. »Viele Leute kamen, um nach Familienangehörigen und Freunden zu suchen«, erinnert sich

Restrepo. »Wir versuchten nur, den Leuten Hoffnung zu geben. Wir sagten ihnen, sie sollten sich keine Sorgen machen.«

Restrepo wußte, daß er weiterleben würde, doch der Schock saß so tief, daß er keine Erleichterung verspürte, sondern nur völlige Erschöpfung. Er fühlte sich, als hätte der Vulkan ihm die Seele herausgerissen.

Da die Landstraßen und Brücken, die über die Zentralkordillere führten, nach Norden hin kilometerweit unterspült waren, brauchten Juan José Restrepo und Sofía Navarro weitere zwei Tage, um mit dem Bus auf die andere Seite der Gebirgskette zu gelangen. In Manizales hatten sich die Familien der Studenten von der Universität von Caldas versammelt, um für die sichere Rückkehr ihrer Kinder zu beten. Die Freude war groß, als nach und nach immer mehr der Studenten allein oder in kleinen Gruppen in Manizales eintrafen, bis es schon 19 waren. Doch die Stimmung schlug um, als es zur traurigen Gewißheit wurde, daß der Professor Jorge Dorado, der Busfahrer und zehn der Geologiestudenten nie aus Armero zurückkehren würden.

Die Invasion

Manizales, Kolumbien: November 1985 bis April 1988

Seit dem Ausbruch des Nevado del Ruiz waren fünf Tage vergangen. Die Rettungsbemühungen in Armero waren inzwischen nur noch Säuberungsaktionen, und im Piso Once wimmelte es von Wissenschaftlern aus der ganzen Welt – aus Italien, Japan, Frankreich, Spanien, der Schweiz und vor allem aus den USA.

Als Marta Calvache am Montag, den 17. November, den elften Stock des Banco-Cafetera-Gebäudes betrat, sah sie nicht ein bekanntes Gesicht. »Es war sogar schwierig, einen Kolumbianer zu finden«, sagt sie. Überall waren nur Gringos. Sie bauten riesige Computer auf und diskutierten laut an einem großen Konferenztisch, auf dem Landkarten ausgebreitet waren. Schließlich entdeckte Calvache Pablo Medina, der sich nach Kräften bemühte, Ruhe und Ordnung in das Chaos zu bringen. Er machte den Vorschlag, jeder der ausländischen Forschungsgruppen einen kolumbianischen Wissenschaftler zur Seite zu stellen, der ihnen half, sich im Gebiet um den Nevado del Ruiz zurechtzufinden, und Bis erklärte sich bereit, die internationalen Wissenschaftler auf den Vulkan zu führen.

Bernardo Salazar und Fernando Gil begleiteten Wissenschaftler aus den USA zum Nevado del Ruiz, wo sie sechs Telemetrieseismographen aufstellten, die die Amerikaner mitgebracht hatten. Fernando Muñoz blieb im Piso Once und unterstützte Dave Harlow, den Seismologen, der eine Woche vor dem Ausbruch seine Koffer gepackt hatte, um nach Manizales zu reisen, dessen Besuch nach der Tragödie im Justizpalast jedoch abgesagt worden war. »Es war chaotisch – Wissenschaftler und Regierungsbeamte versuchten auf gemeinsamen Konferenzen die Frage zu klären, ob der Vulkan wieder ausbrechen würde«, sagt Harlow. Er zeigte Muñoz, wie man mit dem 40 Pfund schweren Computer umging, den die Amerikaner mitgeschleppt hatten. Der Computer empfing die Daten direkt von den Telemetrieseismometern, verarbeitete die Informationen und half den Wissenschaftlern, die Brüche und Beben im Vulkan zu lokalisieren. Muñoz lernte schnell, und der Computer war schneller als jedes Gerät, mit dem er bisher gearbeitet hatte. Dann begann Harlow dem jungen Kolumbianer zu erklären, wie die seismischen Signale von einem aktiven Vulkan aussahen. »Ich sah alle Seismogramme nach ähnlichen Mustern durch, die womöglich einen weiteren Ausbruch ankündigten«, sagt Harlow.

Muñoz staunte. All die Signale auf den Seismogrammen, die er auf Probleme mit dem Gerät oder den Wind zurückgeführt hatte, waren in Wirklichkeit Anzeichen für einen bevorstehenden Ausbruch des Nevado del Ruiz gewesen. Muñoz fragte sich, was alles hätte anders gemacht werden können, wenn Dave Harlow die Erlaubnis erhalten hätte, wie ursprünglich geplant, *vor* dem Ausbruch zu kommen.

Norm Banks hatte inzwischen ebenfalls grünes Licht für einen Einsatz des »Vulkankrisenhilfeteams« (VCAT) in Kolumbien erhalten. Er traf mit einem Jet voller Ausrüstung und zwei Assistenten in Manizales ein und übernahm die Leitung der Wissenschaftlergruppe vom U.S. Geological Survey. Gleichzeitig wurde Darrel Herd als Verbindungsmann zwischen dem USGS und der Regierung in Bogotá nach Kolumbien geschickt. Banks fand bald heraus, daß Herd vor dem Ausbruch in Manizales gewesen war. Zuerst war er verblüfft – dann wütend. Seine Chefs hatten ihm gesagt, daß sie niemanden nach Kolumbien schicken würden. Er konnte es nicht fassen, daß der USGS nicht sein VCAT hingeschickt hatte oder zumindest jemanden, der im Umgang mit Vulkankrisen besser geschult war. »Darrel war schon dort, damals, als er seine Doktorarbeit über die Gletscher des Ruiz schrieb, aber er hatte keine Erfahrung im Umgang mit der Presse und der Öffentlichkeit. Er hatte die besten Absichten, aber keine Ahnung, was zu tun war«, sagt Banks.

Erst später erfuhr er, daß Herd den Kolumbianern versichert hatte, daß der Vulkan für die bewohnten Gebiete in der Umgebung keine Gefahr darstelle.

Während die kolumbianischen Wissenschaftler sich zu merken versuchten, wer wer war, entwickelten sich zwischen den Ausländern persönliche Konflikte und Machtkämpfe. Haroun Tazieff, ein französischer Vulkanologe und gleichzeitig hochrangiger Politiker, traf mit einer Horde französischer Journalisten im Piso Once ein und entpuppte sich schnell als ein ausgesprochen schwieriger Gast. Er forderte sofort einen der Black-Hawk-Hubschrauber an, die die USA nach Manizales geschickt hatten (nachdem die Rettungsbemühungen in Armero aufgegeben worden waren), und bestand darauf, daß alle französischen Fernsehjournalisten ihn zum Vulkan begleiteten. »Es war eine verrückte Zeit«, sagt Bruno Martinelli. »Alle Journalisten wollten mit den Hubschraubern hinfliegen, doch die Wissenschaftler sagten ihnen, das gelte nur für die Leute, die auf dem Vulkan arbeiteten. Daher beschwerten sich nun alle kolumbianischen Journalisten, daß ihre französischen Kollegen in den Hubschrauber durften.«

Die Situation wurde noch grotesker, als Tazieffs Sekretär verlangte, Martinelli und Marta Calvache sollten Tazieff zum Gipfel des Vulkans begleiten. »Als wir am Flugplatz eintrafen, erklärte uns der Sekretär, daß es uns nicht gestattet sei, direkt mit Tazieff zu sprechen. Wenn wir etwas zu sagen hätten, sollten wir uns an jemanden aus seinem Stab wenden«, sagt Calvache.

Schließlich erreichte der Black Hawk den Gipfel. »Tazieff schrie dem Piloten zu, er solle im Krater des Vulkans landen«, sagt Bruno Martinelli. »Ich dachte, das ist völliger Wahnsinn. Dieser Mann ist siebzig Jahre alt, und er wird in diesem Vulkan sterben. Und ich werde auch sterben, aber ich bin noch keine siebzig Jahre alt.« Der Pilot ignorierte Tazieffs Anweisung und landete auf dem Gipfel, ein gutes Stück vom Krater entfernt.

Außer Tazieff sorgte noch eine ganze Reihe anderer Würdenträger für Wirbel in Manizales. Sie trafen unter großem Tamtam ein und absolvierten ihre Beileidsbesuche mit viel Pomp und Zeremoniell. Rote Teppiche wurden ausgerollt, als die spanische Königin mit einem Heer spanischer Korrespondenten in Manizales eintraf. Kurz darauf wurde die Gattin des französischen Präsidenten François Mitterand ebenso feierlich empfangen.

Das Debakel im Justizpalast, das Präsident Belisario Betancur Kritik aus allen Teilen der Welt eingetragen hatte, war bereits in Vergessenheit geraten. Drei Tage nach dem Vulkanausbruch traf Betancur in Manizales ein, erteilte Pablo Medinas Gruppe die vorübergehende

Entscheidungsbefugnis in Angelegenheiten, die den Vulkan betrafen, und ließ im Piso Once ein rotes Telefon einrichten, das direkt mit dem Präsidentenpalast verbunden war.

Im Laufe eines Monats wurde klar, daß der Vulkan sich beruhigte. Die Überwachungsausrüstung war vor Ort, und die kolumbianischen Wissenschaftler hatten gelernt, mit ihr umzugehen und die Meßdaten zu interpretieren. Nach hartnäckigen Streitigkeiten zwischen Bogotá und der Cafetera übertrug Betancur die Zuständigkeit für den Vulkan dem Landesinstitut für Geologie und Bergbau, das daraufhin alle jungen Wissenschaftler anheuerte, die den Nevado del Ruiz beobachtet und erforscht hatten. Marta Calvache, Fernando Gil und Fernando Muñoz arbeiteten nun für das Institut. Die feindseligen Gefühle, die vor dem Ausbruch zwischen den Wissenschaftlern aufgekommen waren, legten sich im neu eingerichteten Vulkanobservatorium recht schnell. Nestor García nahm eine Stelle an der Universität von Caldas an, wo er Chemie und Kampfsport lehrte. Bernardo Salazar verließ das Piso Once und arbeitete nie wieder am Nevado del Ruiz. Pablo Medina nahm seine Tätigkeit bei der Genossenschaftsbank von Caldas wieder auf. Bruno Martinelli reiste in die Schweiz ab, schwor jedoch, bald nach Kolumbien – und zu Marta Calvache – zurückzukehren.

In Manizales setzte sich allmählich das Gefühl durch, daß die Lage einigermaßen stabil war; dennoch herrschte immer noch etwas Angst und Verwirrung. Die ausländischen Wissenschaftler hatten vor ihrer Abreise widersprüchliche Zukunftsprognosen für den Nevado del Ruiz abgegeben. Im Grunde waren sich alle einig, daß der Vulkan sich beruhigte – mit Ausnahme eines jungen amerikanischen Chemikers namens Stanley

Williams. Der Assistenzprofessor an der Louisiana State University war den Vulkanologen vom USGS kaum bekannt. Tage nach dem Vulkanausbruch war er auf dem Schauplatz erschienen und hatte am Vulkan Gasproben genommen. Bei ihrer Analyse hatte er festgestellt, daß sie große Mengen Schwefel enthielten und daraus die furchterregende Schlußfolgerung gezogen, daß ein katastrophaler Ausbruch bevorstand, der die vorangegangene Tragödie in den Schatten stellen würde. »Stan führte einen regelrechten Kreuzzug, auf dem er verkündete, daß eine riesige Caldera entstehen würde«, sagt Dave Harlow.

Die kolumbianischen Wissenschaftler baten Norm Banks, mit Williams über seine entsetzliche Prognose zu reden, die den Einheimischen große Angst machte. Sie hofften auch, daß es Banks gelänge, die verunsicherte Bevölkerung davon zu überzeugen, daß der Vulkan sich tatsächlich beruhigte.

Banks fand Williams im Piso Once und fragte ihn, ob sie in einem der kleinen Büros, die an den großen Konferenzraum angrenzten, in Ruhe miteinander reden könnten. Er ließ Williams seine Theorie darlegen, dann wandte er ein, daß der hohe Schwefelgehalt seiner Meinung kein Anzeichen für einen bevorstehenden gewaltigen Ausbruch sei.

»Ich sagte ihm, da müsse schon ein riesiges Magmameer mit einer Geschwindigkeit von mehreren Metern pro Tag an die Oberfläche steigen, um so viel Schwefel zu produzieren – das sei völlig unmöglich«, sagt Banks.

Die Reaktion des bebrillten, gutmütig wirkenden Wissenschaftlers aus Louisiana verblüffte Banks. »Er sprang auf und schrie, ich wisse ja überhaupt nicht, wovon ich rede. Ich sagte zu ihm, daß es noch *andere* Erklärungen gebe, über die er nachdenken solle, bevor er Aussagen machte, die große Furcht auslösen können – ganz zu schweigen vom finanziellen Schaden für die Region.« Zwischen Williams und Banks entbrannte eine hitzige Debatte. Dann, nach etwa zehn Minuten, stürmte Williams aus dem Zimmer und schlug die Tür hinter sich zu.

Da die meisten ausländischen Staaten sich an den renommierten USGS wandten, wenn sie Rat oder Hilfe benötigten, fühlten sich die Wissenschaftler von den Universitäten in internationalen Krisensituationen oft beiseite geschoben. Banks wußte das, doch noch nie war er auf so starke Ressentiments gestoßen. Die Direktive des USGS bei Kriseneinsätzen im Ausland war, die Einheimischen zu unterstützen und sich im Hintergrund zu halten. An diese Regel schien Stanley Williams sich nicht halten zu wollen.

Am Nevado del Ruiz kam es nie zu dem mörderischen Ausbruch, den Williams prophezeite. In den darauffolgenden Jahren machte er weiterhin als ein notorischer Außenseiter von sich reden, der jede Einschätzung, zu der die anderen Wissenschaftler gelangten, in Frage stellte. Williams glaubte, Vulkanausbrüche durch Analysen von Gasproben aus dem Krater vorhersagen zu können. Er schien nicht bereit zu sein, mit Seismologen oder Geophysikern zusammenzuarbeiten – oder mit sonst irgendwem, der nicht von der entscheidenden Aussagekraft vulkanischer Gase überzeugt war. »Williams stand der Seismologie und vielen der neuesten wissenschaftlichen Erkenntnisse immer noch sehr ablehnend gegenüber«, sagt Dave Harlow. So entstand ein Teufelskreis. Williams wollte an den Projekten des USGS mitarbeiten (und von Mitteln des USGS profitieren), doch die Wissenschaftler vom USGS antworteten auf entsprechende Anfragen des als unkooperativ berüchtigten Chemikers, daß sie sein Fachwissen nicht benötigten. Gewöhnlich wurden sie zu einem Vulkan gerufen, der sich bereits in einem Zustand erhöhter Aktivität befand. Sie brauchten niemanden, der in den Krater stieg, um ihnen zu berichten, was sie bereits wußten, und sie wollten niemanden, der dazu neigte, verheerende Erklärungen abzugeben. Doch Williams trieb immer wieder das Geld auf, um trotzdem anzureisen, und wurde mit jedem neuen Ausbruch gereizter und sturer.

Die großmütigeren Mitglieder des USGS schrieben Stanley Williams' Ausbrüche der jugendlichen Unvernunft eines unerfahrenen Wissenschaftlers in den Dreißigern zu, und als Williams im April 1988 (mehr als zwei Jahre nach der Tragödie von Armero) in Manizales einen Workshop organisierte und alle, die am Nevado del Ruiz gearbeitet hatten, zur Teilnahme einlud, hofften seine Kollegen, daß das ein Zeichen einer neuen Reife war. In einem Band mit zusammenfassenden wissenschaftlichen Abhandlungen, der auf dem Treffen präsentiert wurde, schrieb Williams, der Grund für den Workshop sei die Notwendigkeit einer verstärkten Zusammenarbeit.

> Als ich im Dezember 1986 und im Januar 1987 in Kolumbien war, gelangte ich zu der Überzeugung, daß eine echte Notwendigkeit für so einen Workshop bestand. Erst während dieses langen Aufenthalts erkannte ich allmählich, wieviel wir seit jenen frühen Tagen im November 1985 tatsächlich über den Ruiz gelernt haben. Er zählt inzwischen wohl zu den meiststudierten Vulkanen der Welt. Ausschlaggebend für meine Entscheidung, diese schwierige Aufgabe zu übernehmen, war letztendlich wohl die wichtige Erkenntnis, daß viele Ideen, Hypothesen, Modelle etc., die diverse Wissenschaftler im Laufe der Zeit entwickelten, auf nur einer der

unterschiedlichen Datensammlungen (Datenarten) basierten. Auf jeden Fall erkannte ich, daß mein Wissen über Vulkandeformationen oder die Seismik sehr begrenzt und bruchstückhaft war …
Wir stehen vor einer Situation, die sich gerade wegen der offensichtlichen Dichotomien in unseren verschiedenen Datensammlungen als höchst aufregend erweisen könnte. Wenn wir uns zusammensetzen, einander weiterbilden und zuhören und die richtigen Fragen stellen, können wir unser Verständnis der Vorgänge in typischen zirkumpazifischen Stratovulkanen möglicherweise grundlegend verbessern. Der Ruiz ist zu einem fabelhaften Naturlabor für unsere Forschungen geworden. Es ist Zeit, über das bisher Gelernte nachzudenken und zu planen, wo wir in der Zukunft unsere Prioritäten setzen wollen. Die zweitgrößte Vulkankatastrophe des 20. Jahrhunderts ist wahrlich Grund genug, unser Bestes zu tun, als einzelne und als Team.

Viele Wissenschaftler begrüßten diesen Aufruf zu einer interdisziplinären Zusammenarbeit auf dem Gebiet der Vulkanforschung, doch manche hatten Schwierigkeiten, ihn mit Williams' üblichem eigenwilligen Stil in Einklang zu bringen. Die Wissenschaftler vom USGS kratzten sich am Kopf. War Stanley Williams jetzt wirklich zur Teamarbeit bereit?

DER GALERAS

Urcunina, der Feuerberg

Pasto, Kolumbien:
April 1988

Der Nevado del Ruiz schlief wieder, doch er galt nun nicht mehr als ein friedlicher Riese, sondern als ein bösartiger Killer. Ende der achtziger Jahre befand sich Kolumbien in einer schweren Wirtschaftskrise. Auf dem Land nahm die Gewalt der Guerilleros kein Ende. Die Drogenkartelle ließen Richter, Polizisten und Offiziere ermorden. Und ein weiterer Vulkan war im Begriff, sich einen Namen zu machen.

Zuerst war kaum etwas zu sehen – nur eine dünne weiße Dampffahne, die aus einer winzigen Spalte entwich. Sie kam von der Westflanke des Kegels, stieg wenige Meter in die Höhe und löste sich auf. Es war nur ein Hauch, doch seine Bedeutung war klar: Der Vulkan Galeras erwachte langsam aus seinem langen Schlaf.

Es war April 1988. Seit zehn Jahren war Militärpolizei auf dem Gipfel des 4270 Meter hohen Galeras stationiert, der sich über die Stadt Pasto in Südkolumbien erhob. Die Polizisten waren in einem kleinen Betongebäude auf einem schmalen graubraunen Felsgrat untergebracht, und hatten die Aufgabe, die sechs Sendemasten zu bewachen, die auf dem höchsten Punkt des mit Geröll übersäten Gipfels standen. Während die bürgerkriegsähnlichen Auseinandersetzungen im Land sich verschärften, blieb es im Departamento Nariño, in dem der Galeras aufragte, größtenteils ruhig. Trotzdem bestand immer die Gefahr von Anschlägen der Guerilleros.

Vor ein paar Jahren waren Guerilla-Rebellen auf den 160 Kilometer weiter nördlich gelegenen Puracé, einen anderen Vulkan der Zentralkordillere, geklettert, hatten die Wachen auf dem dortigen militärischen Außenposten getötet und die Sendemasten auf dem Gipfel zerstört. Seit damals hatte die Militärpolizei auf dem Galeras zusätzliche Vorsichtsmaßnahmen getroffen. Auf zwei Routen konnte man zu den Sendemasten gelangen. Von Südosten her wand sich eine steinige Serpentinenstraße vom Fuße des Vulkanberges zum Gipfel hinauf, aber sie endete vor dem Polizeirevier, das rund um die Uhr mit Wachen besetzt war. Der andere Weg zu den Sendemasten führte die 30 Grad ansteigende, instabile Westflanke des Vulkans hinauf, aus der sich immer wieder Gesteinsbrocken lösten. Um zu verhindern, daß jemand von dort aus einen Anschlag auf die Sendemasten verübte, hatte das Militär den Weg vermint.

Die Bedrohung durch gewalttätige Aktionen der Guerilleros war für die jungen Militärpolizisten sehr real, doch wegen des Vulkans hatten sie sich nie Sorgen gemacht, denn bisher hatten sie ihn nur ruhig erlebt.

Als sich aber die dünne Dampffahne zu einer hohen, kräftigen Dampffontäne entwickelte, begannen die Wachen sich für den Galeras zu interessieren. Das Polizeirevier lag auf dem südöstlichen Abschnitt des sichelförmigen Gipfelgrats. An klaren Tagen hatten die Wachen von der Frontseite des Gebäudes aus eine hervorragende Aussicht auf den jetzt aktiven Kegel des Vulkans. Er erhob sich 137 Meter hoch aus einer tiefen kraterartigen Einsenkung von mehreren Kilometern Durchmesser, die die Wissenschaftler Caldera (spanisch für Kessel) nennen.

Die seltsame Form des Berges erinnerte die spanischen Eroberer an ihre Galeonen, daher tauften sie den Vulkan Galeras. Was für sie wie ein Schiffsrumpf mit einem breiten Leck auf der Leeseite aussah, war der hohle Stumpf eines einst hohen Vulkans, der in sich zusammengefallen war. Der junge Kegel in dem mehrere Kilometer langen und breiten Schiff war ein riesiger Haufen aus braunem Geröll mit einem Krater in der Mitte.

Es war nicht sonderlich schwierig, zum Krater zu gelangen, da die Zufahrtsstraße der Militärpolizei bis zum Gipfel des Vulkans führte. Einheimische Bauern liefen oft in kniehohen Gummistiefeln und dicken Alpacapullovern die Straße hinauf, kletterten die steile Wand der Caldera hinab, deren Grund mit losem vulkanischem Gestein bedeckt war, und liefen die 800 Meter zu dem mit Geröll gefüllten Krater hinüber, um einen Blick hineinzuwerfen. Der Vulkan gehörte für sie zur Familie. Ab und zu machten auch europäische Touristen mit schweren Rucksäcken und Wanderstiefeln die in ihren Reiseführern beschriebene Tageswanderung zum Galeras.

Kurz nachdem auf dem Gipfel des Vulkans der Ausstoß einer Dampffontäne eingesetzt hatte, begann er zu grollen. Gesteinsbrocken lösten sich aus den steilen Innenwänden des Kraters, und die Wachen im Polizeirevier spürten den Boden unter ihren Füßen beben. Sie verständigten den Zivilschutz, der eine Warnung an die Regierung in Bogotá durchgab. Der neue Präsident Virgilio Barco, der drei Jahre davor das Vulkankrisenmanagement des damaligen Präsidenten Belisario Betancur heftig kritisiert hatte, war sehr besorgt. Ein zweites Armero hätte dem krisengeschüttelten Kolumbien gerade noch gefehlt.

Der Galeras hatte sich in all den Jahren, die die Militärpolizisten nun schon auf seinem Gipfel Wache hielten, zwar kaum verändert, doch in früherer Zeit war er alles andere als ein friedlich schlafender Vulkan gewesen. Im Jahre 1831 sammelte der französische Chemiker Jean Baptiste Boussingault die ersten Informationen über den Galeras. Er stieg zum Gipfel hinauf und stellte fest, daß im Vulkankegel kein Krater war, sondern ein Lavadom von 30 Metern Durchmesser, und daß aus Spalten und Brüchen in der erstarrten Lava große Mengen schwefelhaltigen Gases entwichen. Boussingault bemerkte auch, daß die Sträucher und Wiesen auf den Flanken des Galeras im oberen Bereich mit einer dünnen Ascheschicht bedeckt waren – ein Beweis, daß der Vulkan unlängst ausgebrochen war.

Im Dezember 1832 sah Posada Gutiérrez, ein Kommandeur der konservativen Truppen aus Cartagena, den Galeras ausbrechen und einen Ascheregen auf seine nähere Umgebung niedergehen. Bei diesem relativ kleinen Ausbruch wurde wahrscheinlich der Lavadom herausgesprengt, der im Vorjahr den Schlot des Vulkans verstopft hatte. 1869 und 1870 studierte der deutsche Wissenschaftler und Forschungsreisende Alphons Stübel den 4270 Meter hohen Galeras. Zu jener Zeit hatte der Vulkan einen »Wachstumsschub«. Durch mehrere kleine Ausbrüche, bei denen Geröll herausgeschleudert wurde, entstand in der Caldera ein etwa 37 Meter hoher Kegel, der wie ein riesiger Termitenhügel aussah. Stübel notierte, daß der Kegel oben flach war, aus losem vulkanischem Gestein bestand und einen dampfenden Krater in der Mitte hatte.

Ende des 19. und im ersten Viertel des 20. Jahrhunderts besuchte Pater José Salvador Restrepo, der Rektor der jesuitischen Universität in Bogotá, den Galeras. Zu jener Zeit war der Krater eine neun Meter tiefe Mulde, deren dampfender Boden aus Lehmschlamm mit

Löchern und kleinen Kratern übersät war, aus denen nach Schwefel riechende Fumarolen aufstiegen.

In den ersten Jahren des 20. Jahrhunderts grollte und dampfte der Galeras weiter. 1936 stieß er dann eine riesige Wolke aus Asche und Dampf aus, die mehrere Kilometer hoch in den Himmel schoß. Extrem heißer Dampf, Asche und Gesteinstrümmer sanken in den Schlund des Vulkans zurück und lösten einen kleinen pyroklastischen Strom aus, der über den Rand der Caldera quoll und die Nordseite des Vulkans drei Kilometer weit hinabfloß. Dieser heftigste bezeugte Ausbruch des Galeras dauerte nur wenige Minuten. Es gab weder Tote noch Verletzte. Der glühendheiße pyroklastische Strom leuchtete in der Nacht und sah aus wie Zuckerguß, der die Flanke des Vulkans hinabrann. Es war ein überwältigender Anblick, den die Leute aus Nariño nie vergaßen.

Seit dem Ausbruch von 1936 hatte der Galeras friedlich geschlafen, doch als er 1988 wieder unruhig wurde, erinnerten sich die Bewohner des nur acht Kilometer entfernten Städtchens Pasto, deren Kartoffeläcker die Flanken des Vulkans wie ein Flickenteppich überzogen, an die Geschichten, die ihre Großeltern und Urgroßeltern ihnen erzählt hatten. Viele Vorstellungen der Ureinwohner von Nariño prägten immer noch das Weltbild der Pastusos. Ihre Vorfahren hatten den Vulkan Urcunina – Feuerberg – genannt, und wenn Dampfschwaden über Pasto hinwegzogen und bei Sonnenuntergang leuchtende Muster an den Himmel zeichneten, lehnten ältere Pastusos sich auf der Veranda zurück und genossen den schönen Anblick. »Der Urcunina atmet«, pflegten sie zu sagen. »Der Vulkan ist gesund. Das ist gut.«

Die Regierung in Bogotá war allerdings anderer Auffassung. Seit der Katastrophe am Nevado del Ruiz 1985 hatte sich die Vulkanforschung auf der ganzen Welt verändert. Inzwischen gab es in Kolumbien ein Dutzend Wissenschaftler, die lernten, wie man aktive Vulkane überwachte. Der besorgte Präsident setzte sich sofort mit dem von der Regierung eingerichteten Vulkanobservatorium in Manizales in Verbindung und verlangte, daß jemand nach Pasto fuhr und sich der kritischen Situation am Galeras annahm.

Kurz darauf erhielt Fernando Muñoz einen Anruf. Der junge Geophysiker hatte nach dem Ausbruch des Nevado del Ruiz im Landesinstitut für Geologie und Bergbau gearbeitet und war nun im Vulkanobservatorium von Manizales der zweite Chef. »Ich war frisch verheiratet und hatte überhaupt keine Lust, nach Pasto zu gehen und mich um den Galeras zu kümmern«, sagt Muñoz. Doch da er der mit Abstand beste Mann im Observatorium war, bestand dessen Direktor darauf, daß er seine Sachen packte und nach Pasto fuhr.

Das paßte Muñoz gar nicht. Er war nicht nur frisch verheiratet, sondern auch ein Stadtmensch, und Pasto war ein Provinznest. Pasto und die Gemeinden in seiner Umgebung waren, wie die Cafetera-Region, von den bürgerkriegsähnlichen Unruhen, die Kolumbien erschütterten, bisher weitgehend verschont geblieben. Die Abgeschiedenheit und das ländliche Flair, für das Pasto bekannt war, hatten indes ihren Preis: In ganz Kolumbien riß man Witze über die bäuerlichen Pastusos.

Muñoz richtete sich nach seiner Ankunft in Pasto in der örtlichen Universität ein. Die Landesregierung in Bogotá und die Regierung des Departamento Nariño setzten den 29jährigen Geophysiker sofort unter Druck. Er sollte einen Ausbruch des Galeras präzise vorhersagen und ermitteln, welche Gebiete der Region von ihm betroffen sein würden. Ein paar Tage lang studierte Muñoz sorgfältig die seismographischen Aufzeichnungen. Einige der besten Seismologen der Welt hatten ihn kurz in ihre Wissenschaft eingeführt, und er wußte, daß Vulkane ganz unterschiedliche Persönlichkeiten hatten. Der Galeras versuchte ihm etwas zu sagen. Die Signale schienen mit jedem Tag zahlreicher zu werden, doch Muñoz konnte nur mutmaßen, was sie bedeuteten, und mit nur einem Seismometer konnte er nicht bestimmen, woher sie kamen. Dazu brauchte er mindestens drei Geräte.

Als er alle seismographischen Aufzeichnungen durchgegangen war, brach er mit einer Gruppe von Kollegen aus Manizales (darunter auch Fernando Gil) zum Galeras auf. Sie wanderten den sanft ansteigenden Hang des Vulkankegels hinauf. Als sie den Rand des Kraters erreichten, schlug ihnen eine ungeheure Hitze entgegen. Die Wissenschaftler wichen zurück und versuchten gleichzeitig, in den Schlund des Vulkans hinabzublicken. Neun Meter unter ihnen war der Krater des Galeras ein riesiger glühender Kessel kochender Erde. Der ganze Schlund des Vulkans glühte leuchtend orange und schien sich rhythmisch zu heben und zu senken.

Fernando Gil und Jaime Romero, die nach Pasto gekommen waren, um Muñoz bei der Analyse der seismischen Signale vom Galeras zu helfen, waren von dem Anblick überwältigt. Gil stockte der Atem. Ihm erschien die sengende Glut gleichsam als das Herz des Vulkans. Sein Puls raste. »Es war Abend, und wir standen am Rand des Kraters. Er glühte feuerrot! Wir sind religiöse Menschen, und als wir das sahen, knieten wir nieder und beteten«, sagt er. Wie in jener Nacht, in der er den Nevado del Ruiz ausbrechen sah, hatte er das Gefühl, Gottes Hand würde seine Seele berühren.

Fernando Muñoz dagegen erschrak über die furchterregende Kraft des lebendigen, atmenden Vulkans und zog sich schnell vom Kraterrand zurück.

»Ich hatte keine Ahnung, was der glühende Krater bedeutete«, sagt er. War das schmelzflüssiges Magma oder nur überhitztes Gestein? Hieß das, der Vulkan stand kurz vor dem Ausbruch? »So etwas hatte ich noch nie gesehen, aber ich war mir ziemlich sicher, daß es gefährlich war.«

Am späten Abend kehrten die Wissenschaftler nach Pasto zurück. Muñoz rief sofort den Leiter des Landesinstituts für Geologie und Bergbau an und schilderte ihm seine Beobachtungen: Die Seismogramme zeigten eine zunehmende Aktivität, die Fumarolen wurden stärker, und das Gestein im Krater war so heiß, daß es feuerrot glühte.

»Ich rief den Institutsleiter an und sagte ihm, daß ich die Lage für ernst hielt«, erinnert sich Muñoz. »Ich sagte ihm, daß ich nicht wußte, was das alles zu bedeuten hatte, und daß wir Hilfe brauchten.«

Muñoz wußte, daß für Ausrüstung zur Überwachung des Galeras kein Geld vorhanden war, doch die Katastrophe von Armero wirkte in Kolumbien immer noch nach. Der Institutsleiter war dem Präsidenten der Republik direkt rechenschaftspflichtig und wollte kein Risiko eingehen.

»Er fragte mich: ›Wen wollen Sie zu Hilfe rufen?‹ Ich antwortete ihm, daß ich Dave Harlow und Norman Banks vom USGS herbitten wollte, weil ich sie für die besten Leute hielt.«

Muñoz wußte vom Nevado del Ruiz her, welche komplizierten Formalitäten nötig waren, um wissenschaftliche Hilfe von den Vereinigten Staaten zu erhalten. Zuerst mußte der Leiter des kolumbianischen Landesinstituts für Geologie und Bergbau beim kolumbianischen Außenministerium ein formelles Hilfegesuch einreichen, das an die Botschaft der USA weitergeleitet wurde. Diese wandte sich dann an das Office of Foreign Disaster Assistance (Büro für Katastrophenhilfe im Ausland) in den Vereinigten Staaten, das sich daraufhin mit dem Direktor des USGS in Verbindung setzte. Erst dann würden auf Kriseneinsätze vorbereitete Spezialisten wie Dave Harlow und Norm Banks die Anweisung erhalten, ihre Sachen zu packen. Früher dauerte es oft Monate, bis Hilfe eintraf – sofern sich nicht vorher eine Riesenkatastrophe mit Tausenden von Toten ereignete. Doch der verheerende Ausbruch des Nevado del Ruiz war nicht nur für die kolumbianischen Wissenschaftler ein Wendepunkt gewesen, sondern auch für den USGS; daher konnte Muñoz diesmal auf schnellere Hilfe hoffen.

Als Norm Banks die Anweisung erhielt, mit seinem Vulkankrisenhilfeteam (VCAT) nach Pasto aufzubrechen, organisierte er gerade einen Workshop über Vulkankrisen, für den die UNO-Katastrophenhilfe bereits Mittel zur Verfügung gestellt hatte. Banks beschloß kurzerhand, den Workshop, der ursprünglich in Chile stattfinden sollte, in Pasto zu veranstalten und den Kolumbianern gleichzeitig bei der Bewältigung der Galeras-Krise zu helfen. Während er in Vancouver im Bundesstaat Washington seine Reise nach Pasto vorbereitete, packte auch Dave Harlow im Hauptquartier des USGS in Kalifornien die Koffer.

In den Wochen, in denen Muñoz auf Hilfe aus den Vereinigten Staaten wartete, fragte er mehrfach bei seinen Vorgesetzten an, ob er Pasto nun verlassen und nach Manizales zu seiner Frau zurückkehren dürfe; davon wollten diese jedoch nichts wissen. Er war der offiziell für den Galeras zuständige Wissenschaftler. Die gesamte Regierung bis hinauf zu Präsident Barco erwartete konkrete Informationen und Ratschläge von ihm. Leider hatte Muñoz keine Ahnung, was er tun sollte, und der Streß setzte ihm bereits gesundheitlich zu. Sollte er Evakuierungen empfehlen? Sollte er die Leute vor einem Ausbruch warnen? Er hatte das Gefühl, etwas tun zu müssen. So rief er eines Abends seine Kollegen in der Universität zusammen.

»Ich sagte meinen *compañeros*, daß ich vorhatte, dem Präsidenten der Republik in einem Brief mitzuteilen, daß die Lage sehr ernst war, daß ich es für ratsam hielt, die Leute nicht mehr in die Nähe des Vulkankraters zu lassen, und daß meiner Meinung nach in einem Umkreis von drei Kilometern vom Krater niemand wohnen sollte«, sagt Muñoz. Er tippte schnell den Brief an Präsident Barco, druckte ihn aus und war davon überzeugt, das Richtige zu tun, als er ihn gleich per Fax direkt in den Präsidentenpalast in Bogotá schickte. Zwei Stunden später erhielt er einen Anruf vom Leiter des Landesinstituts für Geologie und Bergbau, der ins Telefon schrie: »Was zum Teufel ist eigentlich los? Warum haben Sie diesen Brief geschrieben? Es steht Ihnen nicht zu, sich direkt an den Präsidenten zu wenden, *unter keinen Umständen*! Sind Sie verrückt geworden? Das ist eine sehr ernste Angelegenheit, Muñoz!«

Bevor Muñoz antworten konnte, knallte der Institutsleiter den Hörer auf die Gabel. »Ich rief meine Frau in Manizales an und sagte zu ihr: ›Ich glaube, ich habe meinen Job verloren‹«, sagt Muñoz.

Den Zorn des Institutsleiters und des Präsidenten fürchtend, schlich Muñoz in der darauffolgenden Woche mit eingezogenem Kopf durch Pasto. Dann traf zu seiner großen Erleichterung Dave Harlow ein. »Ich war mir sicher, daß Dave Harlow mir den Rücken stärken und mir aus der Patsche helfen würde«, sagt Muñoz. Harlow brachte ein vierköpfiges Expertenteam und mehrere Schrankkoffer voller Instrumente mit. Muñoz begrüßte den *gringo* mit einer herzlichen Umarmung. Er hatte Harlow nicht mehr gesehen, seit der nordamerikanische Seismologe 1985 ins Piso Once gekommen war und ihm gezeigt hatte, wie man die Handschrift eines Vulkans auf einem Seismogramm entzifferte. Harlow war ein weltbekannter Experte. Muñoz hoffte, daß der renommierte Wissenschaftler ihm sagen konnte, was mit dem Galeras los war, und daß er ihm aus seiner heiklen Lage heraushelfen würde.

»Ich erklärte Dave, daß ich in großen Schwierigkeiten steckte«, sagt Muñoz. »Ich erzählte ihm, daß ich dem Präsidenten der Republik geschrieben hatte, daß der Galeras wahrscheinlich vor dem Ausbruch stand und daß man mich für verrückt hielt. Ich bat ihn, mir den Gefallen zu tun, einen Blick auf die seismographischen Aufzeichnungen zu werfen und mir seine Meinung zu sagen.«

Harlow und Muñoz gingen den ganzen Nachmittag lang die Seismogramme von zwei Monaten durch. Sie konnten nicht ermitteln, woher die Beben und Vibrationen kamen, da die Daten von nur einem Seismometer stammten, doch sie analysierten jedes Signal. Einige sahen aus wie kleine Erdbeben – kurze heftige Ausschläge auf dem Seismogramm –, andere wie vulkanische Tremores – lange dünne Spiralen. Sie notierten die Zahl der Erdstöße pro Tag, ihre Stärke und ihre Dauer.

Schließlich sah Harlow Muñoz an, der nervös in dem Seminarraum auf und ab lief und Harlow zwischendurch immer wieder über die Schulter blickte. Er legte dem jungen Kolumbianer die Hand auf die Schulter und sagte zu ihm: »Fernando, ich glaube, du hättest den Brief lieber nicht schreiben sollen.«

Muñoz war sprachlos. Ein paar Sekunden lang vergrub er den Kopf in den Händen, dann sah er Harlow scharf an. »Ich sagte zu ihm: ›Hör zu, du kommst *jetzt gleich* mit mir mit. Wir fahren auf den Berg.‹« Es war ungefähr sechs Uhr abends. Wir standen am Rand des Kraters und sahen zunächst nur Wolken. Nach ungefähr 15 Minuten verzogen sich die Wolken und gaben den Blick in den glühenden Krater frei.

»Dave machte große Augen und wich zurück. Er sagte: ›Okay, Fernando ... sehr gut ... Ich habe genug gesehen ... Los, machen wir, daß wir hier wegkommen.‹ Er rannte fast den Hang hinunter. Ich rief ihm hinterher: ›Dave, nun sag mir doch, was du denkst.‹ Da sagte er, es sei richtig von mir gewesen, den Brief zu schreiben.«

Zwei Wochen später brach der Galeras aus. Es war nur eine Ascheeruption, doch sie beendete Fernando Muñoz' Schwierigkeiten schlagartig. »Es war kein großer Ausbruch, aber es war ein *echter* Ausbruch«, sagt er. Er erhielt Anrufe von Präsident Barco und seinem Chef. Beide lobten ihn für seine gute Arbeit.

Über den Galeras war in der Fachwelt so gut wie nichts bekannt, und die Katastrophe am Nevado del Ruiz war den Vulkanologen der Welt noch gut in Erinnerung. Doch die Vulkanexperten, die in Pasto eintrafen, um Norman Banks bei seinem Workshop zu helfen, waren sich schnell einig, daß der Galeras kein Nevado del Ruiz war. Im Frühjahr 1989 sprach alles dafür, daß beim Galeras in den nächsten paar tausend Jahren wohl nur mit kleinen Ausbrüchen zu rechnen wäre, bei denen er Dampf ablassen und kaltes Gestein, das seinen Schlot verstopfte, zu Staub zersprengen und herausschleudern würde. Der Galeras müßte schon eine Million solcher Eruptionen haben, um so viel Asche freizusetzen wie der Mount Saint Helens bei seinem letzten Ausbruch.

Der entscheidende Unterschied zwischen dem Galeras und dem Nevado del Ruiz war, daß der Galeras nicht von Eis oder Schnee bedeckt war. Die Katastrophe am Nevado del Ruiz, bei der Armero unter Schlammströmen begraben wurde, war keine direkte Folge eines pyroklastischen Stroms oder eines Lavastroms gewesen. Tatsächlich war der Ausbruch des Nevado del Ruiz ein relativ kleiner, doch die dabei freigesetzte Hitze hatte als Katalysator gewirkt und mehrere Millionen Tonnen Gletschereis schmelzen lassen.

Da auf dem Galeras keine Schlammströme entstehen konnten, richtete sich die Aufmerksamkeit der Vulkanforscher auf pyroklastische Ströme. War es möglich, daß bei einem Ausbruch des Galeras eine Wolke aus glühendheißer Asche und Dampf auf Pasto niederging und seine Einwohner verbrannte? Nachdem die Wissenschaftler historische Aufzeichnungen über den Vulkan und seine geologische Geschichte studiert hatten, gelangten sie zu dem Schluß, daß in den nächsten paar tausend Jahren kein großer pyroklastischer Strom vom Galeras zu erwarten war. Doch selbst in dem unwahrscheinlichen Fall, daß sie sich irrten, würde die pyroklastische Wolke – die schwer genug wäre, um den Weg des geringsten Widerstandes zu nehmen – sich nicht auf die im Osten gelegene Stadt Pasto zubewegen, sondern den Westhang des Galeras hinabströmen, wo seine Caldera sich zum tief eingeschnittenen und größtenteils unbewohnten Tal des Azufrado öffnete.

Fernando Muñoz war erleichtert, als er diese Einschätzung hörte, und er war auch sehr froh, daß die besten Vulkanexperten der Welt nun ein Überwachungssystem auf dem Galeras installierten. Obwohl der Galeras keine so große Bedrohung darzustellen schien, wie zunächst befürchtet, würde er ständig beobachtet werden müssen, da kleinere Ausbrüche die Polizisten auf dem Gipfelgrat gefährden oder die Sendemasten beschädigen könnten. Außerdem bestand die Gefahr, daß Wanderer bei einem Ausbruch getötet wurden, da die Regierung offenbar nicht vorhatte, den Galeras für Touristen sperren zu lassen.

Norm Banks und Dave Harlow richteten in einem kleinen vom Landesinstitut für Geologie und Bergbau angemieteten Haus am Stadtrand von Pasto ein Observatorium mit modernster Ausrüstung ein, das Observatorio Vulcanológico de Pasto. Morgens hielten Banks, Harlow und Pete Hall, der amerikanische Vulkanologe aus Ecuador, Kurse über Seismologie und Vulkandeformationen für Wissenschaftler und Studenten ab. Nachmittags half das Team von Banks Harlows Männern, Überwachungsausrüstung auf dem Galeras zu installieren. Sie arbeiteten ununterbrochen, und den kolumbianischen Wissenschaftlern nötigte die ganze Operation großen Respekt ab.

Die Seismographen waren bereits von der Universität ins neue Observatorium gebracht worden. Dort betrachtete und analysierte rund um die Uhr ein Seismologe die Aufzeichnungen der Telemetrieseismometer, die jedes Knacken und Ächzen des Galeras registrierten und am laufenden Band Daten nach Pasto übermittelten. Wenn auf dem Seismogramm irgendein Signal erschien, nahm der Seismologe im Observatorium sofort Funkkontakt mit einem anderen Mitglied des Teams auf, das auf dem Gipfel des Galeras stand und die Warnung per Funk an die Gruppe weitergab, die in der Caldera arbeitete. Dieses Relaissystem war notwendig, da wegen der Form des Vulkans, die einem Amphitheater glich, kein direkter Funkkontakt zwischen dem Observatorium und den Leuten in der Caldera möglich war.

»Wir hatten sehr strenge Sicherheitsvorschriften, und jeden Abend kamen wir zusammen, um uns abzustimmen und Pläne aufzustellen. Immer stand jemand am Seismographen, und wir trugen stets Schutzhelme«, sagt Dave Harlow. Jedesmal wenn der Gruppe in der Caldera ein Signal vom Galeras gemeldet wurde, kletterte sie eilends heraus. Ihre Arbeit war sehr gefährlich. Um die Ausrüstung zu installieren, mußten sich die Wissenschaftler sehr nahe an den Krater heranwagen, und der Vulkan konnte jederzeit ausbrechen. Zudem waren sie ständig den säurehaltigen Gasen und der Gefahr von Steinschlag ausgesetzt. Sie hielten sich so kurz wie möglich im Vulkan auf.

Die kolumbianischen Wissenschaftler waren beeindruckt von den Sicherheitsmaßnahmen der Amerikaner. Alle trugen Schutzhelme, Gasmasken, Schutzbrillen und Handschuhe, und alle hatten Funkgeräte dabei. Im Gegensatz zu manchen anderen Vulkanforschern meinten sie nicht, bei der Arbeit auf dem Vulkan den verwegenen Macho spielen zu müssen, sondern schienen Respekt vor seiner gewaltigen Kraft zu haben und trafen alle erdenklichen Sicherheitsvorkehrungen. Es gab ein Ersatzwarnsystem für den Fall, daß die Funkgeräte ausfielen, und Notfallpläne, die genau vorschrieben, was bei einem Ausbruch zu tun war. Außerdem hatte das USGS-Team Koffer voller medizinischer Ausrüstung dabei, falls jemand verletzt wurde. Jeden Morgen, bevor irgendwer zum Vulkan aufbrach, hielt Norm Banks eine Lagebesprechung ab, auf der die Erkenntnisse des Vortags und Befürchtungen über das künftige Verhalten des Vulkans diskutiert wurden.

Fernando Muñoz wußte, daß die Experten aus den USA guten Grund hatten, extrem vorsichtig zu sein: Erst vor zwei Wochen war der Vulkan ausgebrochen. Es war zwar nur ein kleiner Ausbruch gewesen, doch er hätte jeden in der Nähe des Kraters in Stücke von der Größe vulkanischer Aschepartikel zerfetzt. Die Wissenschaftler rechneten auch mit der Möglichkeit eines pyroklastischen Stroms, der ein absolutes Todesurteil bedeutete. Die Opfer eines pyroklastischen Stroms starben nicht durch die Hitze, sondern an der glühendheißen Asche, die sie einatmeten. Beim ersten Atemzug reagiert die Lunge sofort mit einer Pneumonie und füllt sich mit Flüssigkeit. Beim zweiten entsteht durch die Vermischung dieser Flüssigkeit mit Asche nasser Zement. Und beim dritten Atemzug füllen sich die Lungen und die Luftröhre mit dem dicken heißen Zement, so daß die Opfer ersticken. Es gab Bilder von einer Autopsie, bei der ein Chirurg die Luftröhre eines Opfers mit einem Meißel öffnete. Seit Norm Banks gesehen hatte, wie sein Kollege David Johnston am Mount Saint Helens starb, hatte er immer drei kleine Preßluftflaschen, wie Sporttaucher sie benutzen, im Gepäck. Im Ernstfall wollte er sich, wenn möglich, eingraben und warten, bis der pyroklastische Strom vorbei war. Einige seiner Kollegen hielten ihn für übervorsichtig, doch er wollte kein Risiko eingehen.

Nach der ersten Woche des Workshops waren Banks, Harlow, Pete Hall und die übrigen Wissenschaftler völlig erschöpft. Neben ihrer riskanten Arbeit am wieder erwachten Galeras mußten sie sich mit all den komplizierten wissenschaftlichen Fragen und politischen Problemen auseinandersetzen, die ein aktiver Vulkan aufwarf. Offiziell unterstützten der Bürgermeister von Pasto und der Gouverneur von Nariño die Wissenschaftler, doch wenn diese Versammlungen abhielten, auf denen es um Sicherheitsmaßnahmen für Pasto ging, ließ keiner der beiden Politiker sich blicken. Da sie ihre Wähler nicht beunruhigen wollten, bagatellisierten sie die Empfehlungen der Wissenschaftler, Vorbereitungen für den Ernstfall zu treffen.

Es war sehr anstrengend, Tag für Tag in 4270 Metern Höhe zu arbeiten, und die Vulkanologen aus den USA kamen kaum zum Schlafen. Dave Harlow hielt das ganze Projekt allmählich für eine schlechte Idee. »Es war ein ziemlicher Alptraum. Wir waren wirklich alle willens, diese Arbeit zu machen, aber Norm wurde ein bißchen gereizt, und wenn wir darauf anspielten und herumfrotzelten, nahm er es sehr persönlich.«

Nach dem Ende des Workshops ihm Mai 1989 verschärften sich die Konflikte zwischen Norm Banks und seinen Kollegen. Banks war es immer schwergefallen, sich innerhalb des USGS zu behaupten. Und so wurde er am Ende gezwungen, sich aus dem Programm zurückzuziehen, für dessen Einrichtung er sich jahrelang eingesetzt hatte.

Während der Zeit, in der der Galeras die ausländischen und kolumbianischen Wissenschaftler voll in Anspruch nahm, wurde das Leben der Menschen von Nariño, die jahrtausendelang im Schatten ihres Vulkans ein friedliches Dasein geführt hatten, völlig auf den Kopf gestellt. Ohne die Einheimischen über die Lage aufzuklären, begannen Wissenschaftler und Politiker im März 1989, über die regionalen Radio- und Fernsehsender Vulkanwarnungen zu verbreiten – nach einem Katastrophenwarnschema, das jeder Alarmstufe eine bestimmte Farbe zuordnete. Zunächst schlugen die Wissenschaftler um Fernando Muñoz den Behörden vor, die Alarmstufe weiß auszurufen. Doch die Alarmstufe weiß bedeutete überhaupt nichts; sie erschien den unsicheren Wissenschaftlern nur unverfänglicher als die Alarmstufe gelb, die sie nicht vorzuschlagen wagten. Doch am gleichen Tag ließ ein Notfallkomitee aus Politikern und leitenden Zivilschutzbeamten des Departamento Nariño über den Radiosender von Pasto trotzdem die Alarmstufe gelb ausrufen. Gelb bedeutete, daß der Vulkan Anzeichen von Aktivität zeigte, das aber erklärte das Notfallkomitee den Medien nicht, so daß diese nur kommentarlos die Alarmstufe gelb verkündeten. Am darauffolgenden Tag rief die Regierung in Bogotá, die ein zweites Armero befürchtete, ohne vorherige Absprache mit den Behörden in Pasto die Alarmstufe orange aus und beschloß, Evakuierungen anzuordnen. Orange hieß, daß eine Katastrophe bevorstand, doch die Pastusos hatten immer noch keine Ahnung, was die verschiedenen Farben bedeuteten, und niemand sagte ihnen, was sie tun sollten.

Die überregionalen Medien schlachteten die Katastrophenwarnung der Regierung genüßlich aus und berichteten, der Galeras sei im Begriff, die gesamte Bevölkerung von Nariño zu verbrennen. Die Wissenschaftler im Vulkanobservatorium von Pasto machten alles noch schlimmer, indem sie eine Notfallkarte mit konzentrischen Kreisen – ähnlich einer Zielscheibe – um den Galeras erstellten, auf der die ganze Westhälfte von Pasto in einer stark gefährdeten Zone lag.

Daraufhin gewährten die kolumbianischen Banken den Pastusos keine Darlehen mehr. So konnten die Bauern, die sich zwischen den Ernten mit kurzfristigen Krediten über Wasser hielten, kein Saatgut, keinen Dünger, keine Futtermittel und keine landwirtschaftlichen Geräte mehr kaufen. Es wurde auch nicht mehr gebaut – warum sollten Geldgeber Gebäude in einer Stadt finanzieren, die bald von der Landkarte gelöscht werden würde? Der Tourismus, der für die ruhige, ländliche

Region immer eine gute zusätzliche Einnahmequelle war, versiegte völlig. Lieferanten aus anderen Departamentos weigerten sich, ihre Lastwagen nach Nariño zu schicken, so daß die Regale in den Läden bald leer waren. Pastusos brachten ihre Kinder, wenn möglich, bei Verwandten in anderen Regionen unter. Verängstigte Familien, die in der Nähe des Vulkans wohnten, packten ihre Sachen und verließen ihre Häuser, die nun keiner mehr kaufen wollte, so daß die Immobilienpreise rapide sanken. Der Vulkan, der immer ihr Freund gewesen war, hatte sich über Nacht gegen sie gewandt.

Omar Darío Cardona, ein intelligenter junger Ingenieur aus Manizales, den die Regierung 1987 beauftragt hatte, ihr bei der Bewältigung der nicht enden wollenden Naturkatastrophen im Land zu helfen, hoffte, etwas gegen die Wirtschaftskrise tun zu können, die sich inzwischen zu einer Katastrophe auswuchs. In seinen zwei Jahren als Vizechef des Nationalen Systems für Risikobegrenzung und Katastrophenschutz, das nach der Katastrophe von Armero, die sein Leben veränderte, auf seine Initiative hin und mit seiner Hilfe eingerichtet worden war, hatten Überschwemmungen, Erdbeben und Seuchen Kolumbien heimgesucht. Nun erwachte ein anderer kolumbianischer Vulkan, und Cardona war fest entschlossen, eine Katastrophe zu verhindern.

Omar Darío war in einem komfortablen Haus im nördlichen Stadtteil von Manizales aufgewachsen. Von seinem Schlafzimmerfenster aus konnte er den majestätischen schneebedeckten Nevado del Ruiz sehen. Er wußte, daß der große Berg ein Vulkan war, doch weder seine Eltern noch sonst irgendwer in Manizales hatten ihn je als gefährlich beschrieben.

Als Teenager erwachte Omar Darío eines Tages ganz verstört aus einem schrecklichen Alptraum, in dem der große Vulkan ausgebrochen und eine gewaltige Flut auf Manizales herabgeschossen war. Es war der einzige Traum, an den er sich je erinnern konnte, und er war so lebendig, daß er ihn fast für die Wirklichkeit hielt. Doch hatten ihm alle immer erzählt, daß ein ausbrechender Vulkan nur geschmolzenes Gestein und Asche ausstieß, keine Wasserfluten. Seit diesem Traum, den er nie vergessen konnte, verfolgte ihn der Vulkan.

Im Sommer 1985 erhielt Cardona die Möglichkeit, nach Europa zu gehen, um dort sein Diplom in Ingenieurseismologie zu machen. Am 15. November kam er auf einem Spaziergang durch Barcelona an einem Zeitungskiosk vorbei und sah auf dem Titelblatt einer spanischen Zeitung ein Schwarzweißfoto von der begrabenen Stadt Armero und den vielen tausend schlammverkrusteten Opfern der Katastrophe. Der Nevado del Ruiz war ausgebrochen, und das Ergebnis war eine gewaltige Flut gewesen – wie in seinem Traum! Er konnte kaum glauben, daß es wirklich geschehen war.

Nach seiner Rückkehr nach Manizales im Dezember 1985 ging ihm die Tragödie von Armero immer noch so nach, daß er unter großem Zeitaufwand recherchierte, wie es dazu gekommen war. »Ich ging mit der Regierung hart ins Gericht und gab ihr die Schuld an der Katastrophe«, erinnert sich Cardona. Der junge Ingenieur wurde ein erbitterter Gegner der Regierung, er führte einen regelrechten Kreuzzug gegen ihren Umgang mit der Vulkankrise und kritisierte sie laut und heftig.

»Das ist nicht die Schuld eines Vulkans, sondern einer inkompetenten Regierung«, wetterte er, wild mit den Armen fuchtelnd, auf öffentlichen Versammlungen und Seminaren an Universitäten. »Die Regierung hat völlig versagt«, erklärte er immer wieder und fuhr nach einer Kunstpause fort: »Und die Wissenschaftler haben völlig versagt. Alle ließen die Menschen und *ihre Kultur* völlig außer acht.«

Nachdem Cardona der Regierung von Präsident Betancur monatelang mit Schimpfkanonaden und vernichtenden Anschuldigungen zugesetzt hatte, die oft in der Zeitung abgedruckt wurden, lud ihn der neu gewählte Präsident Virgilio Barco zu einem Gespräch ein. »Nun, Herr Cardona«, sagte der Präsident, »da sie das Vulkankrisenmanagement der Regierung anscheinend so schlecht finden, warum sagen Sie uns nicht, was wir tun sollten?«

Es wurde eine Einladung zu einem stundenlangen Monolog Cardonas. Der Präsident, der eine weitere Katastrophe wie die am Nevado del Ruiz fürchtete, war entsprechend beeindruckt. So wurde 1987 mit Hilfe des jungen Ingenieurs das Nationale System für Risikobegrenzung und Katastrophenschutz eingerichtet.

Als Cardona 1989 nach Pasto geschickt wurde, um bei der Bewältigung einer erneuten Vulkankrise zu helfen, hatte er bereits viele Katastrophen miterlebt. In den Hochtälern war es zu Überschwemmungen gekommen. An der Pazifikküste hatten Wirbelstürme, die mit sintflutartigen Regenfällen einhergingen, einen Schaden von vielen Millionen Dollar angerichtet. In den Anden hatten gewaltige Erdrutsche ganze Dörfer begraben. Cardona mußte sogar eine Cholera-Epidemie in den Tropen eindämmen. Jede neue Katastrophe war eine intensive Lernerfahrung, und bei jeder hatte Cardona den Eindruck, daß die Regierung, die Wissenschaftler und die Medien aneinander vorbei arbeiteten und dadurch ein Chaos verursachten, dem die Bevölkerung hilflos ausgeliefert war.

In Pasto war das nicht anders. Zunächst hatte der Bürgermeister der Stadt die Wissenschaftler tatkräftig unterstützt, doch seine Kooperationsbereitschaft ließ schnell nach, als seine Wähler sich lautstark über die angebliche Panikmache der Wissenschaftler beschwerten. Sie hatten ihr ganzes Leben mit dem Galeras verbracht und glaubten, der Vulkan stelle keine Bedrohung dar.

So war Cardona vor allem damit beschäftigt, Schadensbegrenzung zu betreiben und dafür zu sorgen, daß die Verbindung zwischen den Wissenschaftlern, den Lokalpolitikern, den Medien und der Landesregierung nicht völlig abriß. »Ich machte zahlreiche Besuche in den Ortschaften um den Galeras. Die Bürgermeister waren auch meine Freunde. Sie benutzten die Krise, um finanzielle Unterstützung zu erbitten, um bessere öffentliche Verkehrsmittel und eine Straße zu bekommen, doch sie glaubten nie an eine Gefahr. In 450 Jahren hatte der Vulkan kein einziges Opfer gefordert.«

Im Mai 1989 flog Cardona gerade noch rechtzeitig nach Bogotá, um das nationale Notfallkomitee davon abzuhalten, Pasto und die Gebiete um den Vulkan evakuieren zu lassen. Er erklärte den besorgten Politikern, daß ein heftiger Vulkanausbruch, der Pasto gefährdete, statistisch gesehen sehr unwahrscheinlich sei. Das Komitee ließ sich überreden, den Evakuierungsbefehl auszusetzen.

Das war knapp. Cardona konnte sich das Chaos ausmalen, das eine Massenevakuierung auslösen würde. Pasto lag in einer Talsenke, auf allen Seiten von Bergen umgeben, und es führte nur eine schmale Straße aus der Stadt. Es gab keine Notunterkünfte für Menschen, die nicht außerhalb der Gefahrenzone bei Verwandten unterkommen konnten. Die Pastusos waren nicht wohlhabend. Viele besaßen kein eigenes Auto. Für die Bauern wäre es bereits eine Katastrophe, wenn sie ihre Felder im Stich lassen müßten.

Cardona war wie erschlagen, als er die Versammlung des Komitees verließ. Seit einem Monat erst kümmerte er sich um die Krise am Galeras und war bereits erschöpft. Wirbelstürme, Überschwemmungen und Erdbeben richteten oft schlimme Zerstörungen an, doch sie hatten einen Anfang und ein Ende. Eine Vulkankrise verlief völlig anders, und Cardona konnte kein Ende absehen.

Im Juli 1990 versprach der neue Gouverneur von Nariño, Pasto vor dem wirtschaftlichen Ruin zu bewahren, auf den die Stadt seit fast einem Jahr zusteuerte, und erließ ein Verbot, Informationen über die Aktivitäten des Galeras an die überregionalen Medien weiterzugeben. Das Vulkanobservatorium gab keine Pressemitteilungen mehr heraus. Die Nachrichtenkorrespondenten reagierten auf die Informationssperre mit wilden Spekulationen über die Gründe des offiziellen Schweigens und schürten bei den Pastusos den Verdacht, daß die Regierung etwas zu verbergen habe. Die Einheimischen vermuteten schon lange, daß hinter dem wissenschaftlichen Angriff auf ihren Vulkan etwas anderes steckte. Sie glaubten nicht so recht, daß die Wissenschaftler tatsächlich zum *Arbeiten* gekommen waren, und so kursierte nach deren Ankunft in Pasto bald das Gerücht, daß der Vulkan Gold enthielt und die Regierung der Bevölkerung diese Entdeckung verheimlichen wollte.

Die schichtweise im Observatorium arbeitenden Wissenschaftler hatten alle Jobs in Manizales, Bogotá oder Popayán, sie hatten die besten Absichten, aber keinerlei Erfahrung im Umgang mit den Medien. Sie wußten nicht, wie oder was sie den hartnäckigen Journalisten auf die leidige Frage antworten sollten: *Wann wird der Galeras ausbrechen?*

Die Vulkanologen vom Observatorium (das inzwischen von einem zunehmend frustrierten Wissenschaftler aus Bogotá namens Jaime Romero geleitet wurde) händigten den Medien einen hochwissenschaftlichen Zustandsbericht aus. Da die örtlichen Journalisten den Fachjargon nicht verstanden, veröffentlichten sie ihn kurzerhand in der Lokalzeitung. Niemand in Pasto wußte auch nur im geringsten etwas damit anzufangen. Dadurch vertiefte sich die Kluft zwischen den Wissenschaftlern und den Pastusos weiter. Romero und seine Mitarbeiter spürten die wachsende Feindseligkeit der Einheimischen: »Wir Wissenschaftler wurden von der Bevölkerung Nariños nicht akzeptiert. Wenn sie uns sahen, rümpften sie die Nase. Sie fragten ständig: ›Warum kommen diese Leute hierher, um sich den Vulkan anzuschauen?‹ Sie sahen uns an, als wären wir Sonderlinge.« Trotzdem machten sich auch die Einheimischen allmählich Sorgen. Jeden Tag erhielt Romero Anrufe von Pastusos: *»Bitte rufen Sie uns an, bevor der Vulkan ausbricht, damit wir weggehen können.«*

Der befürchtete fatale Ausbruch des Galeras ließ indes auf sich warten. Die zuständigen Beamten und die Wissenschaftler waren verunsichert und bekamen allmählich Zweifel, ob der Vulkan je irgendwem gefährlich werden konnte. Die kleinen Ausbrüche in jüngster Zeit, bei denen Asche herausgeschleudert und Gas freigesetzt wurde, glichen genau den Eruptionen, die in historischen Aufzeichnungen und in mündlich überlieferten Geschichten beschrieben wurden.

Die Handelskammer und die Stadtväter von Pasto suchten einen Sündenbock für die wirtschaftliche Misere, in die die Stadt geraten war, und machten Jaime Romero, Marta Calvache, Fernando Muñoz und die anderen jungen Wissenschaftler im Observatorium für das herrschende Chaos verantwortlich. Sie warfen ihnen vor, sie hätten die Bevölkerung schlecht informiert und mit völlig ungeeignetem Anschauungsmaterial – wie Dias von einem mit ungeheurer Kraft explodierenden Mount Saint Helens – in Angst und Schrecken versetzt. »Wir taten uns schwer mit der Öffentlichkeitsarbeit, und ich fühlte mich verantwortlich«, sagt Muñoz. »Ich hatte keine Erfahrung auf diesem Gebiet. Heute glaube ich, daß wir dabei zuviel Gewicht auf unsere wissenschaftliche Arbeit legten.« Der Gouverneur von Nariño machte alles noch schlimmer, indem er sich offen über die Wissenschaftler lustig machte. »Marta sollte ein öffentliches Gespräch mit dem Gouverneur führen; sie trug ein T-Shirt mit dem Bild eines Vulkans vorne drauf, und der Gouverneur sagte: ›Da sehen Sie, sie ist verrückt. Sie trägt sogar ein T-Shirt mit einem Vulkan‹«, sagt Muñoz. Die Einheimischen übernahmen die geringschätzige Haltung des Politikers und warfen den Wissenschaftlern wütend vor, es sei nur ein Hirngespinst von ihnen, daß der Vulkan eine Gefahr darstelle.

Ende 1991 wurden im Departamento Nariño ein neuer Gouverneur und in der Stadt Pasto ein neuer Bürgermeister gewählt. Beide Politiker führten einen aggressiven Wahlkampf gegen die Amtsinhaber, in dem sie deren schlechtes Management der Vulkankrise und die nachfolgende Wirtschaftskrise zu ihrem Hauptthema machten.

Inzwischen, im November 1991, begann der Galeras wieder zu grollen, nachdem er fast ein Jahr lang relativ ruhig geblieben war. Zähflüssiges Magma stieg im Schlot des Vulkans auf und bildete im Krater einen Dom. Dieses Phänomen war auf dem Galeras in jüngerer Zeit nie beobachtet worden. Daher rief der scheidende Gouverneur vor der Amtsübergabe Wissenschaftler aus den USA und Kolumbien zusammen, die den Vulkan untersuchen und ihm ihre Erkenntnisse mitteilen sollten.

Marta Calvache, die als nächste die Leitung des Observatoriums übernehmen sollte, war bereits in Pasto eingetroffen. Sie war in den vergangenen drei Jahren zwischen Kolumbien und den USA hin- und hergependelt, da sie an der Louisiana State University ihre Diplomarbeit schrieb – bei Stanley Williams, den sie nach dem Ausbruch des Nevado del Ruiz kennengelernt hatte. Sie hatte das Leben in Baton Rouge genossen und liebte die Küche von Louisiana, hatte sich aber die ganze Zeit nach dem kühlen Klima ihrer heimatlichen Anden gesehnt. »Ursprünglich wollte ich für meine Arbeit den Nevado del Ruiz erforschen, doch als dann der Galeras zu erwachen begann, überlegte ich es mir anders«, sagt Calvache. Nun, da sie wieder in Pasto war, sammelte sie wie eine Detektivin Hinweise in den Gesteinsschichten des Galeras, um noch mehr über die geologische Geschichte des viele Millionen Jahre alten Vulkans herauszufinden.

Im Gegensatz zu vielen ihrer Kollegen aus der Großstadt, *wollte* Calvache in Pasto arbeiten. Die zierliche Wissenschaftlerin mit dem herzförmigen Gesicht und den großen blauen Augen stammte aus Consacá, einem kleinen Bauerndorf im Westen des Galeras. Als sie gerade zwei Jahre alt war, starb ihr Vater, so daß ihre Mutter allein für sie und ihre drei älteren Geschwister sorgen mußte. Die Arbeit auf dem Bauernhof war für die junge Witwe sehr hart, doch das ländliche Nariño war Anfang der sechziger Jahre eine friedliche Gegend, um Kinder großzuziehen.

Alles, was Marta als junges Mädchen über den hohen Berg im Osten wußte, stammte aus einer Legende, die man sich in der Region erzählte: *Von Zeit zu Zeit erwacht der Galeras und stößt weiße Wolken und wunderschöne Feuerfontänen aus, dann schläft er wieder ein.* Von dem kleinen Holzhaus aus, in dem sie wohnte, sah der Vulkan wie eine riesige Rutschbahn aus, da seine Caldera auf dieser Seite eingebrochen war und trichterförmig in das steile Azufrado-Tal überging. Während Marta im Schatten des Galeras aufwuchs, hatte er nicht einmal einen Schluckauf, auch wenn die Dörfer in seiner Umgebung des öfteren von Erdbeben erschüttert wurden.

Es war eine naheliegende Entscheidung, Calvache die Leitung des Observatoriums in Pasto zu übertragen. Sie war liebenswürdig und intelligent, und sie sorgte dafür, daß die ausländischen Wissenschaftler, die vorübergehend in Kolumbien arbeiteten, von der Belegschaft des Observatoriums jede Unterstützung erhielten, die sie benötigten. Die zierliche junge Frau war zäher und robuster als die meisten ihrer männlichen Kollegen. Seit ihrer Zeit am Nevado del Ruiz erklomm sie hohe Berge, als wären es kleine Hügel. Ausländische Wissenschaftler hatten oft Mühe, im Gelände mit ihr Schritt zu halten.

Es war jedesmal eine Art Kulturschock für Calvache, wenn sie aus den USA nach Kolumbien zurückkehrte. Das Observatorium in Pasto konnte sich nur einen Telefonanschluß leisten, an dem auch noch das Faxgerät hing, und die Einheimischen stahlen Seismometer, um sie auszuschlachten. Erschwerend kam hinzu, daß der Gouverneur von Nariño die Wissenschaftler nicht ernst nahm. Unter solchen Bedingungen zu arbeiten war nicht leicht. Sie wußte, was für ein Alptraum das Observatorium für Jaime Romero war. Doch Calvache zog es nach Pasto und zum Galeras, und sie war nicht der Mensch, der vor einer Herausforderung zurückschreckte.

Unter den Wissenschaftlern, die sich in Pasto trafen, war auch der gebürtige Schweizer Bernard Chouet. Der Seismologe vom USGS war sechs Monate nach der Katastrophe von Armero nach Manizales gekommen, um die verwirrend vielen Theorien über das zukünftige Verhalten des Nevado del Ruiz auf einen Nenner zu bringen.

Damals arbeitete Chouet mit Fernando Gil an einer neuen, von ihm aufgestellten Theorie – er hatte entdeckt, wie sich ein bevorstehender Vulkanausbruch ankündigte. Chouet und Gil analysierten die Seismogramme, die vor dem Ausbruch vom 13. November 1985 gesammelt worden waren. Das Kohlepapier war mit kleinen Signalen übersät, die die Form von langen Metallschrauben hatten. Das waren genau die Muster, die Gil und Fernando Muñoz auf Fehlfunktionen der Seismometer zurückgeführt hatten.

Chouet tippte mit dem Finger auf eines der Muster. »Diese Signale werden langperiodische Ereignisse genannt«, erklärte er.

Seit Jahren hatten Seismologen in seismographischen Aufzeichnungen von aktiven Vulkanen diese seltsamen schraubenförmigen Signale gesehen. Sie waren vor dem Ausbruch des Mount Saint Helens von 1980 erschienen, und Seismometer hatten sie auf dem japanischen Vulkan Asama und dem mexikanischen Vulkan El Chichón, unmittelbar bevor diese Vulkane 1983 beziehungsweise 1982 ausbrachen, in großer Zahl registriert. Doch die Seismologen, die die Daten analysierten, suchten nach den kurzen starken Signalen, die Erdbeben erzeugen – Anzeichen, daß Magma an die Oberfläche stieg. Sie hatten keine Ahnung, was die langen dünnen Spiralen bedeuteten.

Zu dieser Zeit schienen die Seismologen hauptsächlich damit beschäftigt, die verschiedenartigen Formen der langen Signale zu erfassen und zu benennen. Für Bernard Chouet war das eine lächerliche Art, ein wissenschaftliches Problem anzugehen: Anstatt diese Phänomene zu erforschen, die offensichtlich das Ergebnis physikalischer Vorgänge in einem aktiven Vulkan waren, beschränkte man sich auf einen Ansatz, der Chouet an das »Katalogisieren von Blumen oder Schmetterlingen« erinnerte.

Chouet glaubte zu wissen, was diese Signale bedeuteten. Im Innern des Vulkans verwandelte sich Wasser, das sich in Brüchen und Hohlräumen im Gestein gesammelt hatte, in Dampf. Und dieser Dampf, der unter großem Druck stand und nicht entweichen konnte, begann in den Hohlräumen heftig zu schwingen und hochfrequente Töne zu erzeugen – wie ein siedender Teekessel, der in einer nicht wahrnehmbaren Tonhöhe pfeift. Die Vibrationen waren stark genug, um das umliegende Gestein zu erschüttern, und diese Resonanzen registrierten die Seismometer. Chouet hatte entdeckt und durch eine Reihe komplizierter Gleichungen bewiesen, daß ein Vulkan, der an der Oberfläche so aussah, als würde er friedlich schlafen, in Wirklichkeit unter einem gewaltigen – und gefährlichen – Druck stehen konnte. Diese Theorie stand im Gegensatz zur damals herrschenden Lehrmeinung, nach der ein Vulkan, der äußerlich ruhig aussah und unter dessen Kegel die Seismometer keine Beben registrierten, wieder einschlief.

Fernando Gil war fasziniert, als er zum ersten Mal von Chouets Theorie hörte. Soweit er wußte, hatte bisher noch niemand eine Erklärung für die langen dünnen Signale geliefert. Sie wurden bisher stets für Hintergrundvibrationen gehalten oder auf Probleme mit den Meßgeräten zurückgeführt – dabei hatte der Nevado del Ruiz sie die ganze Zeit vor einer Katastrophe gewarnt.

In den Jahren nach dem Ausbruch des Nevado del Ruiz arbeitete Bernard Chouet seine Theorie weiter aus. Im USGS wurden die Wissenschaftler inoffiziell in zwei Kategorien eingeteilt: die »Kegelköpfe« und die »Stumpfköpfe«. Die Kegelköpfe waren die analytischen Typen, die Denker, die sich in dunklen Büros vor grün leuchtenden Computerbildschirmen am wohlsten fühlten. Sie veröffentlichten wissenschaftliche Abhandlungen, erhielten Beförderungen und genossen in der Fachwelt großes Ansehen. Die Stumpfköpfe waren schmuddelige Gesellen, die ihren Chefs oft Ärger machten und sich am wohlsten fühlten, wenn sie auf der Suche nach Mineralien und Öl in den Bergen herumklettern konnten.

Unter den Wissenschaftlern des USGS galt Bernard Chouet als ein Kegelkopf höchsten Ranges. 1989 hatte er bereits fünf Jahre im Hauptquartier des USGS im kalifornischen Menlo Park gearbeitet und sich die meiste Zeit in seinen Elfenbeinturm zurückgezogen, da er sich mit seinen endlosen Gleichungen wohler fühlte als in der lärmenden Gesellschaft der Stumpfköpfe. »Ich stand hinter Bob Page am Kopierer und wartete darauf, an die Reihe zu kommen. Da sagte er zu mir, er müsse mir etwas zeigen.«

Page und zwei andere Seismologen kamen mit einem Stapel seismographischer Aufzeichnungen in Chouets Büro.

Während Chouet mehrere Minuten lang die Seismogramme studierte, erzählte ihm Page, daß die Daten von einem Vulkan in Alaska namens Redoubt stammten. Die Ausdrucke seien voller seltsamer Signale, die niemand zu deuten wisse.

»Ich fragte ihn, wie der Vulkan an der Oberfläche aussah, und er antwortete, daß er ruhig wirkte«, sagt Chouet. Er sah die Seismogramme noch einmal genau durch. »Dann sagte ich: ›Ich glaube, euer Vulkan steht kurz vor dem Ausbruch.‹« Seine Kollegen unterdrückten ein Lachen.

Am nächsten Tag steckte Chouet den Kopf ins seismische Labor. »Ich fragte: ›Na, was macht euer Vulkan? Ist er schon ausgebrochen?‹ Sie antworteten, daß sie heute noch keine Informationen abgerufen hätten, doch wenn ich so beunruhigt sei, könne ich ja dort anrufen und nachfragen.«

Sie gaben Chouet die Telefonnummer des Vulkanobservatoriums in Alaska, und er ging in sein Büro zurück. »Ich rief dort an und sagte: ›Hallo, hier ist Bernard Chouet. Ich rufe aus Menlo Park an.‹ Die Person am anderen Ende unterbrach mich und sagte: ›Hören Sie, ich kann jetzt nicht sprechen. Der Vulkan bricht gerade aus.‹«

Chouet legte auf. Er hatte die langperiodischen Ereignisse auf Seismogrammen gesehen, die jeweils vor dem Ausbruch des Ätna, des Nevado del Ruiz und des Mount Saint Helens gesammelt worden waren. Doch er hatte die Aufzeichnungen immer erst hinterher zu Gesicht bekommen. Das war das erste Mal, daß er tatsächlich einen Ausbruch vorhersagen konnte.

Nach diesem ersten Ausbruch des Redoubt bahnte sich neues Magma seinen Weg in den Schlot des Vulkans, und es folgten weitere kleine Eruptionen. Die Wissenschaftler vom Vulkanobservatorium in Alaska gaben Chouet nun täglich seismische Daten durch, die er sorgfältig studierte. Wenn Magma an die Oberfläche stieg, sahen die seismischen Signale anders aus als während langperiodischer Ereignisse. Die Gesteinsbrüche, die das nach oben drängende Magma verursachte, wurden als kurze unregelmäßige Zickzackmuster aufgezeichnet. Doch Ende Dezember hatten sich die seismischen Signale vom Redoubt verändert. Inzwischen wurden keine vulkanischen Beben mehr registriert, sondern langperiodische Ereignisse. Der Schlot des Vulkans war verstopft und stand unter einem wachsenden Druck. Chouet war sich fast sicher, daß der Redoubt bald einen heftigen Ausbruch haben würde.

Inzwischen hatte sich auf dem Vulkan ein ausladender Lavadom gebildet. 30,6 Millionen Kubikmeter Gestein hingen bedrohlich über seiner Westflanke. Im Westen des Redoubt lag eine Ölplattform, und der Vulkan war mit Gletschern bedeckt. Wie verheerend die Kombination von Eis und einem Ausbruch sein konnte, hatte sich beim Nevado del Ruiz gezeigt, doch die Ölförderung einzustellen und auf einen Ausbruch zu warten, der vielleicht nie erfolgen würde, hätte Millionen gekostet. Tom Miller, der Leiter des Vulkanobservatoriums in Alaska, beschloß, Chouets Empfehlungen zu befolgen, und als am 2. Januar 1991 die Seismogramme mit langperiodischen Signalen übersät waren, forderte er die Ölgesellschaft auf, die Ölplattform evakuieren zu lassen. Die Förderung wurde eingestellt und die Belegschaft weggebracht.

Zwei Stunden später brach der Vulkan mit einer gewaltigen Explosion aus. Die riesigen Gletscher schmolzen, und es entstand ein mächtiger Schlammstrom, der sich bis zur Ölplattform wälzte. Der Sachschaden war groß, doch es kam zu keiner Ölkatastrophe, und es gab keine Toten – nicht einmal Verletzte. Die Ölgesellschaft war von den Vorhersagen der Wissenschaftler begeistert. »Am nächsten Tag rief Tom Miller mich an und witzelte, diese Burschen meinen, wir können auf dem Wasser laufen«, sagt Chouet.

Danach veröffentlichte Chouet in hochwissenschaftlichen Fachzeitschriften mehrere Abhandlungen über seine Arbeit und präsentierte seine Daten auf wissenschaftlichen Tagungen. Sein Ansatz war immer noch sehr neu, und trotz seines Erfolgs beim Redoubt wußten bisher nur wenige Wissenschaftler auf der Welt, woran er arbeitete.

Als Chouet im November 1991 in Pasto eintraf, um sich mit Fernando Gil, Marta Calvache und einigen anderen Wissenschaftlern zu treffen, war die Seismizität – die Häufigkeit und Stärke der Beben – am Galeras so hoch wie noch nie. Chouet und Gil wanderten zum Krater hinauf und sahen vom Rand aus hinein. Ein Klumpen dicker Lava mit der Konsistenz von nassem Zement war an die Oberfläche gestiegen und bildete im Krater des Galeras einen festen Dom, der den Schlot des Vulkans wie ein Korken verschloß; und quer durch den Lavadom verlief ein langer dünner Spalt. Die Wissenschaftler beobachteten den Galeras den ganzen Morgen lang. Ungefähr jede Stunde baute sich unter dem Dom Druck auf, bis der Spalt sich leicht öffnete und ein Asche- oder Dampfwölkchen herausließ.

Chouet gelangte zu der Einschätzung, daß der Vulkan im Augenblick sicher war. Doch er war davon überzeugt, daß das nicht so bleiben würde. Er legte den Behörden in einem Bericht dar, daß der Spalt sich bald verschlösse. Dann würde der Galeras an der Oberfläche ruhig wirken. Darunter aber würde sich Druck aufbauen, und die seismischen Signale verwandelten sich in langperiodische Ereignisse. Dann käme es ohne Vorwarnung zu einem kleinen Ausbruch, bei dem der Dom zersprengt werden würde. Die Eruption wäre für jeden in der Nähe des Kraters tödlich, würde aber für die Gebiete außerhalb des Gipfelbereichs keine große Bedrohung darstellen. Chouet empfahl, die Sendemasten und das Polizeirevier an einen sichereren Ort zu verlegen und, um auf einen möglichen Notfall vorbereitet zu sein, die Rollbahn des

Flugplatzes von Pasto zu beleuchten. Für die Stadt Pasto bestehe keine unmittelbare Gefahr, sagte er – in Übereinstimmung mit der Meinung der anderen Experten.

Außerdem empfahl Chouet in seinem Bericht die Sperrung des Kraterbereichs für Touristen und einen besseren Schutz für die auf dem Vulkan installierte Überwachungsausrüstung, da einige der Geräte, die teure Batterien enthielten, beschädigt oder gestohlen worden waren. Der Bericht ging an die Regierung des Departamento Nariño, die Landesregierung in Bogotá und das Vulkanobservatorium in Pasto, und Chouet reiste in die USA zurück.

Monate später konnten Touristen immer noch ungehindert bis zum Krater wandern. Jaime Romero, Marta Calvache und die anderen Wissenschaftler am Observatorium überzeugten die Empfehlungen Chouets zwar, doch sie ließen sich nicht in die Tat umsetzen. Wer sollte die Touristen vom Krater fernhalten? Es kostete Geld, Wachen anzuheuern. Und es war auch kein Geld vorhanden, um die Sendemasten zu versetzen und den Flugplatz zu beleuchten. Die Kolumbianer fanden die Vorschläge gut, doch manchmal, so meinten sie, verkannten die Amerikaner einfach die Lage.

Ab Mitte 1992 wirkte der Galeras äußerlich immer ruhiger. Die Beben hatten nachgelassen, und der Spalt im Lavadom hatte sich geschlossen. Anfang Juli tauchten seltsame Signale auf den Seismogrammen auf. Später nannten die kolumbianischen Wissenschaftler diese langperiodischen Ereignisse *tornillos* (spanisch für Schrauben). Innerhalb von fünf Tagen wurden neun *tornillos* registriert.

Dann, am 16. Juli, zersprengte der Galeras den festen Pfropfen, der seinen Schlot verstopfte. Riesige Gesteinsbrocken wurden in den Himmel geschleudert, und eine

Aschewolke stieg fünf Kilometer hoch in die Atmosphäre. Einige der Sendemasten auf dem Gipfel des Galeras wurden zerstört.

Genau dieses Szenario hatte Bernard Chouet acht Monate davor in seinem Bericht prophezeit.

Die Erforschung des Galeras

Pasto, Kolumbien:
6. bis 13. Januar 1993

Es war der 6. Januar 1993, der letzte Tag des Carneval de Negros y Blancos (Karneval der Schwarzen und der Weißen), mit dem gefeiert wird, daß der König von Spanien im Jahr 1607 einen Feiertag für die afrikanischen Sklaven anordnete. Marta Calvache schaute aus dem Fenster ihres Büros im zweiten Stock des hellbraunen, mit Stuck verzierten Gebäudes, in dem sich das Observatorium befand. Auf der Straße unter ihr sah es aus, als hätten sich alle Einwohner von Pasto dort versammelt. Eine bunte fröhliche Menge kostümierter Menschen drehte sich im Kreis; mächtige Tiger und furchterregende Dämonen sangen zu Musik, die aus riesigen Lautsprechern in den Eingängen geschlossener Geschäfte dröhnte.

In nur fünf Tagen würde in Pasto die größte wissenschaftliche Konferenz in der Geschichte Kolumbiens beginnen. Der internationale Galeras-Workshop war die Idee von Calvaches Doktorvater Stanley Williams gewesen, dem sie von der Louisiana State University an die Arizona State University gefolgt war. Drei Tage wissenschaftlicher Diskussionen und Vorträge, ein Tag mit Exkursionen, über 100 Teilnehmer. »Wir mußten alles vorbereiten«, sagt Calvache. »Es war sehr schwierig. Wir arbeiteten drinnen und versuchten, die draußen tanzende Menge zu ignorieren.«

Mit einem dicken Papierstapel im Arm lief sie die schmale Treppe hinunter und durch den Vordereingang des Observatoriums nach draußen. Spritzpistolen und Fäusten ausweichend, die Mehl verstreuten wie Konfetti, eilte sie zu ihrem Auto.

Das Observatorium hatte keinen eigenen Kopierer – es konnte sich keinen leisten. Und nicht nur in Pasto, sondern im ganzen Departamento Nariño waren während des Karnevals alle Geschäfte geschlossen. Calvache kannte einen einheimischen Geschäftsmann, der ein Kopiergerät besaß, das sie in Notfällen benutzen konnte, doch er wohnte am anderen Ende der Stadt, 15 Autominuten vom Observatorium entfernt. Jedesmal, wenn sie Kopien für den Workshop brauchte, mußte sie ihre Arbeit liegenlassen und hinfahren. Sie lotste ihr Auto durch das Gedränge und erreichte schließlich das kleine Haus ihres Bekannten im Osten von Pasto.

Erst vor einer Woche war sie nach Pasto zurückgekehrt, nachdem sie an der Arizona State University die mündlichen Prüfungen für ihr Doktorat in Geologie abgelegt hatte. Sie hätte zu gerne ein paar Tage ausgespannt, mit dem Rest der Stadt gefeiert und versäumten Schlaf nachgeholt. Stattdessen rackerte sie sich in ihrem kleinen vollgestopften Büro ab oder kämpfte mit diesem Kopiergerät. *Kein Wunder, daß die Einheimischen uns für Sonderlinge halten.*

Stunden später, als die Sonne bereits unterging, belud sie ihr Auto mit Kartons voller Kopien und fuhr zum Observatorium zurück. Auf den Straßen tobte immer noch der Karneval. Ausgelassene Pastusos torkelten vor ihrem Wagen herum. Bruno Martinelli war im Observatorium, als sie eintraf. *Gott sei Dank für Bruno*, dachte

Calvache. Martinelli zwinkerte ihr zu, als sie einen Karton voller Papiere in ihr Büro hinauftrug.

Als der Nevado del Ruiz 1985 zu grollen begonnen hatte, war der Schweizer Seismologe Martinelli mit einem Koffer voller Seismometer nach Kolumbien gekommen. Er verliebte sich in das Land und in Marta Calvache. Und die fast zwanzig Jahre jüngere Geologin war völlig hingerissen von dem großen charmanten Schweizer, als sie ihn 1985 im Piso Once kennenlernte. Seither waren die beiden ein Paar. Doch in den acht Jahren, die sie nun schon zusammen waren, hatten sie nur ein paar Monate gleichzeitig im selben Land verbracht. Während Calvache zwischen Kolumbien und den USA hin- und herpendelte, arbeitete Martinelli entweder zu Hause in der Schweiz oder reiste durch die Welt, um bei Vulkankrisen und schweren Erdbeben zu helfen.

Es gab für die beiden nur einen Weg, ständig zusammenzusein: Martinelli gab seine Karriere als einer der führenden Vulkanologen der Schweiz auf und zog nach Kolumbien. Calvache sollte die Leitung des Observatorio Vulcanológico de Pasto übernehmen, und Martinelli hatte ihr versprochen, sie und ihre kolumbianischen Kollegen dort zu unterstützen. Doch als er im Oktober 1992 die Mittel für seine Arbeit im verschlafenen Pasto an der Südgrenze Kolumbiens bewilligt bekam, war Calvache bereits auf dem Weg in die USA, um an der Arizona State University bei Stanley Williams ihre Doktorarbeit zu schreiben. Es war wie verhext, dachte sie. Endlich waren sie beide zur selben Zeit am selben Ort, doch sie hatten trotzdem keine Zeit, zusammenzusein.

In der vorangegangenen Woche hatten Calvache und Martinelli es jedoch geschafft, einen Morgen zusammen zu verbringen, als sie zum Galeras fuhren, um die Exkursionen zu planen, die den Teilnehmern des Galeras-

Workshops nach drei Tagen Vorträgen und Diskussionen im Konferenzsaal eines örtlichen Hotels am Donnerstag, den 14. Januar, angeboten werden sollten. Sie würden mehrere Touren zur Auswahl haben, doch Calvache und Martinelli zweifelten nicht daran, daß viele sich für die Tour in die Caldera des Galeras entscheiden würden, um einen Blick in seinen dampfenden Krater werfen zu können.

Verglichen mit dem schwierigen Aufstieg zum Gipfel des Nevado del Ruiz war die Wanderung zum Krater des Galeras ein Spaziergang. Doch es gab einen sehr steilen Hang, den man nur mit Hilfe eines Seils hinauf- und hinabklettern konnte, und Calvache und Martinelli wollten den Weg so sicher wie möglich machen. Niemand sollte sich auf der Exkursion verletzen.

Auf dem Gipfel des Galeras änderte sich das Wetter von einer Minute zur andern. In der Caldera konnte man sich leicht verirren, wenn die Sicht schlecht wurde. Daher markierten Calvache und Martinelli die Felsen entlang des Weges mit oranger Sprühfarbe. Während sie am Seil entlang wieder zum Gipfelgrat hinaufstiegen, mußten sie um mehrere große Gesteinsbrocken herumklettern, die bedenklich weit aus dem Steilhang herausragten. Martinelli war besorgt: »Es sah gefährlich aus, als könnten die Brocken sich jederzeit aus dem Hang lösen und Steinschläge verursachen.«

Er wanderte zu dem militärischen Außenposten hinüber. »Ich bat sie, den Hang vor der Exkursion in der kommenden Woche zu sprengen. Der Wachtmeister sagte: ›Kommt nicht in Frage! Das können wir nicht machen. Eine Ladung Dynamit würde den Galeras zum Ausbruch bringen.‹ Ich erklärte ihm, daß wir viele Leute zum Krater führen würden und daß die Felsbrocken gefährlich waren.« Doch der Wachtmeister blieb stur.

Martinelli war befremdet. Er war erst drei Monate in Pasto, doch überall spürte er die Abneigung der Einheimischen gegen die Vulkanforscher.

»Ich kam nach Pasto, um die Galeras-Krise bewältigen zu helfen«, sagt Martinelli. »Doch ich habe inzwischen begriffen, daß es hier fundamentalere soziale und politische Probleme gibt, denen Vorrang eingeräumt werden mußte.« Wie sollte man Menschen dazu bringen, sich mit der entfernten Möglichkeit eines ausbrechenden Vulkans auseinanderzusetzen, wenn sie nicht genug zu essen hatten, wenn Jahr für Jahr Tausende der eigenen Landsleute ermordet wurden und wenn fast die gesamte Wirtschaft des Landes vom illegalen Kokainhandel abhing?

Stanley Williams hatte seit der Katastrophe von Armero in Kolumbien alles getan, um die Vulkane des Landes auf die Radarschirme der Vulkanologen der Welt zu bringen. Mit Mitteln der National Science Foundation konnte er auf dem Galeras und dem Nevado del Ruiz teure Gasüberwachungsausrüstung installieren. Obwohl die Zusammenarbeit mit ihm manchmal schwierig war, schätzten ihn die kolumbianischen Wissenschaftler, weil es ihm ein echtes Anliegen zu sein schien, ihnen zu helfen, eine weitere Vulkankatastrophe zu verhindern, und sie in die Welt der modernen Vulkanforschung einzuführen.

Williams erster Auftritt auf der Konferenz mußte verschoben werden, weil er drei Tage in Bogotá festsaß, bevor er nach Pasto weiterreisen konnte. Es gab nur zwei Möglichkeiten, in die kleine Stadt im äußersten Süden Kolumbiens zu gelangen: mit dem Flugzeug oder mit dem Auto. Der Flugverkehr hing vom Wetter ab, denn der kleine Flugplatz von Pasto, der 40 Kilometer nördlich der Stadt auf einem Gebirgskamm der Zentralkordillere lag, war von schroffen Bergen umgeben und oft völlig in Wolken eingehüllt, aber weder mit Radar ausgestattet noch beleuchtet. Der einzige andere Weg war die Hauptverkehrsstraße, die von Bogotá über Cali nach Pasto führte, doch sie galt wegen der vielen Banditen und Guerilleros, die sich auf ihr herumtrieben, als die gefährlichste Straße im ganzen Land – war also wahrlich kein Ort für Gringo-Wissenschaftler.

Calvache schaltete ihren Computer an, und während sie wartete, bis das langsame Gerät anlief, fiel ihr ein, daß sie auch die Exkursionen auf einen anderen Tag verlegen mußte. Am Donnerstag würde die Stromversorgung auf 50 Prozent gedrosselt werden – eine Energiesparmaßnahme wegen der wirtschaftlichen Probleme Pastos. Der Hotelbesitzer hatte sie telefonisch vorgewarnt, da er wußte, daß die Wissenschaftler für den Diaprojektor und eine ausreichende Beleuchtung der Sitzungsräume mehr Strom brauchen würden.

»Könnten Sie Ihr Programm vielleicht ändern und die Exkursion am Donnerstag unternehmen anstatt am Mittwoch?« fragte er.

»Natürlich«, hatte Calvache gesagt. Was machte eine Verschiebung um einen Tag schon aus?

Schwere Erdbeben, Vulkanausbrüche und Wirbelstürme hatten die achtziger Jahre weltweit zu einem besonders katastrophenreichen Jahrzehnt gemacht. Der Wirbelsturm Hugo wütete an der Südküste der USA und in der Karibik. Überschwemmungen verwüsteten große Gebiete Indiens und Chinas. Schwere Erdbeben verwandelten Teile von Armenien, Mexiko City und San Francisco in Trümmerfelder. 1985 forderte die zweitschwerste Vulkankatastrophe des Jahrhunderts in der kolumbianischen Stadt Armero nach offiziellen Angaben mehr als 23 000 Menschenleben. Eine Katastrophe schien auf die andere zu folgen. Mehr als 700 000 Menschen starben, und allein die Aufräumarbeiten kosteten über 160 Milliarden Dollar.

Ende der achtziger Jahre erklärten die Vereinten Nationen die neunziger Jahre zur Internationalen Dekade für Katastrophenvorbeugung und riefen die Wissenschaftler der Welt dazu auf zu erforschen, was getan werden konnte, um zukünftige Verluste so gering wie möglich zu halten.

Da der Galeras seit 1989 immer wieder kleine explosive Ausbrüche hatte, schlug Stanley Williams vor, unter Berufung auf diesen Appell bei der UNO Mittel für die Überwachung des unruhigen Vulkans zu beantragen. Ende 1992 wurde der Galeras zusammen mit 15 anderen Vulkanen auf der ganzen Welt zu einem »Dekadenvulkan« erklärt, der im Rahmen des UNO-Programms zur Katastrophenvorbeugung intensiv erforscht werden sollte.

Während Calvache für ihre mündlichen Prüfungen an der Arizona State University büffelte, hatte Williams die renommiertesten Vulkanologen der Welt zu seinem geplanten Workshop in Pasto eingeladen. Viele sagten zu, weil sie die Aussicht reizte, einen aktiven Vulkan zu besichtigen. Williams war besonders daran interessiert, Wissenschaftler in Pasto zu versammeln, die sich wie er auf die Analyse vulkanischer Gase spezialisiert hatten. Um Fraser Goff, einen Chemiker vom Los Alamos National Laboratory, nach Kolumbien zu locken, hob er hervor, wie leicht es war, auf dem Galeras Gasproben zu sammeln.

»Auf dem Galeras ist das ein Kinderspiel«, versicherte er Goff mehrere Monate vor dem Workshop.

Am Sonntag, dem 10. Januar, strahlte die Sonne von einem klaren Himmel, und der Flugplatz von Pasto war endlich wieder geöffnet. Andy Adams, ein großer gutmütiger Techniker aus dem Los-Alamos-Team, und sein Chef Fraser Goff nahmen sich vor dem Flughafen ein Taxi. Die Straße nach Pasto war schmal und kurvenreich, und ab und zu kam unterwegs der breite Kegel des Galeras in Sicht. Die sanft ansteigenden braunen Hänge des Vulkans waren von saftigem Grün bedeckt, das ihm ein friedliches Aussehen verlieh, und der Regen hatte im Laufe von vielen Millionen Jahren tiefe Furchen in seine Flanken gegraben.

Das 2740 Meter über dem Meeresspiegel gelegene Pasto ist idyllisch in das enge Atriz-Tal eingebettet und von zerklüfteteten grünen Bergen und den mächtigen Ausläufern des 4270 Meter hohen Vulkans umgeben. Es ist ein malerisches Städtchen. Schmucke Kirchen aus der Kolonialzeit und weiße, mit Stuck verzierte Läden säumen die schmalen Straßen, auf deren von Erdbeben gezeichneten Gehsteigen einheimische Kunsthandwerker dekorative Keramik verkaufen. Doch die meisten der 300 000 Einwohner von Pasto leben von der fruchtbaren Erde, die die Berge um sie herum wie ein endloser Teppich bedeckt.

Im Jahre 1539, mehr als ein Jahrhundert nach der Eroberung des Anden-Hochlands durch die Inkas, zog Lorenzo de Aldana von Quito aus nach Norden und machte Pasto zu einer der ersten spanischen Kolonien in Kolumbien. 1993 fielen die meisten Bauten aus der frühen Kolonialzeit einer Serie schwerer Erdbeben zum Opfer. Die Einheimischen waren sich vollauf bewußt, daß die tückischen *terremotos* jederzeit wieder einsetzen konnten. Dann bebte und zuckte die Erde unter ihnen und verwandelte ihre Häuser in Schutthaufen. Doch den mächtigen Vulkan, der sich hoch über ihre Stadt erhob, hatten sie nie gefürchtet. »Der Galeras gehört zu uns«, pflegten sie zu sagen. »Wir sind seine Familie. Er ist unser Freund und Beschützer.«

Das Taxi, in dem Andy Adams und Fraser Goff saßen, hielt vor dem zentral gelegenen Mittelklassehotel Cuellar, in dem der Workshop veranstaltet wurde. Sie luden ihre Ausrüstung aus und stiegen die Stufen zum Foyer hinauf. In der Lobby des Hotels tummelten sich bereits zahlreiche nordamerikanische Wissenschaftler in leuchtenden Gore-Tex-Jacken, teuren Wanderstiefeln und Designer-Rucksäcken. Andere Wissenschaftler trugen dicke Wollpullover, abgenutzte Arbeitsstiefel und Flanellhemden und wieder andere sportliche Bürokleidung.

An dem Workshop nahmen Experten aus vielen verschiedenen Disziplinen teil. Da waren die Seismologen, die dem Knacken und Ächzen eines Vulkans lauschten, um Zeichen einer gefährlichen Unruhe rechtzeitig zu erkennen, die Deformationsexperten, die die anschwellenden Flanken eines Vulkans beobachteten, um zu sehen, ob Magma an die Oberfläche stieg, die Geologen, die Karten von den Überresten vergangener Ausbrüche erstellten, um Vorhersagen machen zu können, und die Chemiker, die Wasser- und Gasproben analysierten, um herauszufinden, ob das Zirkulationssystem des Vulkans sich veränderte. Es waren auch Wissenschaftler vertreten, die Krater auf dem Mond oder die Erde auf Satellitenbildern studierten und die allmählich erkannten, daß

Bis, der *Andinista*, auf dem Gipfel des Nevado del Ruiz, vor dem Ausbruch vom 13. November 1985. *(Foto: Bruno Martinelli)*

Marta Calvache und ein Kollege von der CHEC inspizieren von einem Hubschrauber aus den Schaden, den der Ausbruch des Nevado del Ruiz vom 13. November 1985 anrichtete. *(Foto: Arlene Collins)*

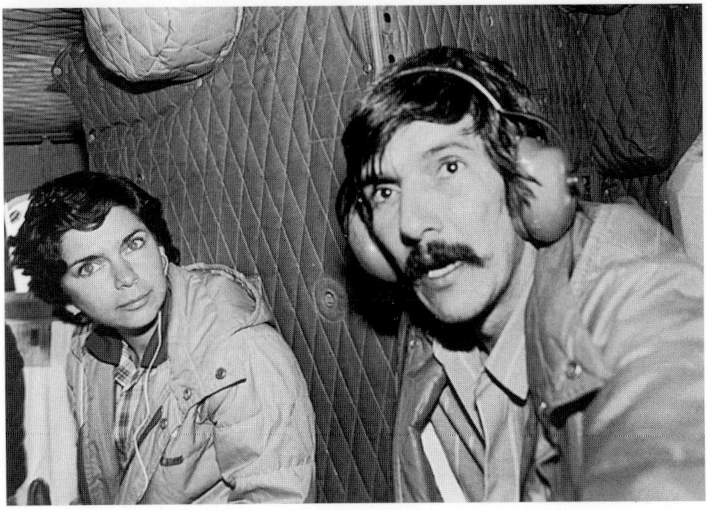

Bernardo Salazar mit der Registriertrommel eines Seismographen. Arbolito, Kolumbien, November 1985. *(Foto: Arlene Collins)*

Pablo Medina (links) mit Kollegen vom Ingeominas und von der CHEC im Piso Once nach dem Ausbruch vom 13. November 1985. *(Foto: Arlene Collins)*

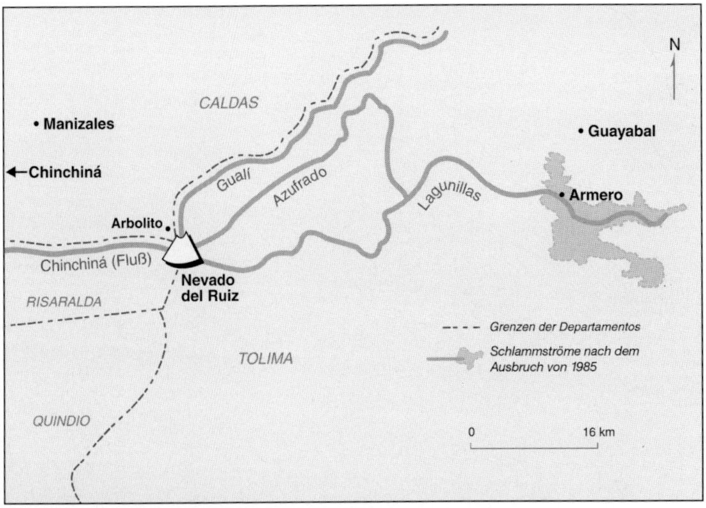

Nevado del Ruiz: Verlauf der Schlammströme, die nach dem Ausbruch des Nevado del Ruiz am 13. November 1985 mehr als 23.000 Menschen töteten. *(Abdruck der Karte mit freundlicher Genehmigung von Sterling Spangler)*

Fernando Gil, November 1985
(Foto: Arlene Collins)

Die Caldera und der Kegel des Vulkans Galeras im Jahre 1994. Das von Südosten aufgenommene Foto zeigt auch die beim Ausbruch vom Juni 1993 zerstörte Polizeistation. *(Foto: Observatorio Vulcanológico de Pasto)*

Politische Karte Kolumbiens *(Abdruck mit freundlicher Genehmigung von Sterling Spangler)*

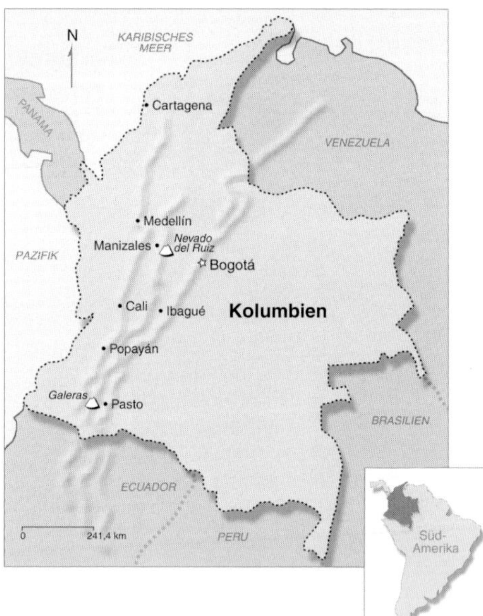

Der Krater des Galeras, von Südwesten aus aufgenommen, und die drei Dampffontänen der *Deformes Fumarolas. (Foto: Observatorio Vulcanológico de Pasto)*

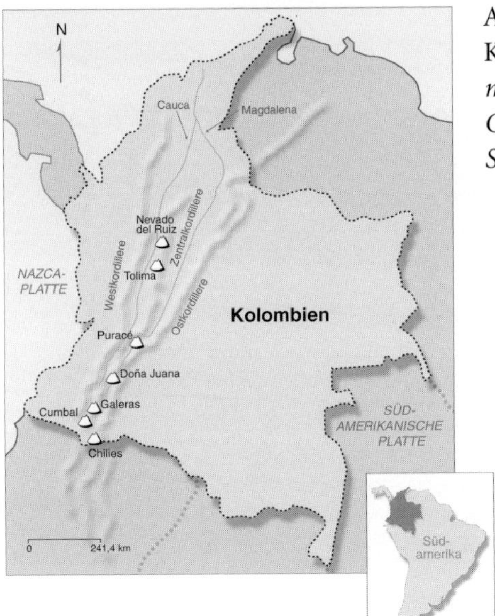

Aktive Vulkane in Kolumbien *(Abdruck mit freundlicher Genehmigung von Sterling Spangler)*

Dezember 1992. José Arles Zapata mißt (mit Schutzhelm) die Temperatur der Fumarolen am Galeras. *(Foto: Bruno Martinelli, Observatorio Vulcanológico de Pasto)*

Das Los-Alamos-Team (mit Schutzhelmen) mit Personal des Hotels Cuellar. Von links: Alfredo Roldán, Fraser Goff, Andy Adams, Gary McMurtry. Links oben: der Kellner Luis Ruales. *(Foto: Alfredo Roldán)*

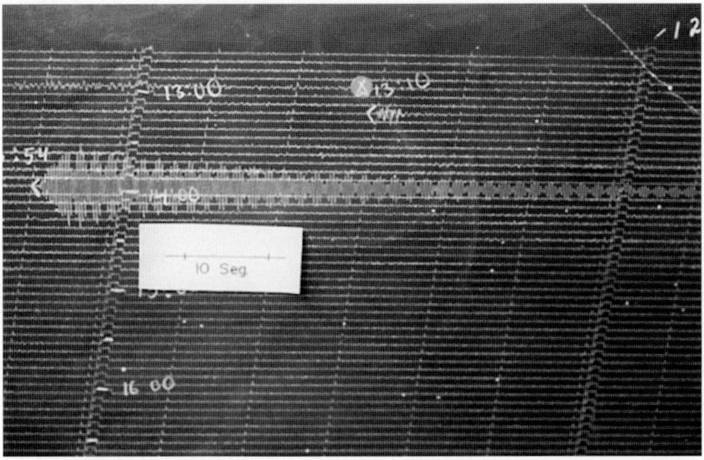

Ein langperiodisches seismisches Signal oder *tornillo,* aufgezeichnet am Galeras. *(Foto: Bruno Martinelli, Observatorio Vulcanológico de Pasto)*

Ungefähr zwei Stunden vor dem Ausbruch des Galeras. Oben, von links: Alfredo Roldán, Stanley Williams, Nestor García, José Arles Zapata. Unten, von links: Fabio Gracía, Igor Menyailov. *(Foto: Fabio García)*

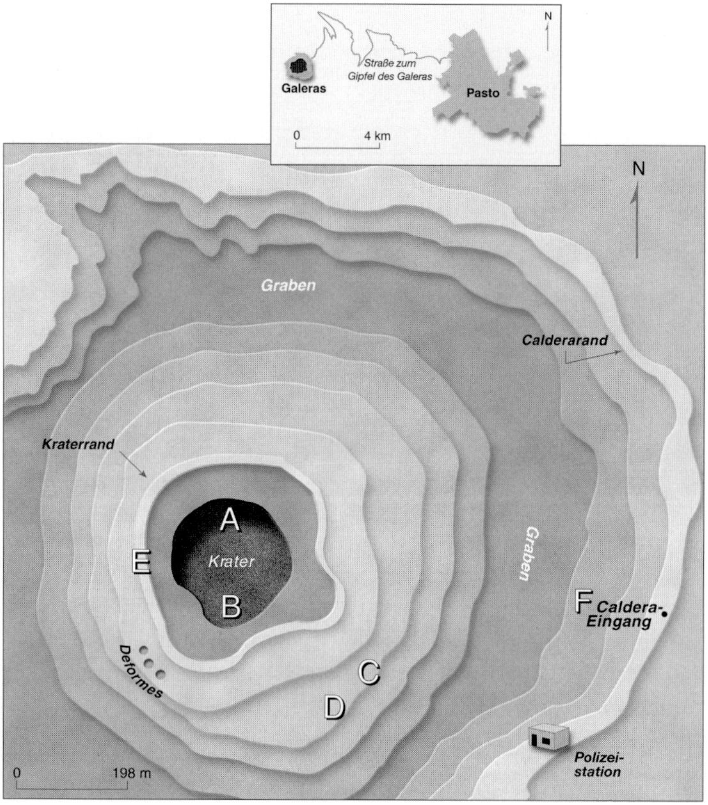

A: Nestor Carcía
B: Igor Menyailov
C: Luis LeMarie, Mike Conway, Andrew Macfarlane, Stanley Williams, José Arles Zapata
D: Drei Touristen
E: Geoff Brown, Carlos Trujillo, Fernando Cuenca
F: Andy Andams, Fabio García, Carlos Estrada

Galeras: Ungefähre Position der Wissenschaftler und Touristen zur Zeit des Ausbruchs vom 14. Januar 1993. *(Abdruck der Karte mit freundlicher Genehmigung von Sterling Spangler)* sie ebenfalls einen nützlichen Beitrag zur Vulkanforschung leisten konnten.

Die Wissenschaftler zogen sich an diesem Abend früh zurück, und am nächsten Morgen – dem ersten Tag der Konferenz – versammelten sie sich in einem großen Sitzungssaal im ersten Stock des Hotels. Viele trafen auf dem Workshop alte Bekannte wieder. Nestor García war aus Manizales angereist, wo er an der Universität lehrte. Calvache freute sich sehr, daß er kommen konnte, denn seit ihren gemeinsamen Klettertouren auf den Nevado del Ruiz im Jahr 1985 hatte sie nicht mehr mit ihm zusammengearbeitet. Fernando Muñoz war mit Christopher Sanders, einem seiner Professoren von der Arizona State University, an der er gerade den Magisterabschluß in Geophysik machte, von Manizales aus nach Pasto gefahren. Maria Luisa Monsalve, Marta Calvaches beste Freundin vom College, war da sowie Fernando Gil, der inzwischen als der führende Seismologe Kolumbiens galt. Die meisten Teilnehmer des Workshops hatten den Galeras vorher noch nie gesehen, geschweige denn das vor kurzem in einem Bürogebäude in der Innenstadt eingerichtete neue Observatorium von Pasto.

Andy Adams lief in den kalten Sitzungssaal. Die Vorträge sollten um neun Uhr beginnen, doch die ersten beiden Redner, der Bürgermeister von Pasto und der Gouverneur von Nariño, erschienen gar nicht – was zu erwarten war. Marta Calvache hatte sie aus diplomatischen Gründen eingeladen, doch die Beziehungen zwischen den Wissenschaftlern und den Lokalpolitikern waren denkbar schlecht. Die Kluft war so tief, daß der Bürgermeister immer noch so tat, als gäbe es in Pasto gar keinen Vulkan.

Die Konferenz nahm ihren Lauf. Die Vorträge wurden auf englisch oder auf spanisch gehalten, und manchmal wurde in beiden Sprachen über sie diskutiert. Wie üblich bei wissenschaftlichen Versammlungen dösten einige Zuhörer in dem schwach beleuchteten Raum immer wieder ein. Während der spanischen Vorträge versuchte Andy Adams, den gezeigten Dias oder graphischen Darstellungen zu entnehmen, worum es ging. Doch schließlich gab er es auf und ging eine Zigarette rauchen.

In der Kaffeepause am Vormittag herrschte in der Lobby des Hotels ein aufgeregtes Stimmengewirr. Konferenzteilnehmer aus allen Teilen der Erde tauschten in sechs verschiedenen Sprachen Anekdoten und wissenschaftliche Ideen aus. Adams und Fraser Goff verbrachten einen Teil der Pause mit Igor Menyailov, einem spindeldürren Russen, mit dem sie schon ein paarmal zusammengearbeitet hatten. »Igor war ein alter Rauhbauz«, sagt Goff. »Er hatte draußen in Kamtschatka gearbeitet und war ein echt hartgesottener und total verrückter Kerl. Er wußte das, und alle anderen wußten es auch.«

Nach der Pause lief Adams in den vollen Sitzungssaal zurück, wo Setsuya Nakada und Tad Ui, zwei japanische Geologen, gerade über den Mount Unzen sprachen, einen launischen japanischen Vulkan, auf dem unlängst 40 Menschen in einem pyroklastischen Strom umgekommen waren. Die meisten Opfer waren Journalisten. Alle 40 hielten sich im evakuierten Gebiet auf, nachdem sie den verhängnisvollen Entschluß gefaßt hatten, zwei französischen Vulkanologen zu folgen, die eine bessere Sicht auf den ausbrechenden Vulkan haben wollten. Nakada zeigte auch ein professionelles Video, das der japanische Geological Survey gedreht hatte. Die Geschichte vom Unzen war grausig, doch Adams konnte nicht umhin, sich erstaunt zu fragen, welche Unsummen die Japaner für die Vulkanforschung ausgeben mußten.

Am Dienstag, dem zweiten Tag der Konferenz, fand

Adams die Vorträge und Diskussionen allmählich etwas anstrengend, da oft spanisch gesprochen wurde. Es ermüdete ihn, stundenlang auf den harten Stühlen des Sitzungssaals zu hocken und krampfhaft zu versuchen, etwas mitzubekommen. Mittags sprach Gudmundur Sigvaldason, ein hünenhafter isländischer Vulkanologe, über die Notwendigkeit einer besseren Verständigung zwischen Regierungen und Wissenschaftlern bei Vulkankrisen. Sein Vortrag war nach den trockenen wissenschaftlichen Beiträgen eine interessante Abwechslung. Er erzählte eine Geschichte über den Vulkan Soufrière auf der französischen Antilleninsel Guadeloupe, der nicht nur Adams, sondern die ganze Zuhörerschaft wie gebannt lauschte.

Als der gut 1500 Meter hohe Stratovulkan im Süden von Guadeloupe 1976 Zeichen einer beginnenden Aktivität erkennen ließ, wurden zwei Gruppen französischer Wissenschaftler in das bescheidene Vulkanobservatorium der Insel geschickt. Die eine Gruppe leitete Haroun Tazieff, der unglaublich schwierige Vulkanologe und hohe Regierungsbeamte, der 1985 nach dem Ausbruch des Nevado del Ruiz einen eigenen Hubschrauber verlangt hatte. Die andere leitete ein anderer prominenter französischer Vulkanologe namens Robert Brousse, der Tazieffs wissenschaftlicher Erzrivale war. Tazieff fuhr zum Soufrière, sah sich um und erklärte, der Vulkan sei harmlos. Brousse war dagegen überzeugt, daß ein katastrophaler Ausbruch bevorstand, der das Touristenparadies und die Heimat von fast einer halben Million Menschen zerstören würde.

Beide Wissenschaftler verkündeten ihren Befund direkt einem Pressekorps, das auf Sensationsgeschichten aus war. Die Regierung des französischen Departements Guadeloupe, die darauf gehofft hatte, die Experten würden das Problem ihres unruhigen Vulkans lösen, wußte nicht, wem sie nun glauben sollte. Sollte sie Tazieffs Rat befolgen und den riesigen Vulkan ignorieren? Oder sollte sie auf Brousse hören und die Insel evakuieren? Tazieff und Brousse kämpften mit polemischen und beleidigenden Äußerungen, die in den lokalen Medien und der französischen Presse ausgiebig kommentiert wurden, um das Sagen in der Krise.

Schließlich beschloß die Regierung der Insel, kein Risiko einzugehen, und ordnete die Evakuierung von 73 000 Menschen an. Der Umzug war eine Strapaze für die Einheimischen, die mit Militärfahrzeugen weggebracht und in undichte, wenig komfortable Zelte einquartiert wurden. Wochen vergingen, und der Vulkan brach nicht aus. Die Versorgung der Evakuierten hatte bereits mehrere hundert Millionen Dollar verschlungen, und die vom Tourismus abhängige Wirtschaft, die bisher florierte, war in eine schwere Krise geraten. Zum Ärger der Insel-Regierung konnten die Wissenschaftler sich noch immer nicht einigen, ob die Menschen nun in ihre Häuser zurückkehren konnten oder nicht.

Die Situation war so verfahren, daß schließlich eine internationale Kommission anreisen mußte, um den Streit zwischen Tazieffs Lager und der von Brousse geleiteten Gruppe zu beenden. Die Kommission machte eine unglaubliche Feststellung: Beide Vulkanologen-Teams waren ohne irgendwelche wissenschaftlichen Daten zu ihren Schlußfolgerungen gelangt. Obwohl Tazieff und Brousse erfahrene Wissenschaftler waren, hatten sie überhaupt keine moderne Überwachungsausrüstung benutzt und ihre vollmundigen Erklärungen abgegeben, ohne viel mehr getan zu haben, als den Vulkan zu beschnüffeln.

Die Einschätzungen der beiden waren völlig wertlos.

Die Kommission empfahl, auf dem Vulkan sofort moderne Überwachungsgeräte zu installieren und das Observatorium mit Vulkanologen zu besetzen, die für diese Arbeit *ausgebildet* waren. Was die durch die Evakuierung entstandene kritische Situation betraf, hob sie in ihrem Bericht hervor, daß in jedem Gebiet für Einzelpersonen und Gemeinden ein gewisses Risiko bestehe, sei es nun das Risiko eines Unwetters, eines Erdbebens oder eines Vulkanausbruchs, und empfahl der Regierung, die Evakuierten zurückzubringen.

Der Soufrière hatte nie einen katastrophalen Ausbruch, doch wirtschaftlich war die Vulkankrise eine Katastrophe. Was sich auf Guadeloupe abspielte, war eines der dunkelsten – und lächerlichsten – Kapitel in der Geschichte der modernen Vulkanologie.

Die meisten Wissenschaftler, die nach Pasto gekommen waren, lebten in der Nähe aktiver Vulkane und fanden daher das abschreckende Beispiel von Guadeloupe sehr interessant. Doch die Kolumbianer hörten besonders aufmerksam zu; schließlich war Pasto nach wissenschaftlichen Meinungsverschiedenheiten, die ein wirtschaftliches Chaos auslösten, in eine ähnliche (wenn auch nicht so weitreichende) Krise geraten.

Am späten Nachmittag erklärte und veranschaulichte ein britischer Mediziner namens Peter Baxter einem plötzlich wieder hellwachen Publikum im Sitzungssaal des Hotels Cuellar mit einem ebenso interessanten wie beklemmenden Diavortrag die medizinischen Aspekte eines Vulkanausbruchs, auf wie viele Arten ein Vulkan Menschen töten oder schwer verletzen konnte. Man konnte von einem Schlammstrom verschlungen werden wie die vielen tausend Menschen in Armero. Giftiger Schwefelwasserstoff konnte einem die Augen verbrennen und die inneren Organe zerfressen. Eine kleinere explosive Eruption von Dampf, Asche und glühenden vulkanischen Gesteinsbrocken war in der Regel nur für Menschen gefährlich, die sich direkt auf dem Vulkan aufhielten – von ihnen überlebten nach Baxter ungefähr 50 Prozent. Doch den weitaus schlimmsten Tod erlitten die Opfer eines pyroklastischen Stroms. Die eingeatmete Asche versteinerte ihre Lungen und ihre Luftröhre; gleichzeitig versengte die mörderische Hitze ihre Körper, bis sie aussahen wie Bricketts mit Armen, Beinen und einem noch erkennbaren Gesicht.

Baxter führte der Gruppe einen grausigen selbstgedrehten Film vor, der Opfer von Vulkanausbrüchen zeigte: blutende verrenkte Körper, bis auf die Knochen verbranntes Fleisch und im Schrei erstarrte, verkohlte Gesichter. Mit Galgenhumor nannten Zuschauer diesen gräßlichen Gesichtsausdruck den »bei 300 Grad Celsius gekochten Blick«.

Adams fragte sich während Baxters Film voller Unbehagen, wann die Organisatoren des Workshops endlich auf Sicherheitsfragen, medizinische Einrichtungen und die Risiken der Arbeit auf dem Galeras zu sprechen kämen. Er wollte am Donnerstag an der von Williams geleiteten Exkursion zum Krater des Galeras teilnehmen. Vor der Arbeit auf einem aktiven Vulkan war ihm immer ein bißchen mulmig. »Ich dachte an unsere bevorstehende Arbeit im Vulkan und wartete darauf, daß sie irgendeinen Sicherheitsplan erwähnten.« Da Adams in einem Waffenlabor der Regierung arbeitete, war er es gewohnt, vor Arbeiten aller Art Sicherheitsvorkehrungen zu treffen, und bei aktiven Vulkanen war besondere Vorsicht geboten. Doch hier, wo Williams das Programm bestimmte, standen Sicherheitsfragen und Notfallmaßnahmen offensichtlich ganz am Ende der Tagesordnung – falls sie überhaupt draufstanden.

Einige der meistbeschäftigten und renommiertesten Wissenschaftler der Welt fehlten auf dem Galeras-Workshop – die Vulkanologen vom USGS. Niemand verfügte über mehr Erfahrung, Wissen und Mittel als diese Experten, die seit Jahren bei Dutzenden von Vulkankrisen auf der ganzen Welt professionelle Hilfe leisteten. Ihre Namen standen noch auf der Teilnehmerliste. Auch Bernard Chouet hatte kommen wollen. Doch wegen des zunehmenden Terrors der kolumbianischen Drogenkartelle hatte das US-Außenministerium den Wissenschaftlern vom USGS gut zwei Wochen zuvor die Teilnahme an der Konferenz in Pasto untersagt.

Als Chouet die Mitteilung erhielt, daß er nicht nach Kolumbien reisen durfte, warf er seine Einladung wütend in den Mülleimer. Er war nicht mehr am Galeras gewesen, seit er im November 1991 den Ausbruch, der im Juli 1992 die Sendemasten beschädigte, präzise vorhergesagt hatte. Er bedauerte es sehr, daß er nun keine Gelegenheit hatte, vor einer internationalen Versammlung von Wissenschaftlern seine Erfolge beim Redoubt und später beim Galeras zu erklären.

Für die drei kolumbianischen Seismologen auf dem Workshop – Roberto Torres, Diego Gómez und Fernando Gil – war es ein besonders harter Schlag, daß Chouet nicht kommen konnte. Gil hielt Chouet für einen ganz außergewöhnlichen Wissenschaftler. Seit Jahren arbeitete er mit ihm zusammen und verfolgte seine Arbeit, deren Bedeutung er auf dem Workshop besonders hervorheben wollte. Er wollte die Muster langperiodischer Seismizität beschreiben, die vor den Ausbrüchen des Nevado del Ruiz auf den Seismogrammen erschienen waren. Und Gómez und Torres, die beiden jungen Seismologen vom Vulkanobservatorium in Pasto, wollten über langperiodische Seismizität am Galeras sprechen.

Als die beiden jungen Seismologen auf spanisch die seismische Geschichte des Galeras zu schildern begannen, ging Andy Adams hinaus, um in der Lobby eine Zigarette zu rauchen. Er wurde allmählich nervös und wollte so viel wie möglich über den Vulkan erfahren, auf dem er bald arbeiten würde, doch er verstand nicht, worüber die kolumbianischen Wissenschaftler sprachen.

Im kalten dunklen Sitzungssaal erzählten Gómez und Torres eine faszinierende Geschichte. Sie schilderten in allen Einzelheiten das Verhalten des Galeras vor seinem letzten Ausbruch. 1991 hörte der Lavadom auf zu wachsen, die Seismizität ging zurück und der Galeras wurde ganz ruhig. Am 11. Juli 1992 erschien dann auf den Laborseismographen ein kleines schraubenförmiges Signal. In den darauffolgenden vier Tagen wurden nur neun langperiodische Ereignisse aufgezeichnet, und der Galeras wirkte völlig ruhig. Dann, am 16. Juli, brach der Vulkan ohne ein weiteres seismisches Warnzeichen aus und zersprengte den Dom, der seinen Schlot verstopft hatte. Die Seismometer registrierten die Explosion als riesiges unregelmäßiges Zickzackmuster. Danach rumorte es kräftig im Galeras, nach ein paar Tagen aber hatten die vulkanischen Tremores bereits stark nachgelassen, und nach ein paar Wochen wirkte der Galeras wieder ruhig.

Für Gómez und Torres hatte diese Geschichte eine ganz konkrete und aktuelle Moral. Während der vergangenen drei Wochen hatten sie Signale derselben Art beobachtet. Seit dem 23. Dezember produzierte der Galeras jeden Tag ein langperiodisches Ereignis, einen sogenannten *tornillo.* Das war jenes Muster, mit dem sich der von Chouet vorhergesagte Ausbruch vom Juli 1992 angekündigt hatte. An der Oberfläche wirkte der Berg ruhig, als schliefe er friedlich. Doch Torres, Gómez und Fernando Gil fragten sich natürlich, ob sich darunter ein Sturm zusammenbraute. Eines stand jedenfalls fest: Der Galeras verhielt sich erneut verdächtig.

Als das offizielle Programm am Dienstagabend zu Ende war, herrschte unter den Teilnehmern des Workshops eine entspannte, unbeschwerte Stimmung. Andy Adams und seine Kollegen aus Los Alamos gingen in ein Restaurant und bestellten *arroz con pollo* und *cuy* – am Spieß gebratene große Meerschweinchen, eine Spezialität von Nariño – mit gerösteten Kartoffeln, die in der Schale serviert und wie Äpfel gegessen wurden.

Am Mittwochmorgen bildeten die Wissenschaftler der verschiedenen Disziplinen dann kleinere Arbeitsgruppen. Jede Gruppe arbeitete den ganzen Tag lang einen speziellen Abschnitt des Berichts aus, der später der UNO unterbreitet werden sollte. Andy Adams und Fraser Goff schlossen sich der Chemiker-Gruppe um Stanley Williams an.

Als die Gruppe ihre Arbeit beendet hatte, gingen Andy Adams und Alfredo Roldán, ein Chemiker aus Guatemala, der zum Los-Alamos-Team gehörte, zum Pult vor, um sich für die Exkursion am nächsten Tag anzumelden. Sie setzten ihre Namen auf die mit *Geochemie* überschriebene Liste. Da sich bereits über zwei Dutzend Leute für Stanley Williams' Exkursion eingetragen hatten, beschloß Fraser Goff zusammen mit Gary McMurtry, dem vierten Mitglied des Los-Alamos-Teams, an einer anderen Exkursion teilzunehmen. »Ich wollte mich nicht zu den Fumarolen durchboxen.« Sein Team würde nach dem Workshop noch drei Wochen in Pasto bleiben. Er würde also später reichlich Gelegenheit haben, im Vulkan zu arbeiten.

Im Programm wurden vier Alternativen zu der von Williams geleiteten Exkursion zum Krater angeboten. Marta Calvache würde mit der zweiten Gruppe die oberen Flanken des Galeras erkunden, wo man von einem alten Inka-Pfad aus die einzelnen Schichten rostroter und gelber vulkanischer Ablagerungen schön erkennen konnte. Die dritte Gruppe würde um den Vulkan herumwandern und die geologische Beschaffenheit seiner Umgebung untersuchen. Die vierte Gruppe würde mit Geoff Brown gravimetrische Messungen vornehmen, und die letzte Gruppe würde mit Roberto Torres zuerst die seismische Meßstation auf dem Gipfel des Galeras und dann das seismische Labor im Vulkanobservatorium besuchen.

Am Mittwochabend holte Calvache in der Lobby des Hotels die Anmeldebögen für die Exkursionen ab. Fast die Hälfte der Konferenzteilnehmer hatte sich für die Tour zum Krater eingetragen. Das gefiel ihr gar nicht. Es war selbst unter idealen Bedingungen nicht ratsam, so viele Leute in einen aktiven Vulkan zu führen, nun aber, da jeden Tag ein *tornillo* auf den Seismogrammen auftauchte, erschien das Risiko vor allem den Seismologen besonders hoch. Bernard Chouet hatte den Ausbruch vom Juli 1992 anhand von *tornillos* vorhergesagt, und nun waren die *tornillos* wieder da.

Fernando Gil machte sich ernsthafte Sorgen wegen der *tornillos*. Muñoz war zwar nicht davon überzeugt, daß sie Gefahr bedeuteten, empfand aber die relative Ruhe des Vulkans als ein unheilvolles Zeichen. So trafen Muñoz und Gil sich mit Calvache, Stanley Williams und John Stix und äußerten ihre Bedenken wegen der *tornillos* in den seismographischen Aufzeichnungen. »Wir waren uneins über die Lage. Bis zum 13. Januar waren 15 *tornillos* registriert worden, und wir stritten darüber, was das bedeutete«, sagt Gil. Stix und Williams schienen sich nicht um seismische Daten zu kümmern. Die Unterredung entwickelte sich zu einer spannungsgeladenen Debatte. »Stan Williams betonte, daß der Schwefeldioxidausstoß gering sei; deshalb dachte er, daß der Vulkan nicht gefährlich war«, sagt Muñoz. »Schließlich wurde die Entscheidung getroffen, daß nur diejenigen den Kraterbereich betreten sollten, die einen konkreten Grund dazu hatten – die Geochemie-Gruppe und die Gravimetrie-Gruppe.«

Außerdem wurde beschlossen, die Tour zum Krater so kurz wie möglich zu halten. »Wir ermahnten sie, nicht zu lange im Krater zu bleiben«, sagt Gil. »Wir warnten Stanley wiederholt, sich nicht zuviel Zeit zu lassen.« Obwohl Williams sich schließlich bereit erklärte, sich auf eine kurze Tour mit wenigen Leuten zu beschränken, hatte Fernando Gil immer noch Bedenken, als die kleine Versammlung sich auflöste und die Wissenschaftler das Hotel verließen. Er versuchte, sich einzureden, daß die *tornillos* keinen unmittelbar bevorstehenden Ausbruch ankündigten und daß es zu dem letzten Ausbruch (im Juli) gekommen war, weil ein Lavadom den Schlot des Galeras verstopft hatte. Gil hoffte, daß nun, da der Lavadom weg war, entstehender Druck entweichen konnte, anstatt sich im Schlot des Vulkans anzustauen. Trotzdem machte er sich Sorgen. Zugleich wußte er, daß Williams nie auf ihn hören würde, denn seit einer Auseinandersetzung vor einigen Jahren redeten die beiden Wissenschaftler nicht mehr miteinander.

Williams hatte nach seinem Workshop über den Nevado del Ruiz im Jahre 1988 verkündet, daß er die Zusammenfassung des Vortrags, den Gil auf dem Workshop gehalten hatte, in einer Sonderausgabe des *Journal of Volcanology and Geothermal Research* veröffentlichen würde. Gil hatte ihm erklärt, warum er das nicht tun konnte. In seiner Abhandlung, die brandneu war, ging es um die Theorie langperiodischer Seismizität, die Bernard Chouet damals gerade entwickelte, und weder Chouet noch Gil hielten sie für ausgereift genug, um sie bereits zu veröffentlichen. Sie wollten sich vergewissern, daß die Daten und Analysen wissenschaftlich abgesichert und die Ergebnisse reproduzierbar waren. Williams wurde wütend. Er schrie Gil an und verlangte von ihm, den Bericht trotzdem zur Veröffentlichung freizugeben. Gil gab nicht nach – er konnte nicht, selbst wenn er gewollt hätte. Schließlich war es Bernard Chouets Theorie. »Wir befürchteten damals, Stan und Fernando würden handgreiflich werden«, sagt Fernando Muñoz.

Fünf Jahre später, auf der größtenteils mit Williams' Fördermitteln von der National Science Foundation finanzierten Konferenz, hatte der Wissenschaftler von der Arizona State University das Sagen. Da die Vulkanologen vom USGS – darunter Dave Harlow, John Ewert, Andy Lockhart und vor allem Bernard Chouet – nicht kommen konnten, gab es in Pasto niemanden, der genug Autorität oder Erfahrung besaß, um Williams die Stirn zu bieten und eine offizielle Warnung auszusprechen: *Der Galeras ist gefährlich! Gehen Sie nicht in den Vulkan!*

Der Aufbruch zum Berg

Galeras, Kolumbien:
14. Januar 1993, frühmorgens

Der Morgen des 14. Januar 1993 war kühl und trüb. In warme Kleidung eingemummt, versammelten sich die Wissenschaftler auf der Vordertreppe des Hotels Cuellar. In der Morgendämmerung wirkten sie wie müde, verirrte Schafe. Es war 7 Uhr 30, und die Läden entlang der schmalen Einbahnstraße waren noch vergittert. Eine Kolonne älterer Geländewagen mit Vierradantrieb und ein klappriger brauner Schulbus warteten am Straßenrand. Auf dem Rückfenster eines jeden Fahrzeugs klebte ein handgeschriebenes Schild, auf dem stand, für welche Exkursion es bestimmt war: Chemie, Seismologie, Geologie.

Ein zweiköpfiges Team vom örtlichen Fernsehsender, das seit Montag am Workshop teilgenommen hatte, würde auch den Exkursionstag dokumentieren. Es war eine kleine Sensation, daß der Galeras zum Dekadenvulkan auserkoren worden war, und es war etwas Besonderes, daß so viele ausländische Experten auf einmal in Pasto weilten. Der Reporter des Teams hatte die Konferenzteilnehmer drei Tage lang auf spanisch mit Fragen bombardiert und verlor allmählich die Lust. Wissenschaftler zu einer interessanten Aussage zu bewegen, war fast unmöglich, und herauszufinden, was sie meinten, noch schwieriger. Er wünschte sich, daß jemand eine Erklärung abgab, die er verwenden konnte, die etwas Farbe in die Story brachte. Etwas, das den Zuschauern und der Redaktion gefiel. Doch als er Stanley Williams und John Stix, die zwei nordamerikanischen Experten, fragte: »Ist der Vulkan gefährlich für Pasto? Wird er bald ausbrechen?«, antworteten beide nur:

»Zur Zeit ist der Vulkan *tranquilo*«.

Der Reporter konnte sich nicht erklären, warum 100 Wissenschaftler aus aller Welt sich in Pasto versammelten, um den Galeras zu studieren, wenn er so ruhig war. Er hatte vor, der Gruppe von Williams zum Krater zu folgen. Dort hoffte er ein paar gute Action-Szenen zu bekommen; und vielleicht wären die Wissenschaftler auf der Exkursion gesprächiger.

Nach dem Terminplan von Williams und Calvache sollten die Fahrzeuge um 7 Uhr 30 abfahren, doch die Entscheidung vom Vorabend, Williams' Gruppe stark zu verkleinern, hatte das Programm durcheinandergebracht. Viele, die sich für die Tour zum Krater eingeschrieben hatten, wußten nichts von dieser Änderung. So wanderten die Wissenschaftler nun den feuchten Bürgersteig entlang und entschieden sich in letzter Minute für eine andere Exkursion. »Wir waren früh draußen, und es herrschte einige Verwirrung«, sagt Andy Adams. »Wer ging wohin? Welches Fahrzeug sollten wir nehmen? Und so weiter.«

Pete Hall und Patty Mothes – ein in Ecuador lebendes, nordamerikanisches Vulkanologenpaar – standen vor dem Hotel und diskutierten die Programmänderung. Mothes, die ursprünglich die Kratertour mit Stanley Williams machen wollte, sagte zu Hall, sie würde sich statt dessen der Gruppe von Marta Calvache anschließen und die Ablagerungen alter pyroklastischer Ströme auf den Flanken des Galeras besichtigen. Hall und Mothes gaben sich ein Abschiedsküßchen, und Hall ging zu der großen Gruppe hinüber, die in den alten Schulbus stieg. Die meisten der Wissenschaftler, die von der Kratertour ausgeschlossen worden waren, entschieden sich für die Exkursion um den Fuß des Vulkans, weil in dem großen Bus für 30 Personen Platz war. Der Motor stotterte und die Gangschaltung knirschte, als der Fahrer den Bus vorsichtig an der Kolonne vorbeimanövrierte und durch die engen Straßen der Stadt steuerte.

Die Jeeps und Toyotas füllten sich einer nach dem andern mit den übrigen Wissenschaftlern. Andy Adams und Alfredo Roldán verstauten ihre großen Rucksäcke und ihre Ausrüstung hinten in einem Landcruiser und kletterten auf den Rücksitz. Nestor García und Igor Menyailov schlossen sich ihnen an; dann fuhr der Wagen los, auf den Berg zu. In einem weißen Jeep Cherokee folgten ihnen Stanley Williams, José Arles Zapata, ein Chemiker aus Pasto, und Fabio García, ein Chemiker aus Bogotá.

Der Gipfel des Galeras war nur acht Kilometer Luftlinie vom Zentrum Pastos entfernt, doch die Autofahrt dorthin dauerte eine volle Stunde. Die Serpentinenstraße, die sich die Südflanke des Vulkans hinaufwand, war mit Geröll übersät und so holprig, daß die Wissenschaftler es schnell aufgaben, sich unterwegs Notizen zu machen. In 3650 Meter Höhe ging der Nebel in eine dichte weiße Wolke über, so daß nichts mehr zu sehen war. Andy Adams und Alfredo Roldán murrten über die schlechte Sicht, woraufhin der Fahrer eine Pastuso-Legende zum besten gab.

»Der Galeras ist scheu«, erzählte er seinen Passagieren. »Ihm liegt nicht viel an Besuchern. Wenn sie an einem klaren Tag zum Berg aufbrechen, weiß der Galeras, daß sie kommen, und hüllt sich in Wolken.«

Gegen neun Uhr erreichten die Gruppen von Williams, Calvache und Roberto Torres – insgesamt mehr als 30 Personen – den Gipfel, wo sie sich am Rand der Caldera versammelten, bevor sie zu ihren verschiedenen Touren aufbrachen. García, Williams und Zapata stiegen aus ihrem weißen Jeep und liefen auf ein größeres Gebäude zu, das unheimlich aus dem Nebel auftauchte. Es hatte zwei Räume und auf dem Dach vier neun Meter hohe Sendemasten. Ein Militärpolizist erschien im Eingang und grüßte die Gruppe mit einem lässigen Kopfnicken. García folgte Williams über herumliegende Bretter und Zementsäcke einen Betonweg hinunter, der an der Vorderseite des Polizeireviers entlanglief. Ein schlichtes Steinkreuz ragte aus einem Steinhaufen empor und verlieh dem Gipfel des Galeras eine gespenstische, friedhofsähnliche Atmosphäre. Mit einem unbehaglichen Gefühl blickte García sich um. »Alles, was mehr als zehn Meter entfernt war, konnte man unmöglich erkennen«, erinnert er sich. Was weiter weg lag, verschwand im Nebel.

Auf dem Betonweg des Polizeireviers scharten sich die Mitglieder von Marta Calvaches Gruppe um ihre Führerin. Für viele der ausländischen Wissenschaftler war es frustrierend, auf dem Gipfel eines aktiven Vulkans zu stehen, aber nichts sehen zu können. Viele, die ursprünglich mit Stanley Williams mitgehen wollten, waren nun ganz froh, daß es nicht geklappt hatte. »Es war absolut nichts zu sehen«, sagt Patty Mothes.

Da es sich wegen der schlechten Sicht nicht lohnte, auf dem Gipfelgrat weiter nach Osten zu laufen, standen die Wissenschaftler in kleinen Gruppen um das Polizeirevier herum. Calvache versuchte ihnen eine Ahnung davon zu vermitteln, was sie gesehen hätten, wenn der Galeras kooperativer gewesen wäre. Sie erklärte ihnen, daß sie sich auf dem südöstlichen Rand eines Amphitheaters von mehreren Kilometern Durchmesser befanden, der Caldera. Die Caldera bildete ein über 150 Meter tiefes Becken, das auf der Westseite offen war, so daß der Vulkan aus der Luft wie ein Hufeisen aussah. Das Polizeirevier stand auf dem breitesten Abschnitt des Calderarands. Hier war der Gipfelgrat zwölf Meter breit. Weiter hinten wurde er so schmal, daß man nicht mehr auf ihm entlanglaufen konnte.

Setsuya Nakada hörte höflich zu. Er war von weither gekommen, um den Galeras zu besichtigen, und nun war nichts zu sehen. Nakada war Petrologe – ein Wissenschaftler, der Gestein unter dem Mikroskop untersucht und die Geschichte eines Vulkans anhand von Veränderungen der Mineralien und Gesteinsstrukturen von einem Ausbruch zum andern zurückverfolgen kann. »Zuerst wollte ich hinuntergehen und eine Probe von dem Lavadom nehmen, der bei dem Ausbruch vom Juli herausgesprengt worden war, doch dann sah ich mir das Foto an und fand, daß es da unten sehr gefährlich aussah. Die Gesteinsbrocken waren stark oxidiert, und um eine frische Probe zu nehmen, hätte man in den Krater steigen müssen.«

Für Nakada sah der Krater so abschreckend aus, daß er beschloß, auf keinen Fall näher an ihn heranzugehen. Zum Glück hatte die letzte Eruption, bei der der Lavadom in tausend Stücke zersprengt worden war, auch auf dem Calderarand, auf dem er stand, viele frische Gesteinsbrocken hinterlassen. Er hob ein faustgroßes Stück grauen Andesits auf. »Das reicht mir«, sagte er lachend zu seinem Kollegen Tad Ui und betrachtete die weißen Kristalle im Stein durch ein kleines Vergrößerungsglas.

Die übrigen Mitglieder von Marta Calvaches Gruppe

langweilten sich allmählich. Nachdem sie ein paar Fragen gestellt hatten, standen sie nur noch stumm da und starrten in den weißen Dunst, wartend und hoffend, daß die Wolken sich lichten würden. Williams war mit seiner Gruppe am Rand der Caldera entlang ein Stück nach Osten gelaufen, und näher an der Polizeistation interviewte der Reporter Patty Mothes geschlagene 15 Minuten lang. Das Video zeigt sie auf dem Gipfelgrat, mit vom kalten Wind geröteten Wangen und flatterndem Schlapphut.

»Wann wird der Galeras ausbrechen?« fragte der Reporter.

»Das läßt sich nicht sagen.«

»Wird es in den nächsten fünf Jahren zu einem Ausbruch kommen?«

»Wir können absolut nicht sagen, wann der Galeras ausbrechen wird. Es besteht die Möglichkeit, daß er ausbrechen könnte.«

»Ist er gefährlich für Pasto?«

»Im Augenblick ist der Vulkan ruhig, aber irgendwann wird er wahrscheinlich ausbrechen.«

Der penetrante Reporter ging Mothes bald auf die Nerven, doch sie gab sich Mühe, ihren Verdruß zu verbergen. Sie erklärte, daß die Workshop-Teilnehmer gekommen waren, um den Galeras als natürliches Labor zu benutzen. Sie studierten seine Persönlichkeit, um besser abschätzen zu können, was er für Pasto bereithielt, und gleichzeitig Erkenntnisse über ähnliche Vulkane auf der ganzen Welt zu gewinnen. Dann erläuterte sie ausführlich, warum es so wichtig war, die von Vulkanen ausgehenden Gefahren besser zu verstehen.

Der Journalist fuchtelte ungeduldig mit dem Mikrofon herum.

»Also wann wird der Galeras denn nun ausbrechen?«

Mothes biß die Zähne zusammen. »Das läßt sich *wirklich* nicht sagen.«

»Ist der Galeras ein aktiver Vulkan?«

»Ja, ganz eindeutig.«

Der Wind peitschte über den Grat, als Mothes zu der Gruppe am Polizeirevier zurückkehrte. In der Caldera hing immer noch dichter Nebel.

Alfredo Roldán stand gelassen neben Andy Adams auf dem Gipfelgrat und rauchte eine Zigarette. Beide trugen weiße Schutzhelme und Stiefel mit Stahlkappen, und Adams hatte einen braunen feuerbeständigen Overall übergezogen. Da der einsachtzig große Adams in den letzten paar Jahren zugenommen hatte, sah er mit seinem Schnauzbart in dem engen Schutzanzug ein bißchen wie ein Walroß aus. Stanley Williams deutete zu den beiden hinüber und lachte.

»Er machte sich über uns lustig, und alle lachten, weil wir unsere volle Montur angelegt hatten«, sagt Adams. Er ärgerte sich. Außer ihm und Roldán trug niemand einen Schutzhelm, und die meisten hatten nicht einmal Gasmasken dabei. »Einige von ihnen waren noch nie auf einem aktiven Vulkan gewesen«, sagt Adams.

Adams war verstimmt. Er war es gewohnt, mit Leuten zusammenzuarbeiten, die die Gefahren, die in einem aktiven Vulkan lauerten, sehr viel ernster nahmen. Bisher hatte sich noch nie jemand über ihn lustig gemacht, weil er einen Schutzhelm trug. »Ich dachte, das ist mir vielleicht ein Experte«, sagt Adams. Williams verhielt sich, als würden sie ein Picknick veranstalten. Doch in der Hierarchie der Wissenschaftler stand Professor Dr. Williams von der Arizona State University über Adams (mit seinem Magisterabschluß). »Ich war bloß ein kleiner Angestellter, und Stan war der rangälteste Wissenschaftler.« So zog Adams nur ein finsteres Gesicht und hielt den Mund. Roldán blieb wie immer ruhig. Sein Gesicht verriet nie, was er dachte. »Ich konnte es nicht fassen, daß Stan lachte, weil wir Schutzhelme trugen. Ich trage immer einen, und ich konnte kaum glauben, daß nur Andy und ich welche dabeihatten«, sagt er.

Weiter östlich von ihnen bastelte Geoff Brown, ein liebenswürdiger britischer Geophysiker mit langem weißem Haar und Bart, an seinem Gravimeter herum – einem Aluminiumkasten von der Größe einer Autobatterie. Er wollte testen, ob er mit diesem Gerät schmelzflüssiges Magma orten konnte, das an die Oberfläche eines Vulkanschlots stieg. Es registrierte minimalste Veränderungen der Schwerkraft, und da Magma leichter ist als festes Gestein, hoffte Brown, durch Messungen des Erdschwerefelds unter dem Galeras ermitteln zu können, ob ein Ausbruch bevorstand. Es war eine ganz neue Idee, eine noch unerprobte Methode, doch Brown war zuversichtlich, daß sie sich am Ende als erfolgreich erweisen würde.

Zwei Kolumbianer hatten sich Brown angeschlossen und schauten zu, wie er sein Gerät überprüfte: Carlos Trujillo, ein Pastuso, der an der Universität von Nariño in Pasto das Fach Tiefbau unterrichtete, und Fernando Cuenca, ein junger Geophysiker aus Bogotá, der gerade in Rußland seinen Abschluß gemacht hatte. Trujillo fand den Workshop ebenso interessant wie die Zusammenarbeit mit einem so hervorragenden englischen Wissenschaftler. Die Universität, an der er lehrte, hatte keine geologische Fakultät; er hatte den Galeras immer geliebt; und das war seine Chance, einige der renommiertesten Vulkanologen der Welt kennenzulernen.

Geoff Brown hievte sein Gravimeter auf ein behelfsmäßiges Gestell, drehte an den Reglern, ging ganz nahe an das Gerät heran, um die Anzeigen abzulesen, und machte sich ein paar Notizen. Er sprach etwas Spanisch und gab dem Reporter bereitwillig ein Interview, das ebenfalls auf dem Video aufgezeichnet ist:

»Professor Brown, warum messen Sie die Schwerkraft auf dem Vulkan?«

»Es ist wichtig, den Vulkan gut zu kennen, unter anderem auch die Veränderungen der Schwerkraft, um zukünftige Ausbrüche vorhersagen zu können.« Er hatte eine warme Stimme und viele Fältchen um die Augen, wenn er lächelte. Seine dünnen Haarsträhnen verschmolzen mit dem weißen Nebel im Hintergrund.

»Wann wird der Galeras ausbrechen?«

»Ich weiß es nicht genau. Man muß den Vulkan viel besser kennen, um eine Vorhersage machen zu können. Es ist nicht möglich, zum gegenwärtigen Zeitpunkt einen Ausbruch vorherzusagen. Vielleicht in zehn Jahren, vielleicht in hundert. Ich weiß es nicht.«

Gut 600 Meter unter dem Gipfel machte Marta Calvaches Gruppe Mittagspause. Um 13 Uhr stellte Calvache es den Mitgliedern frei, nach Pasto zurückzukehren oder auf einem 800 Meter langen Spaziergang pyroklastische Ablagerungen zu besichtigen. Ein paar Leute wollten nach Pasto zurückkehren. Sie stiegen in einen Geländewagen und wurden von einem Fahrer des Observatoriums den Berg hinabkutschiert.

Die restlichen sechs Mitglieder der Gruppe folgten Calvache auf einem schmalen Fußweg, der um den Galeras verlief, nach Norden. Es war ein alter Inka-Pfad, den die Wissenschaftler Camino Real getauft hatten. Er führte an einigen Stellen vorbei, an denen die Schichten pyroklastischer Ablagerungen besonders gut zu sehen waren. Sie liefen 400 Meter den von dichten hohen Gräsern gesäumten Pfad entlang, bis sie eine drei Meter hohe Wand aus bröseligen roten und gelben Gesteinsschichten erreichten.

Die Wissenschaftler zogen Geologenhämmer hervor und klopften winzige Bröckchen aus der Wand. Mit kleinen Lupen inspizierten sie die Krümel, die Farben und die kleinen schwarzen und weißen Flecken in der roten Grundmasse. Für die Geologen hatte jedes Mineral, jede Struktur und jede Gesteinsschicht eine Bedeutung – alles war Teil der Geschichte des Galeras. Calvache erklärte, wie im Laufe von vielen Millionen Jahren aus Schichten von Lavaströmen und pyroklastischen Strömen ein großer Stratovulkan entstand, wie seine instabilen Flanken zusammenbrachen und er sich wieder aufbaute. Der Galeras war im Laufe seines langen Lebens mehrere Male zum Himmel gewachsen und wieder zur Erde gestürzt, und nun begann der Kreislauf mit dem kleinen Kegel in der Caldera von neuem.

Patty Mothes war schon einmal auf dem Galeras gewesen. Während die anderen die Gesteinsbrocken untersuchten, drehte sie sich um und blickte nach Osten. Der Nebel hatte sich inzwischen verzogen, so daß sie am Fuße des Berges Pasto mit seinen verwinkelten Straßen, seinen weißen Häusern und seinen hohen Kirchtürmen in der Sonne leuchten sah. Es war ein wunderschöner Anblick – sie wußte, daß man von diesem Platz aus eine viel bessere Aussicht hatte als vom Gipfel des Vulkans, der immer noch in Wolken gehüllt war.

Der Abstieg in den Galeras

Galeras, Kolumbien:
14. Januar 1993, 9 Uhr 30

Es war kurz nach halb zehn Uhr morgens, als die Gruppe von Stanley Williams in die von dichtem Nebel eingeschlossene Caldera des Galeras hinabzuklettern begann. Auf dem Gipfelgrat wehte ein eisiger Wind, der die Wissenschafter frösteln ließ, so daß sie es kaum erwarten konnten, in tiefere, geschütztere Gefilde zu kommen. Auf der südöstlichen Seite des Vulkans, knapp 100 Meter östlich vom Polizeirevier, begann der Abstieg in die Caldera: an einem gelben Nylonseil, das an einer rostigen, in den Fels einbetonierten Klampe befestigt war. Diese Stelle war als Eingang gewählt worden, weil der Hang hier nur eine Steigung von 50 Grad aufwies. Andernorts ragte die instabile Innenwand der Caldera fast senkrecht in die Höhe.

Williams erklärte, daß sie einer nach dem andern hinabsteigen würden, um die Person am Seil nicht der Gefahr von Steinschlag auszusetzen. Das 30 Meter lange Seil würde sie den steilen oberen Abschnitt des Hangs hinabführen. Der untere Teil bestand aus Geröll, aus kieselgroßen Steinen, die sich aus der Calderawand gelöst hatten. Dort konnte man besser laufen – zumindest abwärts.

Die Wissenschaftler unterhielten sich auf englisch und

spanisch, während sie warteten, bis sie an die Reihe kamen, und füllten ihre großen Rucksäcke bis zum Rand mit schwerer Ausrüstung – Glasfläschchen, Thermosflaschen voller Chemikalien, Titanröhren, Metallkabeln, Taschencomputern, Trinkwasser und Kühlbehältern, um die Proben kalt zu halten. Auch wenn ihre Ausrüstung zum Teil der entsprach, die das USGS-Team benutzt hatte, unterschied sich diese Exkursion in den Galeras stark von den Arbeitseinsätzen des USGS-Teams im Vulkan. In der 13köpfigen Gruppe von Stanley Williams trugen nur zwei Wissenschafter Schutzhelme; nur zwei hatten richtige Gasmasken dabei, und nur einer war mit einem Funkgerät ausgerüstet. Niemand stand auf dem Gipfel, um Funkmeldungen vom Observatorium in Pasto an die Gruppe in der Caldera weiterzuleiten, und im seismischen Labor überwachte nicht etwa ein Seismologe, sondern eine Studentin die Seismographen. Keiner hatte medizinische Notfallausrüstung im Gepäck. Und diesmal durften sogar zwei Reporter, die auf einen Einsatz in einem aktiven Vulkan überhaupt nicht vorbereitet waren, die Gruppe zum Krater begleiten.

José Arles Zapata, der als Vertreter des Observatoriums von Pasto an der Exkursion teilnahm, machte sich bereit, die Calderawand hinunterzuklettern. Niemand außer Calvache kannte den Krater des Galeras besser als Zapata. Er war in den vergangenen zwei Jahren fast jede Woche dort gewesen, um den Fumarolen Proben zu entnehmen. Zapata wußte, daß diese Arbeit gefährlich war – wäre er am 16. Juli 1992 auf dem Vulkan gewesen anstatt ein paar Tage davor, hätte die Explosion ihn zerfetzt –, und er war für seine Gewissenhaftigkeit bekannt. Wie immer erkundigte er sich kurz per Funk beim Observatorium nach der Lage.

»José Arles funkte mich vom Rand der Caldera aus

an«, erinnert sich Adriana Ortega, die Geophysikstudentin, die im Observatorium die Seismographen überwachte. »Es war ungefähr halb zehn Uhr morgens, und er bat um einen Bericht über die Seismizität. Ich sagte ihm, daß alles ruhig war.«

Zapata steckte sein Funkgerät wieder ein, zurrte die Riemen an seinem Rucksack fest und begann am Seil entlang die steile Calderawand hinabzusteigen. Mühelos erreichte er in weniger als einer Minute das Ende des Seils.

Igor Menyailov kletterte als nächster hinab. Williams hatte ihm erzählt, daß aus dem Krater des Galeras Gase aufstiegen, die heißer als 300 Grad Celsius waren. Das klang unglaublich, und Menyailov konnte es kaum erwarten, in den Krater zu kommen, um zu sehen, ob das stimmte. Williams folgte dem Russen, und während er sich am Seil hinabhangelte, rief er den übrigen Mitgliedern der Gruppe zu, daß er unten auf sie warten werde. In weniger als einer Minute war er im Nebel verschwunden. Der eisige Wind peitschte mit unverminderter Heftigkeit über den Grat, und die Wissenschaftler vergruben die Hände in ihren Jackentaschen. Einige Minuten später rief Williams hinauf, daß er unten angelangt sei.

Der nächste war Geoff Brown. Der britische Wissenschaftler brannte darauf, sein neues Gravimeter zum Einsatz zu bringen und zu testen, ob es richtig funktionierte. Er hatte am Vortag auf einer Tour vom Zentrum Pastos zum Gipfel des Galeras fleißig gravimetrische Daten gesammelt, und die Werte, die das Gerät angezeigt hatte, waren ihm suspekt erschienen. Carlos Trujillo und Fernando Cuenca halfen Brown, das Gravimeter in einen Spezialrucksack zu packen, und als der Weg frei war, stieg Brown in den Nebel hinab. Trujillo kletterte hinterher, gefolgt von Cuenca.

Die auf dem Calderarand wartende Gruppe wurde

immer kleiner. Nun stapften Mike Conway und Andrew Macfarlane, zwei nordamerikanische Wissenschaftler, auf die einbetonierte Klampe zu. »Ich war dankbar für das Seil, weil ich den schwersten Rucksack von uns dreien hatte [er wog rund 50 Pfund]«, schrieb Macfarlane einige Wochen nach dem Ausbruch. Sie wollten Geräte aufstellen, die die Temperatur der Fumarolen maßen – die meisten sollten zur weiteren Überwachung im Krater bleiben. Macfarlane war heilfroh, die schwere Last nicht wieder den Hang hinaufschleppen zu müssen.

Conway machte sich an den Abstieg, und als er unten war, rief er zu Macfarlane hinauf, er könne jetzt nachkommen. Macfarlane brauchte etwa zehn Minuten länger. Dann schlossen die beiden sich Williams und den anderen in der Caldera an. Nach ihm traf Afredo Roldán ein, gefolgt von Andy Adams, der wegen seines Übergewichts, seines hinderlichen dicken Schutzanzugs und seiner Angewohnheit, zwei Päckchen Zigaretten am Tag zu rauchen, langsamer war als die anderen.

In der Caldera war die Sicht besser als oben auf dem Rand. Als Menyailov sich von der Gruppe entfernte und quer durch den flachen Graben der Caldera auf den dampfenden Kegel des Galeras zurannte, konnten die anderen in der Ferne seine leuchtendrote Jacke und seinen kurzen weißen Haarschopf deutlich erkennen. Neben Gesteinsbrocken von der Größe von Autos erschien der Russe, als er den Geröllhang hinauflief, klein. Andy Adams sah nun zum ersten Mal den Kegel des Galeras, einen riesigen, 137 Meter hohen braunen Steinhaufen, der unten einen Durchmesser von über 600 Metern hatte. In seiner Mitte klaffte ein großer Krater von über 120 Metern Durchmesser – der Schlund des Vulkans. Der Kraterrand war unterschiedlich hoch und von den Explosionen der vergangenen Jahrhunderte zerklüftet. Adams befürchtete, daß er auch weiterhin Mühe haben würde, mit den anderen Schritt zu halten. »Ich betrachtete den Kegel – ich war bereits schlapp von dem mühsamen Abstieg in die Caldera – und dachte: wahrhaftig ein Kinderspiel!«

Dampfwolken stiegen 60 Meter hoch aus dem Krater auf, wurden vom böigen Wind zerfetzt und lösten sich auf. Aus den Fumarolen an der Westflanke des Kegels schoß Dampf heraus wie aus der Tülle eines siedenden Teekessels. Williams lief mit der Gruppe auf den Kegel zu. Adams blieb stehen, um zu verschnaufen. Nach ein paar Minuten stapfte er weiter, die Tour war viel anstrengender, als er erwartet hatte. Auf den während des Workshops gezeigten Dias hatte der Kegel klein und einladend ausgesehen; nun wirkte er riesig. Adams ging langsam, atmete schwer in der dünnen Luft und blickte zu Boden, um nicht über größere Gesteinsbrocken zu stolpern. »Eine Weile wartete Alfredo auf mich, dann lief er weiter. Schließlich war die ganze Gruppe auf dem Kraterrand und wartete auf mich. Ich war langsam«, sagt Adams. Alfredo Roldán holte José Arles Zapata ein, der weiße Hosen, eine gelbe Jacke und einen eleganten Schal trug – eine extravagante Arbeitskluft für einen Geologen.

Da Roldán schon auf dem äußerst explosiven guatemaltekischen Vulkan Pacaya gearbeitet hatte, sah er den Galeras mit anderen Augen als Adams. Er erinnert sich: »Ich sagte scherzhaft zu Zapata: ›He, José Arles, das hier ist doch kein aktiver Vulkan. Du solltest mal den Pacaya sehen; das ist ein aktiver Vulkan.‹« Zapata erwiderte lachend, Roldán solle warten, bis die Wolken sich verzogen haben – dann würde er schon sehen, daß der Galeras sehr wohl aktiv war. »Natürlich wußte ich, daß der Galeras aktiv war«, sagt Roldán. Trotzdem erschien er ihm im Vergleich zum Pacaya harmlos.

Die kühle Luft tat gut, und die Stimmung war unbeschwert, als die Gruppe über das Geröll marschierte. In der Caldera wurde die Sicht immer besser, doch an ihrem Rand hingen immer noch bedrohliche Wolken. Auf dem Galeras änderte sich das Wetter von einer Minute zur andern. Das lag vor allem an der offenen Westseite der Caldera, durch die immer wieder Wolken hereinzogen. Im nächsten Augenblick aber fegte von dort eine steife Brise durch das Amphitheater und vertrieb die dichten Wolken, so daß die Sicht wieder klar wurde.

Im Observatorium von Pasto beobachtete Adriana Ortega die seismographischen Aufzeichnungen. Um 9 Uhr 45 erschien ein *tornillo* auf den Seismogrammen. Die kleinen Schnörkel sahen nicht sonderlich bedrohlich aus, sie hatte jedoch Anweisung, die im Krater arbeitenden Leute zu verständigen, wenn auf den Seismogrammen irgendein Muster erschien. »Ich funkte José Arles an, um ihm Bescheid zu sagen, doch er antwortete nicht«, sagt sie. »Ich versuchte es ein paarmal, dann meldete sich Roberto.«

Roberto Torres befand sich mit seiner Seismologie-Gruppe auf dem Rand der Caldera, 450 Meter westlich vom Polizeirevier und ein Stück unterhalb der Sendemasten, neben denen die seismische Meßstation eingerichtet worden war. Die Gruppe bewegte sich in der ungewohnten Höhe nur langsam den steilen Hang hinauf. Torres hatte gehört, daß Ortega Zapata anfunkte, und fragte sich, warum er nicht antwortete. Er zog sein Funkgerät aus der Tasche, um mit Zapata Verbindung aufzunehmen.

»José Arles, melde dich«, rief er hinein.

Innerhalb von Sekunden rief Zapata zurück. »Hier ist José Arles.«

»Das Observatorium funkt dich an. Hat die Meldung dich erreicht?«

»Nein, ich habe sie nicht erhalten.«

Adriana Ortega im Observatorium hörte, daß Roberto Torres mit Zapata sprach, erhielt aber von Zapata keine Antwort. »Ich dachte, es läge an einem Problem mit José Arles' Funkgerät«, sagt sie. »Also rief ich Roberto an und bat ihn, José Arles zu sagen, auf dem Seismogramm sei ein kleiner *tornillo* erschienen. Er war klein, aber ich wollte, daß er Bescheid wußte.«

Torres gab die Information weiter: »José, ein kleiner *tornillo* ist auf dem Seismogramm. Das soll ich dir von Adriana ausrichten.«

»In Ordnung, Roberto. Ich habe dich verstanden. Sag dem Observatorium, daß wir die Kratertour schnell durchziehen und schauen, daß wir so bald wie möglich hier rauskommen.«

Torres übermittelte Ortega die Botschaft, steckte sein Funkgerät wieder ein und blickte in den Vulkan hinunter. Daß nach dem Gespräch mit den Organisatoren des Workshops am Vorabend nun schon wieder ein *tornillo* auftauchte, war kein gutes Zeichen. Er sah auf die Uhr, erleichtert, daß Williams und Zapata die Kratertour rasch zu Ende bringen wollten.

Williams und die anderen Chemiker standen oben auf dem Kraterrand und blickten in den dampfenden Krater hinab. Die Luft stank wie immer nach Schwefelsäure, und vorbeitreibende Wolken beeinträchtigten nach wie vor die Sicht, doch ab und zu lichtete der Nebel sich kurz und die Gruppe erhaschte einen Blick in den Krater. Der feste Grund der steilwandigen, 30 Meter tiefen Mulde war mit braunen und gelben, von der Säure zerfressenen Gesteinstrümmern übersät, zwischen denen mit einem leisen Zischen mehrere dicke Dampffontänen aufstiegen. Zehn Minuten lang standen sie schweigend da und schauten zu, wie der Vulkan atmete.

Luis LeMarie, ein durchtrainierter ecuadorianischer Chemiker aus Quito, lief den Kegel wieder hinunter, um Andy Adams zum Kraterrand hinaufzubegleiten. Als die beiden schließlich oben eintrafen und sich den anderen anschlossen, schien die Sonne von einem klaren Himmel, und sie hatten endlich eine gute Rundumsicht. Die schroffen Wände der Caldera waren aus uralten braunen und grauen Lavaschichten aufgebaut und überall dort, wo säurehaltige vulkanische Flüssigkeiten durch das Gestein sickerten, von roten und gelben Adern durchzogen.

Geoff Brown und die Gravimetrie-Gruppe waren bereits außer Sicht. Sie wanderten von der Südseite des Kegels aus im Uhrzeigersinn um den Krater und führten unterwegs Messungen mit dem Gravimeter durch.

Stanley Williams beaufsichtigte vom Kraterrand aus die anderen Wissenschaftler und dirigierte sie um den Kegel. Igor Menyailov war allein losgezogen; die Gruppe konnte seine schmale Gestalt neben einer neun Meter hohen weißen Dampfsäule kauern sehen, die aus dem Westhang des Kegels hervorschoß. José Arles Zapata deutete zu dem Russen hinüber und erklärte den Ausländern, daß alle Fumarolen Namen hatten. Die drei, bei denen Menyailov arbeitete, waren die Deformes – die »Unförmigen«. Sie wurden so genannt, weil die Westflanke des Vulkankegels sich unter dem Druck der drei Dampffontänen hochwölbte.

Andy Adams wußte, daß aus den Deformes dieselben Gase strömten wie aus dem Schlund des Vulkans. »Ich war erleichtert«, sagt er. »Es war überhaupt nicht nötig, in den Krater zu gehen.« Er und Alfredo Roldán konnten also auf dem Kegel bleiben. Dort Gasproben zu nehmen, war viel sicherer, dachte er.

Die Wissenschaftler teilten sich in kleine Gruppen auf. Fabio García, der Chemiker aus Bogotá, maß zusammen mit Andy Adams und Afredo Roldán die Temperatur der Dämpfe. LeMarie schloß sich Andrew Macfarlane und Mike Conway an, die Gasproben sammelten. Williams blieb auf dem Kraterrand und schaute bei jeder Gruppe dann und wann vorbei.

Igor Menyailov brannte darauf, in den Krater zu kommen, entnahm jedoch zuerst den Deformes Gasproben, indem er eine Glasröhre in den dampfenden Boden steckte. Er arbeitete mit einer Apparatur, die flüssiges Kadmium enthielt. Die meisten Wissenschaftler hatten diese von Giggenbach entwickelte Methode längst aufgegeben, weil es zu gefährlich war, die hochgiftige Substanz, die in speziellen Glasbehältern aufbewahrt werden mußte, mit sich herumzuschleppen. Außerdem entnahm der Russe seine Proben an den heißesten und gefährlichsten Stellen des Vulkans und trug keine Gasmaske. Oft konnte man ihn inmitten giftiger Dämpfe eine Zigarette rauchen sehen. Viele Wissenschaftler waren entsetzt über Menyailovs Arbeitsstil, doch Stanley Williams bewunderte den Russen wegen seines Rufs, ein wirklich hartgesottener und verrückter Kerl zu sein, und äußerte wiederholt, Menyailov sei ein Wissenschaftler nach seinem Geschmack.

Der Zusammenhang zwischen vulkanischen Gasen und Vulkanausbrüchen war 1993 ein heiß umstrittenes Thema. Da aufsteigendes Magma Schwefeldioxid freisetzt, glaubten einige Wissenschaftler, unter ihnen Stanley Williams, ein hoher Schwefelgehalt der Fumarolen sei ein Zeichen, daß Magma an die Oberfläche stieg, das der Vulkan bald als dicke Lava ausstoßen würde, möglicherweise auch in Form von pyroklastischen Strömen. Nach dem Ausbruch des Nevado del Ruiz 1985 enthielten die Fumarolen, die laut zischend aus seinem Krater aufstiegen, sehr viel Schwefeldioxid, und daraus schloß Williams, daß ein viel größerer und noch katastrophalerer Ausbruch als der, der Armero auslöschte, sich anbahnte.

Der von ihm prophezeite Ausbruch blieb jedoch aus. Bis zum Galeras-Workshop im Jahr 1993 war es noch niemandem gelungen, auf der Grundlage von Gasanalysen einen Vulkanausbruch vorherzusagen. Fast alle führenden Vulkanologen der Welt waren sich einig, daß Gaswerte an und für sich wenig darüber aussagten, ob eine Eruption bevorstand, doch Williams und ein paar andere Wissenschaftler, darunter auch Menyailov, verfolgten diesen Ansatz hartnäckig weiter.

Der böige Wind wehte die stark säurehaltigen Gase in alle Richtungen. Die anderen liefen um den Kegel herum zu den Deformes, um Menyailov beim Arbeiten zuzusehen. Andrew Macfarlane konnte das Gas im Mund schmecken und setzte seine Gasmaske auf. Mike Conway und Luis LeMarie, die keine Masken dabei hatten, brannte der ätzende Dampf schon bald in den Augen und im Rachen. Macfarlane beschloß, erst Gasproben an den Deformes zu nehmen, wenn Menyailov fertig war. »Da ich ein Neuling auf diesem Gebiet war, wollte ich auch die Technik von erfahreneren Kollegen beobachten«, sagt er. Nach einer halben Stunde war Menyailov fertig. Er packte seine Ausrüstung zusammen und begann in den Krater hinabzusteigen.

Nestor García hatte eigentlich gar nicht vor, auf dieser Exkursion irgendwelche Tests zu machen, doch er konnte der Versuchung nicht widerstehen, dem verrückten Russen in den Schlund des Vulkans zu folgen. Er lieh sich von Andrew Macfarlane ein Thermoelement (ein Temperaturmeßinstrument) und eilte Menyailov hinterher.

Es war inzwischen zwölf Uhr mittags.

José Arles Zapata wollte das Observatorium anrufen, solange die Seismologen, darunter auch Fernando Gil und Bruno Martinelli, noch dort waren, falls es irgend etwas zu berichten gab. Er wußte, daß alle bald Mittag essen gehen und wahrscheinlich eine ganze Weile nicht erreichbar sein würden.

»Zapata an Pasto. Bitte melden.« Er hielt das Funkgerät ans Ohr und wartete auf eine Antwort, doch es kam keine.

Er versuchte es erneut: »Pasto, bitte melden.«

Immer noch keine Antwort.

Roberto Torres, der Seismologe vom Observatorium, wanderte mit seiner sechsköpfigen Gruppe immer noch den Rand der Caldera entlang. Er hörte, daß Zapata mit dem Observatorium Verbindung aufzunehmen versuchte, und fragte sich, warum sich dort niemand meldete.

Er zog sein Funkgerät heraus und rief das Observatorium an. »Adriana, bist du da?«

»Ja, Roberto. Was gibt's?«

»José Arles versucht dich zu erreichen. Hast du Verbindung mit ihm?«

»Nein, ich habe nichts von ihm gehört.«

José Arles, der sich auf dem Hang des Vulkankegels befand, hatte sein Funkgerät inzwischen wieder eingesteckt. Er fragte sich, warum er nicht zum Observatorium durchkam. Dann hörte er, daß Torres am Apparat war.

»Roberto, hier ist José Arles.«

Vom Calderarand aus konnte Torres die kleinen Umrisse der Leute, die in der Nähe des Kraters arbeiteten, kaum ausmachen. Er sah eine knallgelbe Jacke neben den Deformes und wußte, daß das Zapata war.

»José Arles bat mich, für ihn Informationen über die Aktivität des Galeras abzurufen«, sagt Torres. »Und das Observatorium meldete mir, alles sei ruhig, der Galeras sei seit dem einen *tornillo* am Morgen friedlich.«

Torres erstattete José Arles Bericht, und Zapata sagte ihm, die Gruppe sei im Begriff, ihre Tour zu beenden, und wäre bald aus dem Vulkan draußen.

Auf dem Kegel des Galeras hatte niemand das Gefühl, daß Eile geboten war. Nach Aussagen von Andy Adams, Alfredo Roldán und Andrew Macfarlane versuchte Stanley Williams nicht, die Gruppe schnell aus dem Vulkan zu bringen. Statt die Wissenschaftler zu drängen, ihre Arbeit zügig zu beenden, plauderte er mit ihnen und ermunterte sie dazu, sich Zeit zu lassen.

Währenddessen baute sich im Galeras ein enormer Druck auf.

Bei den Deformes – den drei Fumarolen am Westhang des Kegels, 30 Meter unterhalb des Kraterrands – packten Andrew Macfarlane und Mike Conway ihre Ausrüstung aus, um an derselben Stelle wie Menyailov Gasproben zu entnehmen. Luis LeMarie hatte sich ihnen angeschlossen und maß mit einem Thermoelement die Temperatur der Fumarole. Macfarlane zog sein Arbeitsnotizbuch heraus und trug den Wert ein, den das Instrument anzeigte: *Deformes fumarolas,* 201° C.

Während Macfarlane die Ausrüstung aufbaute, unterhielt sich Williams in der Nähe mit einem Mann und zwei größeren Jungen. Macfarlane hatte die drei bisher noch nicht gesehen. Da sie nicht zu arbeiten schienen, nahm er an, daß es sich um Touristen handelte, die nach den Wissenschaftlern das gelbe Seil hinabgeklettert waren.

Die Fumarole zischte laut und spie unaufhörlich dicke Dampfwolken aus, die eine Höhe von neun Metern erreichten, bevor sie sich im Wind auflösten. »Mike und ich waren oft in Schwefeldämpfe eingehüllt, während wir die Proben nahmen«, sagt Macfarlane. Er und Conway versuchten ständig, den ätzenden Gasschwaden auszuweichen, die der böige Wind in alle Richtungen wehte.

Macfarlane sah auf seine neuen Wanderstiefel hinab; die Metallösen korrodierten bereits in dem säurehaltigen Dampf, der zwischen den zerfressenen lehmigen Steinen unter ihm emporströmte. Nach einer halben Stunde beendeten Conway, Macfarlane und LeMarie ihre Arbeit an den Deformes. Macfarlane sah auf die Uhr.

Es war 12 Uhr 30.

Adams, Roldán und Fabio García waren von der Westseite des Kegels herübergekommen und unterhielten sich mit Geoff Browns Team. Fernando Cuenca nahm García, seinen Kollegen aus Bogotá, beiseite. »Er erzählte mir, daß das Gravimeter nicht funktionierte«, sagt García. »Sie erhielten unmögliche Werte, und Fernando dachte, daß mit dem Gerät etwas nicht stimmte.« Nichtsdestotrotz wollten sie den ganzen Tag weiterarbeiten, um die Messungen zu Ende zu bringen – selbst wenn die Daten unbrauchbar waren.

Adams, Roldán und García liefen im Uhrzeigersinn weiter um den Krater, bis sie die Gruppe erreichten, die immer noch an den Deformes Gasproben nahm. Williams sagte zu den dort versammelten Wissenschaftlern, daß es allmählich Zeit werde, die Caldera zu verlassen, und daß es wohl besser sei, wenn ein Teil der Gruppe jetzt aufbräche, um einen Vorsprung zu haben.

Andy Adams hatte genug Spott über sich ergehen lassen müssen, um den Wink zu verstehen. »Ich war mir sicher, daß Stan mich meinte«, sagt er. Er war erschöpft und hatte nichts dagegen, früh wegzukommen. Schweiß tropfte ihm von den Schläfen auf den Hals und von der Stirn in die Augen. Am liebsten hätte er den Schutzhelm abgenommen, doch in seinem Rucksack war kein Platz, um ihn darin zu verstauen.

Alfredo Roldán machte sich mit Adams auf den Rückweg, und Fabio García und Carlos Estrada, der Fahrer vom Observatorium, schlossen sich den beiden an.

Es war inzwischen 12 Uhr 45.

Andrew Macfarlane und Mike Conway hatten nach dem Sammeln der Gasproben ihre Hauptarbeit noch vor sich. Sie wollten mit einem Thermoelement verbundene Leitungen zu allen Fumarolen im Krater verlegen, um deren Temperatur ständig überwachen zu können.

»Als wir unsere Proben genommen hatten, gingen wir erst einmal raus aus dem Gas, etwas frische Luft schnappen«, erinnert sich Macfarlane. »Stan frotzelte, nun wären wir echte Vulkanologen, weil wir an den Fumarolen das Gas eingeatmet hätten – wie bei einem Initiationsritus. Er sagte auch, Igor und Nestor seien zum Grund des Kraters hinabgestiegen, was mühsam sei, aber leichter, als er es von seiner letzten Tour in Erinnerung hätte.«

Die Wolken über dem Calderarand lichteten sich allmählich, und das offene Amphitheater bot eine phantastische Aussicht auf das Azufrado-Tal und die grüne Hügellandschaft im Westen. Die Sonne wärmte die Caldera; die Temperatur lag nun zwischen 10 und 15 Grad Celsius. Während Adams und die anderen den Kegel hinabliefen, auf den Ausgang der Caldera zu, stapften Macfarlane, Conway und LeMarie mit ihrer Ausrüstung in die entgegengesetzte Richtung – zum Kraterrand hinauf. Doch als sie in den Krater blickten, stellten sie fest, daß die Fumarolen weiter auseinanderlagen, als sie gedacht hatten. Conway befürchtete, daß sie nicht genug Kabel dabei hatten, um so viele Fumarolen miteinander zu verbinden wie geplant.

Nach einer kurzen Debatte über dieses Problem beschlossen die zwei Nordamerikaner, an diesem Tag nicht mehr in den Krater zu steigen, sondern das Datenregistriergerät, die Thermoelemente und die Gasprobenflaschen zu deponieren und nach Pasto zurückzukehren, um sich in Ruhe zu überlegen, wie sie verfahren sollten. Sie ließen die Ausrüstung in einer flachen Grube zurück, die sie mit ein paar großen Steinen zudeckten, für den Fall, daß es über Nacht windig wurde.

»Stan sagte, wir könnten entweder noch eine andere Untersuchung beginnen und dadurch vielleicht zu spät zum Rand der Caldera zurückkommen oder jetzt aufbrechen und gemütlich zurückwandern«, erinnert sich Macfarlane. Die drei beschlossen, ebenfalls aufzubrechen, und marschierten mit Williams und José Arles Zapata gegen den Uhrzeigersinn zur Südseite des Kegels.

Unterwegs trafen sie Geoff Brown, Fernando Cuenca und Carlos Trujillo, die im Uhrzeigersinn um den Krater wanderten. Brown und Williams blieben stehen und unterhielten sich. Da zog Andrew Macfarlane seine Kamera heraus und nahm den Krater auf. Die Wolken waren aufgerissen, und er konnte Igor Menyailov und Nestor García in der Nähe der nordwestlichen Wand des Vulkanschlots sehen.

Williams und Brown verabschiedeten sich voneinander, und das Gravimetrie-Team lief nach Norden weiter in den Nebel, der nun über den Rand des Kraters stieg. Der Grat um den Krater war sehr schmal, und Macfarlane sah noch, daß Cuenca und Trujillo Mühe hatten, mit dem viel älteren britischen Wissenschaftler Schritt zu halten. Dann verschwanden die drei im Nebel.

Der auffrischende Wind begann die Wolken erneut aus dem Krater zu treiben. Für kurze Zeit war die Sicht völlig klar. Die Fumarolen schienen von rosafarbenen, gelben und grünen Halos umgeben, weil die verschiedenen Mineralien im Dampf das Sonnenlicht reflektierten. »Igor war nicht mehr am Rand des Kraterbodens, sondern fast in der Mitte, rauchte eine Zigarette und genoß die Aussicht. Er schien mit seinen Gasanalysen fertig zu sein und wirkte rundum zufrieden.«

Als Williams und die anderen den Kraterrand verließen und den Hang hinabliefen, vernahmen sie das Geräusch herabkollernder Steine; es schien aus der Richtung des Kraters zu kommen. »Es waren drei kleinere Steinschläge innerhalb einer Minute oder so. Sie waren deutlich zu hören, aber ich konnte nicht sehen, wo die Steine herunterkamen. Ich fragte Stan, was die Steinschläge ausgelöst haben könnte, und er meinte, vielleicht irgendeine mikroseismische Aktivität, schien aber nicht sonderlich beunruhigt«, erinnert sich Macfarlane.

Für Macfarlane klangen die Steinschläge wie die, die er bei seinen Touren auf schlafenden Vulkane in den Cascades gehört hatte. Er sagte sich, daß kein Grund zur Sorge bestand.

Die Gruppe lief weiter die südöstliche Seite des Kegels hinunter. Vor ihnen kletterten die drei Wanderer, mit denen Williams sich vorhin unterhalten hatte, in Wollpullovern und billigen Tennisschuhen auf dem Geröllhang herum. Es waren Einheimische aus Pasto – ein Vater mit seinem halbwüchsigen Sohn und dessen Freund.

Williams deutete auf die drei und sagte zu Macfarlane, der ein paar Schritte hinter ihm war: »Manchmal komme ich mir albern vor, wenn ich in einer 1000 Dollar teuren Bergsteigerausrüstung auf Vulkane steige, während die Einheimischen einfach in den Jeans und Turnschuhen, die sie gerade anhaben, hinaufklettern.« Die beiden lachten. Es stimmte. Die teure Spezialkleidung der Nordamerikaner aus Gore-Tex und Fleece fiel auf wie ein Armani-Anzug auf einem *Tractor-Pull*-Wettbewerb.

Der Rückweg hatte doppelt so lange gedauert wie geplant. Alfredo Roldán, Fabio García und Carlos Estrada hatten immer wieder auf Andy Adams gewartet. Erst um 13 Uhr 30 erreichte die Gruppe schließlich die steile Calderawand.

Roldán blieb stehen und lauschte. Er vernahm ein leises Rumpeln. Es erinnerte ihn an ein Geräusch, das er auf dem guatemaltekischen Vulkan Pacaya gehört und *retumbos* genannt hatte – es klang ähnlich wie ein Steinschlag, aber tiefer und dumpfer. »Ich fragte Fabio García, was das für ein Geräusch sei«, sagt Roldán. »Er meinte, das sei ein Steinschlag gewesen. Und Carlos Estrada erklärte, das sei auf dem Galeras ganz normal.«

Doch Roldán war skeptisch. Auf dem Pacaya hatte er dasselbe Geräusch gehört – nur Minuten bevor der Vulkan ausbrach.

Sie begannen den Geröllhang hinaufzusteigen. Roldán entschied, daß er nun lange genug auf Adams gewartet hatte, lief schneller und erreichte bald das untere Ende des Seils. Der Aufstieg über den zerklüfteten Steilhang war trotz des Seils schwierig, und er mußte mehrere Verschnaufpausen einlegen. Als er schließlich oben ankam, sah er, daß der Journalist und der Kameramann, die die

Caldera offensichtlich früher verlassen hatten, auf dem Gipfelgrat auf ihn warteten.

Mist, dachte er, *nun sitze ich in den Falle.*

Er war außer Atem und starb fast vor Durst, denn er hatte seit dem Aufbruch am frühen Morgen nichts mehr getrunken. Doch die Reporter ließen ihm keine Zeit zum Ausruhen, sondern hielten ihm sofort das Mikrofon vor die Nase. Das Video zeigt Roldán, wie er keuchend die Fragen der Reporter zu beantworten versucht:

»Herr Ingenieur Roldán aus Guatemala, sagen Sie uns doch bitte, welchen Eindruck Sie von dem Vulkan haben.«

Schwer atmend blickte Roldán ein paar Sekunden lang auf den Boden und dann zu den Reportern auf. »Es ist sehr interessant, ihn zu studieren«, sagte er, in der Hoffnung, daß diese Antwort ihnen genügte.

Der Reporter versuchte es erneut. »Sie waren ja nun im Krater. Wie hoch schätzen Sie das Risiko ein, daß der Galeras bald ausbricht? Wie lauten Ihre Empfehlungen?«

Roldán überlegte sich, was er sagen konnte, um die beiden loszuwerden. »Ich finde, daß sich dieser Vulkan gut für geothermische Studien eignet.«

»Hören Sie«, sagte der Journalist ungeduldig, während der Kameramann die Aufnahme kurz unterbrach. »Ich stelle Ihnen jetzt eine Frage, und Sie geben mir eine einfache Antwort, und die werden wir aufzeichnen. Einverstanden?«

»Also gut«, murrte Roldán.

»Herr Ingenieur Roldán, wann, glauben Sie, wird der Galeras ausbrechen?«

Das hätte ich mir denken können, dachte Roldán. *Die leidige Frage.*

Die Kamera lief wieder, um Roldáns Antwort aufzuzeichnen. Er suchte nach einfachen Worten.

»Vielleicht in einem Jahr, vielleicht in einem Monat.« Er holte tief Luft. »Vielleicht auch schon nächste Woche.«

Dann ist plötzlich das Bild weg, doch auf der weiterlaufenden Tonspur hört man noch eine gewaltige Explosion und die markerschütternden Schreie der verschreckten Journalisten.

Der Ausbruch

Die Wissenschaftler auf dem Kegel des Galeras erstarrten vor Schreck. Unter dem Krater hatte sich Wasser in Dampf umgewandelt, wodurch ein so gewaltiger Druck entstanden war, daß der Vulkan explodierte. Der Ausbruch klang wie ein furchterregend lauter Donnerschlag. Eine Sekunde lang begriff niemand so recht, was geschehen war. »Wir drehten uns unwillkürlich um und schauten hin«, erinnert sich Luis LeMarie. Eine dicke Wolke schwarzer Asche schoß aus dem Schlund des Galeras in den Himmel, begleitet von einem höllischen Feuerwerk aus glühenden Gesteinsbrocken.

Jemand schrie: »Es ist der Vulkan!«

Stanley Williams und José Arles Zapata flohen den Geröllhang hinunter, dicht gefolgt von Macfarlane. Die Wucht der Explosion schleuderte meterdicke Brocken in Sekunden mehrere hundert Meter hoch in die Luft, und kleinere Gesteinstrümmer schossen mehrere tausend Meter in die Wolken hinauf. Sekunden später regnete es aus dem Aschenebel dicke Brocken, die mit ohrenbetäubendem Getöse auf dem Boden aufschlugen und zerplatzten – die glühenden Gesteinstrümmer flogen in alle Richtungen.

Ein Stein von der Größe eines Golfballs traf Macfarlane über dem linken Auge. Er verlor das Gleichgewicht, überschlug sich und landete in einem Haufen glühender Trümmer. Er zwang sich, aufzustehen und weiterzulaufen. Der Boden unter seinen Füßen zischte. Scharfkantige Fragmente stachen ihm von hinten in die Beine wie Dolche, die auf einer horizontalen Flugbahn durch die Luft sausten.

Sekunden später wurde Williams von einem Stein am Kopf getroffen und zu Fall gebracht. Ein Stück unterhalb sprang Zapata so schnell er konnte über glühende Felsbrocken hinweg davon, bis ein spitzer Stein sich in seinen Hinterkopf bohrte und ihn mit dem Gesicht voran in den brennenden Schutt warf.

Der Einheimische und die beiden Jungen rannten um ihr Leben. Überall um sie herum schlugen Brocken auf und zerschellten. Innerhalb von Sekunden wurden alle drei schwer am Kopf getroffen und zu Boden gestreckt – zuerst der Mann, dann die beiden Jungen. Ihre Kleidung fing Feuer, als ein Hagel vulkanischer Trümmer auf ihre Körper niederging.

Am Fuß der Calderawand, gut 600 Meter vom Schlund des Vulkans entfernt, ging Andy Adams hinter einem Felsbrocken in Deckung. »Ich versuchte, mich unter meinem Schutzhelm zu verkriechen«, erinnert er sich. Trümmer, die senkrecht aus dem Krater in den Himmel schossen, verloren an Geschwindigkeit und stürzten herab. Durch die Wucht des noch andauernden Ausbruchs wurden sie über dem Krater auf eine horizontale Flugbahn umgelenkt und bildeten rund um den Kegel eine ausladende glühende Fontäne von 1200 Metern Durchmesser. Eine Ladung dicker Brocken, die einen Durchmesser von bis zu 30 Zentimetern hatten, traf die Wand über Adams. Die Brocken zerschellten und gingen als glühende Steinlawine über ihm nieder.

Er spürte, wie berstende Trümmer auf seinen Schutzhelm niederprasselten und seinen Nacken versengten, und hielt sich den Rucksack über den Kopf, um sich besser zu schützen. Zitternd zog er seine Gasmaske heraus und setzte sie auf.

Über ihm an der Calderawand klammerten sich Carlos Estrada und Fabio García mit einer Hand verzweifelt an das Kletterseil, und mit der anderen verfolgten sie wie Außenfeldspieler die Bahn auf den Hang zufliegender Geschosse, um ihnen rechtzeitig ausweichen zu können.

Die Journalisten auf dem Gipfelgrat kreischten, als sie die Explosion hörten. Als Gesteinstrümmer um sie herum einschlugen, warf der Reporter sich zu Boden und zog den Kameramann mit sich hinunter. Dann brüllte er Alfredo Roldán zu:

»Was ist los? Zum Teufel, was ist denn los?«

Roldán rannte zum äußeren Calderarand und den Südhang hinab, bis er den Kegel des Vulkans nicht mehr sehen konnte, und kniete sich hin. »Ich schrie den Journalisten auf dem Gipfelgrat zu, sie sollten nach hinten laufen und herunterkommen.«

Die beiden rannten in Panik auf Roldán zu und stürzten auf dem Hang über ihn. Roldán wollte ein Bild machen – mit der gewaltigen schwarzen Eruptionswolke stiegen nun grau-weiße Schwaden empor –, doch er war zwischen dem Reporter und dem Kameramann eingezwängt, die immer noch schrien und ihn nach unten drückten, so daß er seine Kamera nicht herausbekam. Trümmer prasselten auf den Gipfel nieder wie riesige brutzelnde Hagelkörner.

»Ich sagte ihnen, sie sollten sich beruhigen«, sagt Roldán. »Ich versicherte ihnen: Sie werden nicht sterben!«

Im selben Augenblick blickte Roldán nach oben. »Ich sah einen glühenden, 20 Zentimeter dicken Brocken auf den Kopf des Journalisten zuschießen«, sagt er. Er stieß den Journalisten heftig beiseite, und der Brocken sauste knapp an dessen Kopf vorbei. Sekunden später traf ein Geschoß Roldáns Schutzhelm mit solcher Wucht, daß er umkippte.

Drei weitere Explosionen folgten so schnell aufeinander wie Salven aus einem Schnellfeuergewehr. Unmengen pechschwarzer Asche – von der gewaltigen Sprengkraft der Eruption pulverisiertes Andesitgestein – wurden mit fürchterlichem Getöse in den Himmel geschleudert.

Unten am Hang des Kegels rappelte Stanley Williams sich mühsam hoch und versuchte auf wackligen Beinen weiterzulaufen. Innerhalb von Sekunden wurde er erneut von explodierenden Trümmern niedergestreckt, die seine Beine trafen, ihm das Schienbein brachen und seine Kleidung in Brand setzten.

Ein Stück weiter hinten rannte Andrew Macfarlane an José Arles Zapata vorbei. Der Körper des jungen Kolumbianers war blutüberströmt. Noch glühende Trümmer hatten sich tief in sein Fleisch gegraben. Macfarlane blieb einen Augenblick stehen, wußte jedoch, daß er nichts mehr tun konnte: Zapata war tot.

Weiter oben suchten Luis LeMarie und Mike Conway unter dem Kraterrand Deckung. »Die Leute fielen um wie die Fliegen«, sagt Conway. »Von da an krochen wir herum – Luis LeMarie und ich. Der Gipfelgrat schützte uns. So blieben wir eine Minute lang zusammengekauert dort hocken.«

»Bevor wir Land gewinnen konnten, begannen schon die Brocken herunterzufallen. Ich spürte, wie ein Schwall sehr heißer Asche über meinen Kopf hinwegrauschte und meinen Körper traf«, erinnert sich LeMarie.

Conway sah Andrew Macfarlane weiter unten auf dem Hang und brüllte ihm zu, er solle hinter einem Felsbrokken Schutz suchen.

Macfarlane hörte Conway, fand einen 60 Zentimeter hohen Felsen und verkroch sich dahinter. Die größten Brocken waren inzwischen schon wieder heruntergekommen, doch es regnete immer noch fußballgroße Bomben, die beim Aufprall explodierten. Die kleineren Trümmer, die durch die Wucht des Ausbruchs hoch in die Atmosphäre hinaufkatapultiert worden waren, schienen senkrecht herabzustürzen, anstatt in hohem Bogen vom Krater wegzufliegen. Daher bezweifelte Macfarlane, daß der Felsen ihn schützen konnte. Er blickte auf und sah Conway, wild mit den Armen rudernd, den Hang herab auf ihn zustürzen.

Macfarlane wußte, daß er keine Chance hatte, die vielen herabfallenden Trümmer alle rechtzeitig zu sehen. »Zu diesem Zeitpunkt rechnete ich voll damit, jeden Augenblick zu sterben«, erinnert sich Macfarlane. »Ich beschloß, einfach weiterzulaufen, anstatt mich zu verkriechen und zu warten – in der Hoffnung, irgendwie von dem Bombardement verschont zu bleiben.« Aus der Wunde an seinem Kopf lief Blut in sein Auge, so daß er kaum noch etwas sah. Er kam nur ein paar Meter weit. Dann rutschte er aus und fiel kopfüber über einen großen Felsbrocken. Nach seiner unsanften Landung sah er, daß nur anderthalb Meter über ihm Stanley Williams lag.

»Mein Bein ist gebrochen!« brüllte Williams, um das Getöse des ausbrechenden Vulkans zu übertönen. »Mein Bein ist gebrochen! Es ist abgetrennt!« Beide Knochen seines linken Unterschenkels waren gebrochen. Der

Fuß hing schlaff herab; die untere Hälfte des Schienbeins stand in einem 90-Grad-Winkel von der oberen Hälfte ab. Blut quoll unter seiner Strickmütze hervor.

Macfarlane wollte helfen. »Mir fiel keine andere Möglichkeit ein, ihm zu helfen, als ihn hochzuheben und zu tragen. Ich streckte den Arm nach ihm aus und versuchte, seine Hand zu ergreifen, aber wir konnten einander nicht ganz erreichen. Meine Beine waren von meinen früheren Stürzen übel zugerichtet. Ich hatte keine Kraft mehr in ihnen und keine richtige Kontrolle über sie. Ich merkte, daß ich es nicht einmal schaffte, ihn von dort unten zu erreichen, daß ich selbst kaum noch laufen konnte, daß ich gar nicht fähig war, ihn zu tragen. So mußte ich ihn zurücklassen und konnte nur hoffen, daß er den Bombenhagel dort überstand und gerettet wurde.« Er hörte Williams um Hilfe schreien, während er den Kegel hinabstolperte.

Ihm drehte sich alles. Seine Kopfwunde begann anzuschwellen. Plötzlich fiel ihm der Vortrag ein, den Dr. Baxter am Vortag auf dem Workshop gehalten hatte.

Fünfzig Prozent, dachte er. Baxter hatte gesagt, von den Leuten, die auf einem Vulkan von einem Ausbruch überrascht wurden, überlebten im Durchschnitt fünfzig Prozent. Er zuckte vor Schmerz zusammen, als mehrere Trümmer seine Waden und Oberschenkel trafen. *Fünfzig Prozent.* »Das machte mir wieder Mut«, erinnert er sich. Während er sich weiterschleppte, sagte er immer wieder laut vor sich hin: »Wir werden nicht alle sterben. Wir werden nicht alle sterben. Wir werden nicht alle sterben.«

Alles geschah in Zeitlupe. Er stolperte über das Geröll und stürzte, weil ihm plötzlich die Beine versagten. Er stand wieder auf und fiel erneut hin. Diesmal verbrannte er sich die Handflächen an glühenden Steinen. Er wußte, daß er eine Überlebenschance hatte, wenn er die heftigste erste Explosion überstand, ohne schwer am Kopf getroffen zu werden. »Ich sagte mir, daß die Verbrennungen egal waren, solange ich nur am Leben blieb. Sie konnten verheilen, und ich konnte trotzdem rauskriechen, selbst ohne Hände«, erinnert sich Macfarlane.

Er wunderte sich, daß er kein Gas aus der Eruptionswolke roch, doch die ätzenden Schwaden schienen nicht in seine Richtung zu ziehen, sondern nach Norden. *Gott sei Dank.* Seine Gasmaske hatte er bei einem früheren Sturz verloren.

Er kämpfte sich weiter den Hang hinab und entdeckte Mike Conway und Luis LeMarie, die zusammengekauert in einer Mulde hockten. Die erste, heftigste Phase der Eruption, bei der die größten Brocken herausgesprengt wurden, war vorüber, doch der Vulkan röhrte weiter und schleuderte bei kleineren Explosionen immer noch den einen oder anderen dicken Brocken 300 Meter hoch aus dem Krater. Macfarlane kroch zu Conway und LeMarie in die Mulde, keuchend und unfähig zu sprechen.

Conway schrie den beiden anderen zu, sie sollten ihre Rucksäcke über den Kopf ziehen.

Macfarlane befolgte seinen Rat.

Hektisch wie ein Reporter in einem Kriegsgebiet erklärte Conway Macfarlane und LeMarie kurz, was seiner Meinung nach geschehen war.

»Es klang wie ein Explosivausbruch, als hätte der Vulkan das Gestein in seinem Schlot herausgesprengt.«

Die anderen beiden betrachteten mit großen Augen die schwarze Wolke, die sich in dicken Ballen emporwand und aufbauschte.

»Es *könnte* bei einem Ausbruch bleiben«, sagte Conway. »Dann hätten wir eine Chance.«

Macfarlane und LeMarie schwiegen.

»Doch wenn noch ein Ausbruch folgt, diesmal mit

einem pyroklastischen Strom, müssen wir hier raus und so weit wie möglich die Calderawand hinaufkommen.«

Bei einem pyroklastischen Strom würde eine tödliche Wolke aus Asche und Dampf sie verbrennen und erstikken und ihre Lungen in Stein verwandeln.

Die Caldera füllte sich mit Wolken, die schnell zu Regen kondensierten. Macfarlane begann in dem kalten Regen zu frösteln. Die drei verletzten Wissenschaftler blieben dicht beieinander. Trotz allem empfanden sie eine ungeheure Erleichtung. Der Geschoßhagel ließ nach, und sie hatten den ersten Ausbruch überlebt. Doch sie wußten, daß ein noch gefährlicherer Ausbruch folgen konnte. Wie Soldaten in einem Schützenloch harrten die drei schweigend aus und horchten bange, ob sich ein weiterer tödlicher Befreiungsschlag des Vulkans ankündigte.

Nach fünf Minuten gingen keine Trümmer mehr nieder, sondern nur noch Asche und ein leichter Regen. Auf dem Gipfel schüttelte Alfredo Roldán die Journalisten ab und stand auf, um in die Caldera zu schauen. Vom Westen her zogen wieder Wolken hinein, doch er konnte immer noch die pilzförmige Eruptionswolke sehen, die sich mehr als anderthalb Kilometer in den Himmel erhob und allmählich vom Wind zerteilt und nach Norden abgetrieben wurde.

Roldán starrte in die kilometerweite Caldera des Galeras, eingeschüchtert von der ungeheuren Kraft des Vulkans und fasziniert von seiner wilden Schönheit. Er fragte sich, ob sonst noch jemand überlebt hatte.

Die Rettungsaktion

Die Explosion erschütterte das umliegende Land. Bewohner von Pasto und den *barrios* der Umgebung traten ins Freie und blickten zum Galeras hinauf, aber sein Gipfel war immer noch in Wolken gehüllt.

Am Hang des Vulkans, 300 Meter unterhalb des Gipfels, setzte Marta Calvaches Herzschlag vor Schreck einen Augenblick aus. Die sieben Mitglieder ihrer Gruppe waren starr vor ungläubigem Entsetzen. Die erste Explosion war laut, extrem laut, verstärkt durch die Wände des Tals, in dem sie standen – das Krachen schien von überall zugleich zu kommen. Als das erste Explosionsgeräusch verebbte, dröhnte der Berg weiter. Eine graduierte Studentin aus Kanada stieß einen Schrei aus und brach in Tränen aus. »Einige rannten in die eine und andere in die andere Richtung«, sagt Calvache. »Also rief ich die zurück, die in die falsche Richtung – weg von der Straße – liefen.«

Immer noch weinend, sagte die Studentin zu Marta: »Was war das? Was geschieht da?« Calvache hatte keine Zweifel. Der Galeras brach aus. »Es war völlig klar, daß es der Vulkan war, aber man versucht sich weiszumachen, daß es etwas anderes sein könnte« sagt sie.

Patty Mothes blickte ebenfalls zum Gipfel empor und

versuchte sich einzureden, daß der Knall von einem Flugzeug, einem Blitzschlag oder einer Sprengung stammte. Vielleicht fanden auf dem Flugplatz im Norden militärische Manöver statt. Doch die Explosion war so laut, lauter als alle Geräusche, die Patty Mothes je bei den Ausbrüchen der ecuadorianischen Vulkane gehört hatte, die sie mit ihrem Mann Pete Hall schon häufig beobachtet hatte. Und kaum eine Minute später hagelte es bohnengroße Bimssteine. Jetzt gab es keinen Zweifel mehr. Sie dachte an Hall. Sie wußte, daß er auf der anderen Seite des Vulkans war, und hoffte, daß er nicht in Gefahr war. Sie sah sich nach einem Platz um, der der Gruppe Schutz bieten konnte, und forderte die anderen laut auf, sich hinter einer Reihe großer Felsblöcke zu ducken.

Die Studentin weinte lauter, während die meisten Mitglieder der Gruppe ihre Arme schützend um den Kopf legten und minutenlang am Boden kauerten, als um sie herum die Steine niederprasselten und von ihren Armen und Rucksäcken abprallten.

Setsuya Nakada und Tad Ui rannten nicht weg, ignorierten aber Mothes Aufforderung, in Deckung zu gehen. »Tad Ui begann Notizen zu machen. Ich zog meine Kamera aus der Jackentasche, um ein Foto zu machen, aber der Berg war in Wolken gehüllt«, berichtet Nakada. Er sah Ui an und musterte die verängstigte Gruppe, die sich im Steinhagel hinter den Felsblöcken zusammengekauert hatte. Die japanischen Wissenschaftler hatten sich seit drei Tagen über den Galeras informiert und wußten, daß sie auf der sichersten Seite des Vulkans standen. Sie hatten jedoch erst kürzlich den Zorn des Unzen aus erster Hand erlebt und konnten sich gut vorstellen, was auf dem Gipfel des Galeras los war.

Einige Minuten später kam Mothes zu dem Schluß,

daß die Gruppe sicher war, wenigstens vorläufig. Sie erinnert sich, wie sie versuchte, die weinende Studentin zu beruhigen:

»›Schau‹, sagte ich zu ihr, ›du hast bisher nichts abgekriegt und wirst voraussichtlich auch heil davonkommen. Schließlich sind wir außerhalb des Kraters, und wahrscheinlich auf der sicheren Seite.‹«

Mothes und Calvache musterten schweigend das ängstliche Häuflein, das mit ihnen hinter den Felsblökken kauerte. Sie wußten, daß sie etwas unternehmen mußten. Der Geländewagen stand einen knappen Kilometer und 150 Höhenmeter weiter oben am Berg. Die kanadische Studentin war inzwischen hysterisch geworden. Mehrere andere waren sichtlich erschüttert. Die meisten waren nicht für eine Bergwanderung ausgerüstet – sie würden bei einer Rettungsaktion keine große Hilfe sein. Der Weg zu ihrem Geländewagen führte den ausbrechenden Vulkan hinauf, und Calvache und Mothes hegten kaum einen Zweifel, daß ihn keiner aus der Gruppe einschlagen wollte. Da Calvache kein Funkgerät hatte, um mit dem Observatorium Kontakt aufzunehmen oder jemanden auf dem Gipfel des Galeras zu erreichen, hatte sie keine Ahnung, was als nächstes passieren würde.

Sie wußte, daß ein größerer Ausbruch folgen konnte. In der Vergangenheit hatten die Ausbrüche des Galeras immer nur ein paar Minuten gedauert. Aber Calvaches Erfahrung umfaßte nur einen winzigen Bruchteil der millionenjährigen Geschichte des Vulkans und sie wußte, daß bei vielen Stratovulkanen auf einen zunächst kleinen Ausbruch ein pyroklastischer Strom folgte. Wenn es dazu kam, konnten sie alle bald tot sein. »Eigentlich schickten wir die Leute nur zurück«, sagt Mothes. »Wir sagten einfach: ›Geht zurück. Geht die

Straße hinunter.‹ Aber wir wußten nicht, ob noch mehr passieren würde.«

Calvache sah auf die Uhr. Es war 13 Uhr 45. So lange dauerte eine Exkursion in den Krater normalerweise nicht. »Wenn man in den Krater geht, bricht man in der Regel sehr früh auf und verläßt ihn vor zwölf Uhr wieder«, sagt Calvache. »Also dachte ich, sie seien bereits wieder draußen und auf dem Weg nach Pasto.«

Außerdem hatten die Organisatoren der Konferenz erst am Vorabend betont, daß Kratertouren sehr schnell durchgeführt werden müßten – nur rein und raus. Bestimmt hatte Williams seine Gruppe inzwischen wieder herausgebracht, und sie befanden sich alle auf dem Rand der Caldera in Sicherheit, sagte sie sich. Tief in ihrem Innern aber fürchtete sie, daß dies vielleicht doch nicht der Fall war.

Sie vergewisserte sich, daß die anderen mit Maria Luisa Monsalve den Weg nach Pasto hinabliefen. Dann, als auf dem Berg – wie bei einem gewaltigen Bombenangriff – drei weitere Explosionen stattfanden, rannte sie mit Mothes den steilen Pfad zu den wartenden Geländewagen hinauf.

Im Observatorium von Pasto brach die Hölle los. Die Registriernadeln der Seismographen spielten verrückt. Die Studentin, die die Geräte überwachte, hatte mit einem ruhigen Tag gerechnet und fiel vor Verblüffung fast vom Stuhl. Es war 13 Uhr 50, und noch keiner der Seismologen wieder von der Mittagspause zurück.

Instinktiv griff die Studentin nach dem Funkgerät auf dem Tisch neben sich.

»José! Bitte kommen! Bitte kommen!«

Keine Antwort.

Sie rannte zur Tür und schaute zum Vulkan hinauf. Nichts als Wolken. Dann sah sie auf dem schmalen Gehweg Bruno Martinelli und Fernando Gil hintereinander auf das Observatorium zulaufen.

»Es passiert etwas auf dem Galeras!« schrie sie den beiden Männern entgegen. Martinelli und Gil hatten die Explosion auf dem Rückweg vom Mittagessen nicht gehört. Sie rannten an der Studentin vorbei in den vorderen Raum des Observatoriums, um sich die Seismographen anzusehen. Die Registriernadeln zitterten und kratzten furchterregende Zickzackmuster in das Papier.

Nach einem kurzen Blick auf die Überwachungsgeräte wußte Martinelli, daß der Galeras ausgebrochen war. Aber er machte sich keine allzu großen Sorgen. Es war fast 14 Uhr, deshalb ging er davon aus, daß die Leute auf dem Berg den Krater längst verlassen hatten.

Fernando Gil versuchte José Arles Zapata über Funk zu erreichen. Immer noch keine Antwort. Die Nadeln der Seismographen kritzelten weiterhin wilde Zacken. Gil rannte ins Freie, um den Ausbruch zu sehen. Zwei Minuten später kam Fernando Muñoz mit rotem Kopf ins Observatorium gestürzt. Auf der Straße sprachen die Leute bereits über den Ausbruch. Bald herrschte ein Riesengedränge in dem Raum mit den sechs Seismographen, die den Galeras überwachten. Alle Mitarbeiter des Observatoriums wollten wissen, was los war und ob es irgendwelche Nachrichten vom Gipfel gab.

In dem Chaos rannte Ricardo Villota zum Jeep des Observatoriums. Er wußte, daß zwei gute Freunde von ihm, José Arles Zapata und Carlos Estrada, auf dem Berg waren, und wagte sich gar nicht auszumalen, was passiert sein konnte.

»›Ich nehme den Jeep und fahre zum Berg zurück‹,

sagte ich zu Fernando«, berichtet Villota. »Doch er sagte: ›Nein. Auf gar keinen Fall. Wir haben nicht die leiseste Ahnung, was noch passiert.‹«

Villota ignorierte Muñoz' Einwand, rannte wieder hinaus und sprang in den Jeep des Observatoriums. In diesem Moment kam Milton Ordoñez, der am Vortag mit Geoff Brown gravimetrische Messungen durchgeführt hatte, mit dem Fahrrad zum Observatorium heraufgefahren.

»›Der Galeras ist ausgebrochen!‹ rief mir Ricardo zu. ›Unsere Freunde sind vielleicht verletzt. Wir müssen sehen, was wir tun können‹«, berichtet Ordoñez. Er sprang zu Villota in den Jeep, und sie rasten den Berg hinauf.

Im Observatorium übernahm Fernando Muñoz sofort das Kommando. Er brüllte Adriana Ortega, die gerade vom Mittagessen in ihrer nahegelegenen Wohnung zurückgekehrt war, Befehle zu. Und er scheuchte eine Gruppe von Studenten auf, die in einer Ecke hockten und besorgt darüber spekulierten, wie es wohl der Gruppe auf dem Gipfel des Galeras erging.

»›Wir brauchen starke Leute hier‹, sagte Fernando zu uns. ›Wir können nur Leute gebrauchen, die arbeiten. Wenn ihr nicht arbeitet, dann geht nach Hause‹«, berichtet Ortega.

Das Telefon klingelte. Im Radio war gemeldet worden, daß es bei dem Ausbruch Dutzende von Toten gegeben habe, und nun riefen Angehörige, Journalisten und ausländische Konsulate an, die weitere Informationen haben wollten. Niemand wußte genau, wer noch im Krater war, man wußte nicht einmal, wer sich überhaupt dorthin begeben hatte. Die Parkaufsicht hatte eine Liste mit 70 Namen, deren Träger die Genehmigungen für eine Kratertour erhalten hatten, doch es existierte keine neue Liste jener Personen, die tatsächlich an jenem Morgen mit Williams in die Caldera gestiegen waren.

Genau auf der anderen Seite des Berges, im Azufrado-Tal unterhalb der Westflanke des Galeras, versuchte Hector Cepedas Gruppe immer noch herauszufinden, was die Explosionsgeräusche zu bedeuten hatten. Wolken verdeckten die Sicht auf den Vulkan, und das Getöse echote durch das weite neblige Tal, so daß sich nicht feststellen ließ, aus welcher Richtung es kam. Einige der Wissenschaftler stiegen den Hang hinauf, um nicht in einen möglicherweise drohenden pyroklastischen Strom zu geraten. Andere dagegen waren immer noch nicht überzeugt, daß die Detonationsgeräusche tatsächlich vom Vulkan kamen, nicht einmal John Stix, der im Laufe der letzten Jahre Dutzende Male am Galeras gewesen war. »Ich weiß noch, daß ich ein paar Leute aus der Gegend fragte, ob in dem Gebiet Sprengungen stattfänden oder irgendwelche Straßenbauarbeiten«, erzählt er. »Wir wußten wirklich nicht, was wir von der Sache halten sollten.«

Ein wettergegerbter Campesino, den Stix fragte, schüttelte den Kopf, erstaunt über die Unwissenheit dieser Männer, die sich Wissenschaftler nannten.

»Nein, Señor, el volcán está despertando«, antwortete er. Der Galeras war in der Tat hellwach.

Stix hatte ursprünglich auch in den Krater hinabsteigen wollen. Er wußte nicht, was sich auf dem Gipfel ereignet hatte, aber er konnte sich noch gut an den Ausbruch vom 16. Juli 1992 erinnern, bei dem der Lavadom in eine Million scharfkantiger glühender Trümmer zersprengt worden war. Damals flogen kühlschrankgroße Felsbrocken aus dem Schlund des Vulkans. Stix war heilfroh, daß er jetzt nicht im Krater war.

Zu der Gruppe, die den Hang des Azufrado-Tals hinaufgestiegen war, gehörten auch Fraser Goff und Gary McMurtry. Sie hatten keine Zweifel, daß es sich bei dem Krachen um einen Ausbruch des Vulkans handelte, und wollten so schnell wie möglich aus der potentiellen Gefahrenzone herauskommen. Goff wußte, daß seine Kollegen Andy Adams und Alfredo Roldán Helme, Handschuhe und Gasmasken trugen, und hoffte, daß diese in Los Alamos obligatorische Sicherheitsausrüstung ausreichte.

Hinter dem Berg war keine Funkverbindung mit dem Observatorium in Pasto möglich, also fuhr Hector Cepeda mit dem Bus zum Polizeirevier im nahegelegenen Consacá, um das Observatorium anzurufen, während die anderen auf einem Bergkamm über dem Azufrado-Tal warteten. Dreißig Minuten später kehrte Cepeda zurück. So ruhig und sachlich, wie er die Exkursion geleitet hatte, teilte er nun seiner Gruppe mit, im Observatorium habe man davor gewarnt, daß vielleicht ein noch heftigerer Ausbruch bevorstünde.

Die im grauen Nieselregen stehende Gruppe stieg schnell wieder in den Bus. Feine Asche begann vom Himmel zu fallen. Die Stimmung war gedrückt. Keiner wagte über das Schicksal seiner Freunde und Kollegen zu spekulieren.

Für Gloria Patricia Cortés, eine Geologin aus dem Observatorium von Manizales, war es eine besonders belastende Situation. An jenem regnerischen Abend des 13. November 1985 war sie in Manizales gewesen, im Haus ihrer Eltern, bei denen sie wohnte. Die sonst so fröhliche junge Geologiestudentin hatte an diesem Abend schlechte Laune. Sie hatte am Nachmittag an der Universität von Caldas eine Wiederholungsprüfung ablegen müssen und deshalb die Exkursion ihres Paläontologiekurses nach Ibagué nicht mitmachen können. Doch ihre Freunde kamen nicht bis Ibagué. Sie waren in Armero. Und am folgenden Morgen war die Hälfte von ihnen tot.

Cortés war zutiefst verstört. Von Schuldgefühlen geplagt, weil sie mehr Glück hatte als ihre Kommilitonen, ging sie nicht mehr zur Universität. Nach einigen Monaten konnte ihr Vater ihre Qualen nicht mehr mit ansehen, holte sie aus dem Bett – das sie seit dem Unglück kaum mehr verließ – und legte ihr den Arm um die Schultern.

»Mein Vater sagte zu mir, es gebe da etwas, das ich für meine Freunde tun könne«, erinnert sich Cortés. »Ich solle alles über den Vulkan lernen. Ich solle lernen, was mit meinen Freunden in Armero passiert war, und dafür sorgen, daß so etwas nie wieder geschah.«

Cortés hatte seinen Rat befolgt. Nun, sieben Jahre später, hatte sie mit ihrem guten Freund José Arles Zapata zum Krater gehen wollen, aber wie vielen anderen Workshop-Teilnehmern war ihr gesagt worden, die Gruppe sei bereits zu groß.

Pete Hall hatte auf der Exkursion Hector Cepedas Erklärungen für die Gruppenmitglieder, die kein Spanisch sprachen, ins Englische übersetzt. Er saß weit hinten im Bus und blickte aus dem Fenster. Er machte sich natürlich Sorgen um die Leute, die sich gerade auf der Kratertour befanden, und war sich bewußt, welches Glück er gehabt hatte. Seine Frau, Patty Mothes, hatte in letzter Minute beschlossen, nicht zum Krater zu gehen. Er hatte das sichere Gefühl, daß sie außer Gefahr war.

Fünfzehn Minuten nach dem Ausbruch hatten die Explosionen aufgehört, und der Steinhagel war vorbei.

Mike Conway, Luis LeMarie und Andrew Macfarlane wollten die vielleicht nur kurzfristige Ruhepause nutzen, um so schnell wie möglich aus der Caldera herauszukommen. Der Vulkan röhrte und zischte, während er schwarze Asche und Dampf ausspie. Die emporwirbelnde Wolke wurde mit jeder Sekunde dicker und schwärzer und glühte an ihrer Unterseite nun leuchtend orange.

Conway sah es zuerst und zeigte auf den Krater. Die glühende Asche mußte mindestens 1000 Grad Celsius heiß sein – ein unheilvolles Zeichen. Conway meinte, es könnte bedeuten, daß ein pyroklastischer Strom unmittelbar bevorstand. Sie müßten schauen, daß sie aus dem Vulkan herauskämen, sagte er zu den anderen. Dazu mußten sie zunächst vom Kegel in den tiefsten Teil der Caldera hinabsteigen, den gefährlichsten Ort, falls es zu einem pyroklastischen Strom kommen sollte, da dieser, der Schwerkraft folgend, den Kraterkegel hinabfließen würde.

Die drei standen mühsam auf. Sie hatten schwere Verbrennungen, und ihre Hände und Gesichter waren blutig. Auf wackligen Beinen kletterten sie den Kegel hinab und steuerten auf die Wand der Caldera zu. Macfarlane war schwindlig von seiner Kopfverletzung. Sein Schädel pochte. Blut rann ihm über die Stirn ins rechte Auge und trocknete an, so daß er es nicht mehr öffnen konnte.

Der Pfad war mörderisch, und sie kamen nur langsam voran. Hinter ihnen war der Galeras weiterhin aktiv – immer wieder lösten kleinere Explosionen einen neuen Steinhagel aus. Macfarlane hielt mit den anderen so gut er konnte Schritt.

Alle paar Meter gerieten sie auf dem Geröll ins Stolpern, stürzten und verbrannten sich die ausgestreckten Arme und Hände an den glühendheißen Gesteinsbrokken, die der Vulkan herausgeschleudert hatte. Conway hatte von dem Bombenhagel am wenigsten Verletzungen davongetragen. Er lief am schnellsten und trieb die beiden anderen zur Eile an. Er hatte große Angst, daß sie es nicht mehr schafften, einem weiteren heftigen Ausbruch zu entkommen.

Macfarlane war erschöpft. In seinem Kopf drehte sich alles, und er verspürte einen pochenden Schmerz. Ihm war, als ob er sich in Zeitlupe bewegte. Er stolperte, fiel auf die heißen Steine, rappelte sich auf, fiel wieder hin. Er stand nur wieder auf, weil sich die glühendheißen Steine durch seine Kleidung und in seine Haut fraßen. »Alle paar Schritte stürzte ich«, erinnert sich Macfarlane. »Und wenn ich auf den Rücken fiel, konnte ich die Aschesäule sehen, die an ihrer Basis immer noch glühte. Ich mußte aufpassen, wo ich hinfiel, denn bis zur Calderawand lagen überall glühende Trümmer herum. Manche waren so groß wie Fußbälle, und wenn ich an der falschen Stelle stürzte, landete ich auf einem.«

Marta Calvache und Patty Mothes brauchten 20 Minuten, bis sie den Geländewagen erreichten. Der Fahrer wartete auf sie. Calvache riß ihm das Funkgerät aus der Hand.

»Pasto, bitte kommen«, rief sie.

Sofort knackte es in der Leitung, und Fernando Muñoz vom Observatorium war dran.

»Marta«, schrie er. »Komm runter vom Berg! Es hat einen Ausbruch gegeben, und es sieht ganz so aus, als ob es bald noch einen größeren geben wird!«

»Ich geh rauf«, sagte sie bestimmt. »Vielleicht braucht jemand Hilfe.«

»Ich sagte: ›Spinnst du?‹« berichtet Muñoz. »›Der Vulkan ist zu aktiv! Geh bloß nicht in den Krater. Die Beben hören gar nicht auf. Es ist einfach furchtbar.‹«

Calvache antwortete nicht mehr. Sie war mit Mothes schon zu dem Fahrer in den Geländewagen gestiegen und auf dem Weg zum Gipfel.

Sie sprachen kein Wort, während der Fahrer die steile Serpentinenstraße hinaufsteuerte. Hinter einer scharfen Kurve wäre er fast mit einem Pickup voller Militärpolizisten zusammengestoßen, der den Berg hinabraste. Calvaches Fahrer trat voll auf die Bremse, und der Geländewagen rutschte seitwärts auf den Abgrund zu. Beide Fahrzeuge kamen zum Stehen und blockierten die einspurige Schotterstraße. Mothes sprang aus dem Landcruiser und ging zu dem anderen Fahrzeug hinüber. Dem Fahrer stand der Schreck ins Gesicht geschrieben. Schweiß stand ihm auf der zerfurchten Stirn. Mothes sah, daß einer der Polizisten auf der Ladefläche des Pickups ein blutdurchtränktes Tuch um den Unterarm gewickelt hatte.

Der Mann auf dem Beifahrersitz lehnte sich vor, damit er Mothes sehen konnte. »Es war ein Schwarzer, aber er war sozusagen weiß vor Angst«, berichtet Mothes. »Er sagte, einer seiner Männer habe in der Nähe des Polizeireviers gearbeitet, und ein herabfallender Trümmer habe ihm die Hand abgeschlagen. Nun würden sie ihn ins Krankenhaus fahren.«

Mothes nahm an, daß der Mann, mit dem sie sprach, das Kommando hatte und ihnen auf dem Gipfel vielleicht von Nutzen sein konnte. »Kommen Sie mit«, befahl sie. »Wir brauchen Ihre Hilfe.«

Der Wachtmeister war entsetzt und erklärte ihr erneut, daß er den verletzten Militärpolizisten ins Krankenhaus begleiten müsse. Mothes gab nicht nach. Sie befahl dem Fahrer des Pickup, den Verletzten ins Krankenhaus von Pasto zu fahren. Dann schrie sie den Wachtmeister auf dem Beifahrersitz an, er solle aussteigen und mitkommen.

Dreißig Minuten nach dem Ausbruch hatten die Journalisten auf dem Gipfel des Galeras ihre Fassung wiedererlangt. Sie fragten Alfredo Roldán, ob sie es wagen könnten, zum 100 Meter entfernten Polizeirevier hinüberzulaufen – sie wollten in dem Betonbau Schutz suchen, falls der Vulkan ein zweites Mal ausbrach. Roldán bejahte, und alle drei suchten sich vorsichtig einen Weg zwischen den heißen Gesteinsbrocken hindurch.

Roldán hörte, daß der Journalist zum Zivilschutz durchkam und Hilfe anforderte und der Zivilschutz Hilfe zusagte. Trotzdem hatte er kein gutes Gefühl. In seiner Heimat Guatemala bestand der Zivilschutz aus einem Haufen unfähiger *chafas,* die mehr Unheil stifteten als von Nutzen waren. Er zweifelte nicht, daß das in Kolumbien anders war.

Roldán ließ die Zeitungsleute stehen, rannte zurück zu der Stelle auf dem Calderarand, wo das Seil befestigt war, und wartete. *Oh, Gott, mach daß sie noch am Leben sind*, dachte er, während er ruhelos auf und ab ging.

Nach einigen Minuten sah er, daß das Seil sich bewegte. Jemand kam herauf. Langsam tauchten schemenhafte Gestalten aus der wolkenverhangenen Caldera auf. Fabio García und Carlos Estrada waren die ersten, die auf den Rand der Caldera kletterten. Sie waren mit Asche verschmiert, aber Roldán konnte sehen, daß sie unverletzt waren.

García wollte zum Polizeirevier hinüberrennen, aber Roldán packte ihn am Arm. »Was ist mit Andy passiert«, fragte er ihn. García sagte, er wisse es nicht. Von dort, wo er herkomme, habe er Adams nicht sehen können.

Zusammen rannten sie zum Polizeirevier, wo der Journalist sofort versuchte, die beiden Kolumbianer zu interviewen. García schob den kleinen Reporter zur Seite und ging mit Estrada zum Funkgerät. Er wußte nicht, daß die anderen bereits Hilfe angefordert hatten.

»Ich erreichte nur den Zivilschutz in Popayán«, berichtet er. »Ich versuchte, mit dem Observatorium Verbindung aufzunehmen, aber es gelang mir nicht. Ich sagte den Leuten vom Zivilschutz, sie sollten einen Rettungswagen schicken, und sie sagten, es sei schon einer unterwegs.«

Dann schnappte sich Fabio García das Mikrofon. »Ich sagte ihnen, sie sollten einen Hubschrauber schicken«, berichtet er. »Sie sagten, der Hubschrauber habe keinen Sprit.«

Carlos Estrada ging ruhelos in dem kleinen Raum auf und ab. Er machte sich Sorgen um die anderen, die sich noch in der Caldera befanden, vor allem um seinen guten Freund José Arles Zapata. Er erklärte Fabio García, er wolle zum Krater zurück und könne einen Helfer brauchen. Aber García hatte nicht die Absicht, wieder in die Caldera hinabzusteigen. Er war immer noch völlig verstört. Er sagte zu Estrada, er solle warten, Helfer vom Roten Kreuz und vom Zivilschutz seien bereits unterwegs. Aber Estrada konnte nicht warten. Er rannte den Gipfelgrat wieder hinunter zum Seil.

Auch Alfredo Roldán verließ das Polizeirevier wieder, weil er den lästigen Journalisten entkommen wollte. Ein Konvoi des Zivilschutzes, ein Geländewagen und zwei Krankenwagen, traf ein. Nun waren ein Dutzend Helfer auf dem Gipfel, die Befehle schreiend zwischen dem Eingang der Caldera und dem Polizeirevier hin- und herrannten. Aber keiner von ihnen wollte in den Kessel hinabsteigen. Roldán konnte es ihnen nicht verdenken. Auch er hatte keine Lust, eines schrecklichen Todes zu sterben. Er rammte die Ferse seines Stiefels in den Dreck. Adams hätte gleich nach García und Estrada die Calderawand heraufkommen müssen, aber bisher hatte er es immer noch nicht bis nach oben geschafft. Roldán plagte ein schlechtes Gewissen, weil er sich über Adams' Schwerfälligkeit geärgert und ihn zurückgelassen hatte. Was hätte er tun können? Man konnte keinen Verletzten aus der Caldera heraustragen. Der Aufstieg war für einen allein schwer genug. Roldán ging wieder zu der Klampe, an der das Seil befestigt war, und blickte in die Caldera hinunter. Wieder verdeckte ihm dichter Nebel die Sicht. Er rief nach Adams, erhielt jedoch keine Antwort.

Andy Adams kauerte hinter einem kleinen Felsen am Fuß der Calderawand und schickte ein Dankgebet zum Himmel, als er sah, daß der Wind den Rauchpilz nach Norden abtrieb. Plötzlich spürte er den kalten Schweiß auf seinem Körper. »Mein Helm hatte mich vor den Geschossen geschützt, und nun zog die Eruptionswolke in die andere Richtung. Da hatte ich zum ersten Mal das Gefühl, daß ich lebend da rauskommen würde«, erinnert er sich. Er bekam besser Luft, verspürte aber heftige Schmerzen im Genick. Er zog einen Handschuh aus und tastete die Haut über dem Kragen seines dicken Schutzanzugs ab. Sein Nacken war voller Brandwunden, und es bildeten sich Blasen.

Dreißig Minuten nach der Explosion brachte auch Adams den Mut auf, den Aufstieg zu wagen. Er hatte

Angst, daß der Vulkan erneut explodieren könnte, während er sich ungeschützt an der Wand der Caldera befand. Der Aufstieg am Seil war noch schwieriger, als er erwartet hatte. Er brauchte 15 Minuten, bis er endlich den Gipfelgrat erreichte.

Roldán hatte das Gefühl, stundenlang gewartet zu haben, bis er endlich Adams' gedrungene Gestalt über den Calderarand klettern sah. Der Wissenschaftler hatte noch keine zwei Schritte getan, als ihm schon ein Reporter das Mikrofon unter die Nase hielt, ihn auf spanisch mit Fragen bombardierte und verlangte, daß Roldán sie ins Englische übersetzte. Auf dem Video sieht man, daß Adams ansetzt, eine von Roldán übersetzte Frage zu beantworten, den Satz jedoch sofort abbricht.

»Ich mach das nicht«, schreit er, legt eine dreckige, zitternde Hand über das Mikrofon und schiebt den Journalisten beiseite. Adams wußte nur, daß er diesem Alptraum entfliehen wollte, und zwar so schnell wie möglich.

Der Kameramann nahm alles auf Video auf. Es hätte eigentlich ein großer Tag für ihn sein müssen. Die Aufnahmen waren der Knüller seines Lebens. Er wußte, daß seine Arbeit guter Journalismus war. Drei Tage lang hatten die besten Vulkanologen der Welt in seine Kamera geblickt und gesagt, der Vulkan sei *»muy tranquilo«*. Und dann war der Galeras ausgebrochen, just als dieselben Wissenschaftler sich in seinem Schlund befanden.

Aber der Kameramann dachte nicht daran, was für eine Sensation sein Dokumentarfilm darstellte. Er konnte nur an eines denken. Wie Gloria Patricia Cortés war auch er der Katastrophe am Nevado del Ruiz entronnen. Er hatte in jener Nacht einen Freund in einer nahegelegenen Stadt besucht. Am Morgen waren seine Mutter und sein Vater, seine Schwägerin, ihre drei Kinder und Hunderte seiner Freunde und Nachbarn unter Millionen Tonnen nasser Erde begraben. Die Stadt, in der er geboren war, war für immer von der Landkarte verschwunden.

Während er dem manischen Reporter mit seiner Kamera folgte, schwor er sich und Gott: Wenn er diesen Tag überlebte, würde er niemals mehr auf den Galeras oder irgendeinen anderen Vulkan gehen.

Während Mike Conway, Luis LeMarie und Andrew Macfarlane den Vulkankegel hinunter und durch den Graben der Caldera stolperten, riß die Wolkendecke immer wieder auf, und der Galeras war in minutenschnellem Wechsel wolkenverhangen und deutlich sichtbar. Nach fast einer Stunde standen die drei endlich unten an der Wand des Amphitheaters. »Als wir die Calderawand erreichten und hochsteigen mußten, ließ ich meinen Rucksack fallen, weil es so aussah, als würden keine Steine mehr fallen, und weil mir selbst dieses geringe Gewicht zu schwer vorkam, um es den Hang hochzuschleppen«, erinnert sich Macfarlane. Er war so schwach, daß er sich auf dem Geröllhang erst einmal hinsetzte. Die Wolken hatten sich gerade wieder verzogen, so daß er bis zum Vulkankegel sehen konnte. Er starrte auf die Eruptionswolke, die dick und schwarz aus dem Krater quoll. Die Lage schien jede Minute bedrohlicher zu werden.

LeMarie war Macfarlane mehrere Meter voraus und bewegte sich langsam den Hang hinauf, doch alle paar Schritte versagten ihm die Beine. Immer wieder fiel er hin, rappelte sich wieder hoch, stürzte erneut und wurde jedesmal mutloser, wenn er wieder auf den heißen Boden aufschlug. Schließlich rief er Conway zu, er solle vorausgehen, aus der Caldera klettern und sehen, ob er für ihn und Macfarlane Hilfe holen könne. Conway nickte und kämpfte sich verbissen weiter auf das Kletterseil zu. LeMarie ruhte sich einige Minuten aus. Er dachte an die anderen, die noch am Krater waren, und wünschte, er wäre stark genug gewesen, umzukehren und ihnen zu helfen. Er konnte sich kaum noch bewegen, aber schließlich zwang er sich, wieder aufzustehen. »Ich ging allein weiter und versuchte die Innenwand der Caldera hinaufzuklettern. Das war der schwierigste Teil. Ich dachte an meine Familie; das gab mir die Kraft, mich weiterzuschleppen«, erinnert er sich.

Andrew Macfarlane nahm ebenfalls alle Kraft zusammen und stand auf, obwohl seine Beine verbrannt waren und sich anfühlten, als wollten sie unter seinem Gewicht brechen. Benommen, halb blind und mit pochendem Schädel taumelte er auf die Wand der Caldera zu, die orange besprühten Felsbrocken, die den Weg zum Seil markierten, starr im Blick. Er versuchte, nicht daran zu denken, daß er, selbst wenn er das Seil erreichte, nicht die Kraft haben würde, sich an ihm die Wand hochzuhangeln. Er konnte Conway und LeMarie nicht mehr sehen und hoffte, daß sie es aus dem Krater geschafft hatten und Hilfe holten. Er bewegte sich weiter auf die farbigen Felsbrocken zu. Je näher ich am Weg bin, desto leichter finden sie mich, dachte er.

Dann stolperte und stürzte er erneut und landete mit der rechten Hand auf einem heißen Stein, der sie bis ins Fleisch verbrannte. Er lag auf den scharfkantigen, glühenden Trümmern und zitterte vor Kälte, weil er durch den Regen und den eisigen Wind unterkühlt war. »Ich rief um Hilfe und war froh, als ich Stanley auf der anderen Seite des Grabens ebenfalls rufen hörte«, erinnert sich Macfarlane. Irgendwo hinter ihm war Stanley Williams noch am Leben.

Als Mike Conway das Seil erklommen hatte, half ihm Carlos Estrada über den Rand. Auf dem Video ist Conways Gesicht blutverschmiert und schwarz vor Dreck. Seine gelbe Gore-Tex-Jacke ist voller schwarzgeränderter Brandlöcher, und seine Strickmütze und Haare sind von geronnenem Blut verklebt.

Estrada führte ihn den Gipfelgrat hinauf zum Polizeirevier. Inzwischen war das Rote Kreuz eingetroffen, und auf dem Gipfelgrat wimmelte es von Uniformierten mit besorgten Gesichtern. Conway war zunächst dankbar gewesen, daß er noch am Leben war, nun aber wurde er wütend.

»Warum tut denn niemand was?« fragte er. Seit der Explosion war über eine Stunde vergangen. War denn keiner dieser Leute hinuntergestiegen, um zu helfen? Conway stolperte in das Polizeirevier, wo er Andy Adams und Alfredo Roldán antraf. »Was zum Teufel machst du hier?« schrie er Adams an. »Wir brauchen sofort Hilfe!«

Auf dem Video ist die Szene dokumentiert. »Hör zu«, sagt Conway zu Adams, »Andy Macfarlane und Luis LeMarie sind verletzt. Sie können es hier herauf schaffen, aber sie brauchen Hilfe.« Er wartet einen Moment, aber Adams reagiert nicht. »Jemand muß da runter und sie rausholen«, bellt Conway.

Andy Adams meidet beschämt seinen Blick. »Ja, dann müssen wir jemanden runterschicken.« Aber er wäre es keinesfalls! Tatsächlich war außer Carlos Estrada niemand bereit, wieder in die Caldera hinabzusteigen.

Sekunden später trafen Ricardo Villota und Milton Ordoñez auf dem Gipfel ein, und der Geländewagen mit Calvache und Mothes kam unmittelbar hinter ihnen. Die Fahrzeuge auf dem Parkplatz waren mit Steinen und Asche bedeckt und bei einem der Jeeps waren zwei Scheiben zerschlagen. Der Kraterrand war mit rauchendem Geröll übersät; ein glühendheißer Trümmer zischte, als Mothes darauf spuckte. Calvache sprang aus dem Landcruiser und folgte Villota und Ordoñez den Gipfelgrat entlang, an den durcheinanderlaufenden Rettungsmannschaften vorbei zum Seil. Ohne zu zögern, begann sie hinter Ordoñez und Villota das Seil hinabzuklettern.

Mothes sprang zu ihrem Fahrzeug und schrie den Wachtmeister an. »Ich will, daß Sie sofort über Funk Hilfe anfordern.«

»Das haben wir schon getan – als der Galeras explodierte.«

»Rufen Sie noch mal an! Sagen Sie denen, daß wir Tragen brauchen und Seile und Verstärkung, und wir brauchen einen Hubschrauber, und zwar *sofort*!

Im anderen Raum stieß sie auf Alfredo Roldán, Andy Adams und Mike Conway, die dem übel zugerichteten Luis LeMarie in das Gebäude halfen. Conway sah schlimm aus, aber LeMarie, ein Kollege und guter Freund von Mothes, hatte sehr schwere Verletzungen. Er ging vornübergekrümmt und wurde von Adams und Roldán gestützt. Seine Kleider waren zerrissen und blutig, seine Hände voller Blasen und mit Asche und geronnenem Blut verschmiert. Mothes hockte sich nieder und schaute ihm ins Gesicht.

»Lucho?«

LeMarie starrte sie aus halb geschlossenen Augen an. »*Hola* Patricia«, sagte er mit leiser, rauher Stimme.

»Bist du okay?« fragte sie.

»Meine Beine tun sehr weh. Ich glaube, sie sind gebrochen.«

Adams und Conway erzählten Mothes, daß es LeMarie mit zwei gebrochenen Beinen irgendwie geschafft hatte, den steilen Abhang ohne fremde Hilfe halb heraufzukommen. Dann war Carlos Estrada, der Fahrer, hinabgestiegen und hatte ihm heraufgeholfen. Sie seien alle in der Caldera gewesen und hätten den Ausbruch gesehen. Mehrere Leute seien tot.

»Ich geh' runter«, sagte Mothes.

Adams erinnert sich: »Ich gab ihr meinen Helm und sagte, sie solle ihn aufsetzen, mir habe er da drunten das Leben gerettet.« Dann sahen er und die anderen Männer im Polizeirevier zu, wie Mothes in Richtung des ausbrechenden Vulkans davonrannte.

Roldán, Adams und Conway trugen Luis LeMarie zu einem Feldbett im Polizeirevier und halfen ihm, sich hinzulegen. Roldán durchsuchte die beiden Räume nach medizinischer Notfallausrüstung. »Ich sah in dem Erste-Hilfe-Kasten nach, der an der Wand hing, und er enthielt ein bißchen Farbe, PVC-Leim und ein Mittel gegen einen Alkoholkater«, berichtet er. Roldán schaute durch die offene Tür, ob der Boden draußen nach dem Regen schlammig war. Er wußte, daß Schlamm ein hervorragendes Wundpflaster war. Doch der Regen verdampfte sofort auf der nackten heißen Erde.

Der Reporter kam zu dem Feldbett mit Luis LeMarie herübergerannt und hielt ihm das Mikrofon vor das blutige Gesicht. »Sagen Sie uns, was passiert ist. Was ist mit all den Leuten da drunten passiert?« sprudelte er hervor.

Fabio García versuchte, ihn beiseite zu schieben, doch der Reporter war hartnäckig. Und mit kaum hörbarer Stimme, die ausgestreckte blutige Hand auf und ab bewegend, als ob sie ihm zählen helfen würde, zählte

LeMarie die Männer auf, die beim Ausbruch des Galeras mit ihm in der Nähe des Kraters gewesen waren.

»Mike, Andy Macfarlane, Stanley ... José«, sagte er langsam, als ob er an seinen Worten erstickte. »José ist tot. José Arles Zapata aus Pasto. Er bekam einen Felsbrocken an den Kopf.«

García hörte, was LeMarie sagte. Er hatte schon einmal gehört, daß Zapata tot war, aber er hatte auf eine Bestätigung gewartet. Er wußte, daß er als der einzige leitende Wissenschaftler des Landesinstituts für Geologie und Bergbau am Ort jetzt die schreckliche Nachricht an das Observatorium melden mußte.

Patty Mothes rannte zwischen den ziellos umherlaufenden Helfern vom Roten Kreuz und vom Zivilschutz hindurch. Seit dem Ausbruch waren 90 Minuten vergangen, aber von den Rettungskräften hatte es noch niemand gewagt, in den Krater hinabzusteigen und nach Überlebenden zu suchen.

»Wir brauchen Hilfe!« schrie Mothes. »Steht nicht einfach so herum – jemand muß da runter. Und bringt eine Trage und Decken mit.«

Sie lief zu dem Seil und erreichte es nur wenige Minuten nach Calvache. Die Caldera des Galeras war immer noch voller Wolken. »Ich hörte Stanley um Hilfe rufen«, berichtet Mothes. »Und ich rief: ›Stan, wir kommen!‹ Es war total neblig, und der Nebel verschluckte irgendwie die Schallwellen, aber ich konnte ihn hören, also wußte ich, daß er noch am Leben war. Da sagte ich mir erst recht: ›Okay, ich geh da runter.‹«

Ricardo Villota und Milton Ordoñez waren fast am Ende des Seils und Marta Calvache in halber Höhe, als Mothes sich an den Abstieg machte. Die beiden Kolumbianer kamen unten an und gingen zu Macfarlane hinüber. Er lag immer noch auf dem Rücken mit dem Gesicht zum Krater und schrie, als sich beim Anmarsch der beiden Männer Steine aus dem Hang lösten und hinabkollerten.

Macfarlane brachte sich nicht in Sicherheit, also stiegen Mothes und Calvache zehn Meter weiter östlich hinab, um die Männer unten am Hang keinem Steinschlag auszusetzen. Doch ohne Seil war der steile Hang extrem gefährlich, und die beiden Frauen kamen nur langsam voran.

Villota war mit seinen Wanderschuhen viel schneller als Ordoñez, dessen Schuhsohlen kein Profil hatten, und kam als erster bei Macfarlane an. Der rothaarige *gringo* sah furchtbar aus. Er zitterte vor Kälte, war mit blutigen Wunden übersät und völlig naßgeschwitzt. Ordoñez kam Minuten nach Villota an und kümmerte sich um den Verletzten.

»Ich wußte genau, daß Ricardo unbedingt nach José Arles suchen wollte«, sagt Ordoñez. »Also sagte ich zu ihm, er solle vorausgehen. Ich würde bei Andrew Macfarlane bleiben und warten, bis Dr. Marta käme.«

Villota verschwand im Nebel.

Augenblicke später trafen Mothes und Calvache bei Macfarlane ein. Mothes nahm ihren Schal ab und wikkelte ihn um seine Kopfwunde.

»Ich sagte Marta, daß ich Stans Hilfeschreie gehört hatte, daß er noch am Leben sein mußte. Also ging Marta los, um ihn zu suchen, und ich blieb bei Andy Macfarlane«, berichtet Mothes.

»Sie kommen schon wieder in Ordnung«, sagte sie zu Macfarlane, um ihm Mut zu machen. »Es sind Helfer unterwegs, und wir holen Sie hier raus.« Ihre Sorge war, daß Macfarlane in einen Schockzustand verfallen könnte. Sie massierte seine Arme und Beine und bat Ordoñez, dasselbe zu tun.

»Patty Mothes sprach mit mir und beruhigte mich, sie massierte mich, um meinen Kreislauf in Gang zu bringen, und sagte den anderen, sie sollten es ihr gleichtun«, erinnert sich Macfarlane. »Sie dachte offensichtlich, ich sei John Stix, denn sie nannte mich immer ›John‹, aber das war mir in diesem Moment egal. Sie war ein wahrer Rettungsengel.« Er kannte Patty Mothes kaum. Er hatte sie drei Tage zuvor zum ersten Mal gesehen, und nun riskierte sie für ihn ihr Leben. Er versuchte, den Mund zu öffnen und sich zu bedanken, aber heftiges Zähneklappern hinderte ihn am Sprechen.

»Am Fuß der Steilwand blockierten Felsen die Sicht auf den Rand der Caldera, aber Mothes konnte hören, daß weitere Leute herunterkamen. Als um sie her Steine aufschlugen, wußte sie, daß jemand am Seil herunterkam. »Vorsicht!« schrie sie. »Ihr kickt Steine auf einen Verletzten.«

Ein Park-Ranger war mit einer Aluminiumtrage und einem Nylonseil eingetroffen. Mothes und die beiden Männer hoben Macfarlane auf die Trage und banden ihn mit Segeltuchgurten fest. Der Ranger sagte Mothes, daß die Leute vom Zivilschutz und vom Roten Kreuz auf dem Gipfelgrat Vorbereitungen trafen, um Macfarlane heraufzuziehen. Kurz darauf wurde ein Stahlseil zum Fuß der Calderawand herabgelassen. Das rhythmische Geräusch von Hubschrauberrotoren war kurz zu hören und verstummte wieder. Mothes wußte, daß es zu neblig war, um mit einem Hubschrauber auf dem Gipfel zu landen. Wegen der heftigen Windböen, die über den schmalen Gipfelgrat fegten, wäre eine Landung selbst bei klarem Wetter gefährlich.

Keuchend und auf dem steilen, felsigen Abhang ständig nach Halt suchend, schleppten Mothes, der Ranger und Ordoñez Macfarlane so weit wie möglich hinauf und befestigten die Trage an einem Stahlseil, das die Rettungsmannschaft oben auf dem Gipfelgrat heruntergelassen hatte.

Dann begannen die Rettungskräfte an dem Seil zu ziehen. Macfarlane wurde mit dem Kopf zuerst die Calderawand hinaufgehievt. Dabei stieß die Aluminiumtrage immer wieder gegen Felsvorsprünge und sein verletzter Kopf schlug gegen die Trage. Er schrie jedesmal auf vor Schmerz. Die Gurte, mit denen Mothes und Ordoñez ihn festgeschnallt hatten, lockerten sich, so daß er auf der Trage nach unten rutschte. Seine verletzten Beine knickten unter seinem Gewicht ein. Der Schmerz war so heftig, daß er fast ohnmächtig wurde.

Über 30 Personen drängten sich um ihn, als er auf dem Gipfel ankam. Er wurde schnell zum Polizeirevier getragen und in einen wartenden Krankenwagen verladen.

Ricardo Villota hatte sich noch nie vor dem Galeras gefürchtet. Aber jetzt hatte er furchtbare Angst. Als er den steilen Abhang der Caldera hinabkletterte und durch den flachen, mit Geröll übersäten Graben rannte, lichtete sich der Nebel, und er konnte die schwarzen Wolken aus dem Krater emporwirbeln sehen. Je näher er dem Vulkankegel kam, desto banger wurde ihm ums Herz. Obwohl er noch 100 Meter entfernt war, konnte er durch den Nebel deutlich die leuchtend gelbe Jacke seines Freundes José Arles Zapata erkennen. Er lag mit dem Gesicht nach unten auf dem Boden, die Arme über den Kopf gestreckt. Villota stand da wie versteinert. Vier Wochen zuvor hatte er mit Zapata an genau dieser Stelle gestanden und eine große Vertiefung im Vulkankegel ausgemessen. Sie hatten gescherzt und gelacht. Anders als heute hatte Zapata damals einen leuchtend gelben Schutzhelm getragen.

Langsam setzte sich Villota wieder in Bewegung – er hoffte gegen jede Wahrscheinlichkeit, sein Freund würde sich bewegen, atmen oder sonst ein Lebenszeichen von sich geben. Plötzlich hörte er von links jemanden rufen.

»Hilfe. Bitte hilf mir ...«

Es war Stanley Williams. Villota warf noch einen Blick auf Zapata, dann rannte er schnell zu Williams hinüber und ließ sich neben ihm auf die Knie fallen.

»Ich fragte: ›Dr. Williams, sind Sie okay?‹ Und er erwiderte: ›Mein Bein ... mein Bein ist gebrochen‹«, berichtet Villota.

Williams' Gesicht war blutverschmiert und seine Oberlippe zu einer schrecklichen Grimasse zurückgezogen. Villota schaute sich das Bein an und zuckte zusammen. »Später zog ihm jemand den Schuh aus und brach dabei das Bein noch schlimmer«, sagt Villota. »Er war aber bei vollem Bewußtsein; er sagte, er erkenne mich und wisse, wer ich sei.«

Villota blickte erneut zu Zapata hinüber, der mit dem Gesicht nach unten 20 Meter weiter oben am Abhang lag. Er wußte, daß der Galeras jede Sekunde wieder ausbrechen konnte, aber das war ihm gleich. Er dachte nur an seinen Freund. Deshalb verließ er Williams, als er Milton Ordoñez und Marta Calvache über das Geröllfeld herankommen sah. »Dr. Marta und Milton kommen«, sagte er hastig. Dann rannte er den Vulkankegel hinauf.

Zapata rührte sich nicht. Gesteinsbrocken hatten sich durch seine Kleidung und seine Haut gebrannt und in sein Fleisch eingegraben, einige bis auf die Knochen.

Seine helle Hose war versengt und zerrissen. Zapatas Schädeldecke war bis zum Nacken abgerissen; und sein graues, blutiges Gehirn lag frei. Villota war wie gelähmt. Zapatas Verletzungen waren grausig, fast unerträglich anzuschauen, doch Villota konnte immer noch nicht begreifen, was geschehen war. Er mußte Zapatas Gesicht sehen. Er packte seinen Freund an der rechten Schulter und drehte ihn herum; tote Augen starrten ins Leere. Blut aus der klaffenden Schädelwunde war ihm über die Schläfen gelaufen, aber sein hübsches Gesicht war von keinen Wunden oder Verbrennungen verunstaltet.

In dem verzweifelten Versuch, den schlaffen Körper wiederzubeleben, packte Villota Zapata bei der gelben Jacke und richtete ihn auf. Milton Ordoñez sah aus 20 Metern Entfernung, was geschehen war. »Es war schrecklich«, erinnert er sich. »José Arles hatte einen offenen Schädel, und als Ricardo ihn aufrichtete, fiel das Gehirn auf die Steine.«

Villota stieß einen Schrei aus und ließ Zapatas Jacke los. Der Leichnam kippte mit einem dumpfen Geräusch wieder auf den Rücken.

»Ich schrie ihn an: Ricardo, er ist tot. Du kannst nichts mehr für ihn tun«, berichtet Ordoñez.

Villota war hysterisch. Er hatte die Arme um den Körper gelegt und schaukelte mit gesenktem Kopf vor und zurück. Dann brach er in Tränen aus. »Ich war verzweifelt, als ich José Arles fand«, sagt Villota. »Ich hatte so oft mit ihm gearbeitet. Wir arbeiteten jede Woche zusammen, und wir waren Freunde. Ich war am Boden zerstört, als ich sah, daß er tot war.«

Ordoñez rannte zu Villota hinüber und packte ihn an der Schulter. Villota schluchzte weiter hemmungslos, bis Ordoñez ihm ins Gesicht schlug. Eine Weile saßen die beiden Männer neben der Leiche ihres Freundes. Schließlich konnte Ordoñez Villota überreden, ihm bei der Suche nach Überlebenden zu helfen, und sie standen auf.

In der Nähe lag ein Stück von Zapatas Gasmaske im schwelenden Geröll; ein Steinsplitter vom Galeras war in den Plastikfilter eingeschmolzen. Villota hob die Maske auf und hielt sie eine Weile in der Hand, während ihm die Tränen aus den Augen schossen. Dann steckte er sie in die Jackentasche und folgte Ordoñez den Hang hinauf.

Nur zehn Meter von Zapata entfernt lagen drei weitere Tote. Villota und Ordoñez hatten sie noch nie gesehen. Sie waren wie Einheimische gekleidet, und Ordoñez wußte, daß sie nicht zu den Workshop-Teilnehmern gehörten. Es waren Wanderer, die nur einen Ausflug auf den Galeras hatten machen wollen. Zwei waren offensichtlich Jugendliche und der dritte ein Erwachsener. Der Mann war fast enthauptet, und einem der Teenager fehlte ein Teil des Schädels. Dem anderen Jungen hatte ein Stein von der Größe eines Golfballs ein Bein durchschlagen. Bei allen dreien lagen die Knochen blank, wo heiße Trümmer das Fleisch weggebrannt hatten.

Für die drei kam jede Hilfe zu spät. Ordoñez und Villota suchten im Umkreis des Kegels nach weiteren Überlebenden, obwohl der Vulkan immer noch grollte und Asche und Dampf ausstieß. Ordoñez ging nach Osten und Villota nach Westen. Als Ordoñez im Osten keine Spur von Opfern oder Überlebenden fand, lief er in einem Bogen nach Norden weiter und hielt unterwegs nach Felsblöcken Ausschau, hinter denen er im Fall eines erneuten Ausbruchs Schutz suchen konnte.

Im Westen fand Villota eine weitere Leiche. Sie war in zwei Teile zerrissen. Sowohl der Torso als auch die unteren Extremitäten waren völlig verkohlt. Villota kniete neben dem oberen Teil der Leiche nieder und zog ihr einen goldenen Ring vom verbrannten Finger. Er drehte ihn so, daß er die Inschrift auf der Innenseite erkennen konnte: 26 – 6 – 1991 *Alicia Maria* – der anderthalb Jahre zurückliegende Hochzeitstag des jungen College-Professors Carlos Trujillo und der Name seiner Frau.

Villota spürte, daß ihn die Verzweiflung wieder übermannen wollte. Er holte tief Luft und hustete, als er die giftigen Rauchschwaden einatmete, die durch die Caldera waberten.

Als Ordoñez sich von Norden her näherte, rief Villota: »Ich habe Carlos Trujillo gefunden. Er ist auch tot!«

Ordoñez sah die verkohlten Überreste des Professors, packte Villota am Arm und zog ihn auf die Beine. Anscheinend gab es keine weiteren Überlebenden mehr, also machten sie sich auf den Rückweg, um Marta Calvache bei der Bergung von Stanley Williams zu helfen.

Calvache hatte die beklemmende Szene mit Ricardo Villota und José Arles Zapata aus der Ferne beobachtet. Sie wußte, daß die Männer weiter westlich auf dem Vulkankegel tot waren, aber im Osten konnte sie die zusammengekrümmte Gestalt von Stanley Williams erkennen. Patty Mothes hatte seine Hilferufe gehört, also mußte er am Leben sein. Sie ging zu ihm hinüber und kniete neben ihn auf den Boden.

»Bist du okay, Stanley?« fragte sie.

»Hilf mir. Bitte, schaff mich hier raus. Ich will nicht sterben.«

Calvache sah, daß Blut an seiner Wollmütze klebte und hinter seinem linken Ohr herabtropfte. Er hatte Brandwunden im Gesicht, und seine Kleidung hatte offensichtlich gebrannt.

»Das wird schon wieder, Stan. Wir bringen dich raus hier.«

Williams' Bein war übel gebrochen, und er war mit Brandwunden übersät. Trotzdem war er bei vollem Bewußtsein. Calvache war erleichtert, als sie Patty Mothes und den Ranger herüberkommen sah. Auch Ricardo Villota und Milton Ordoñez kamen herbei, um zu helfen. Williams war die ganze Zeit ruhig gewesen und schien keine starken Schmerzen zu haben. Als der Park-Ranger jedoch den unteren Teil seines Schienbeins packte und versuchte, den Bruch zu richten, stieß er einen gellenden Schrei aus.

»Ich sagte zu dem Ranger: ›Passen Sie auf, so stirbt er noch daran‹«, berichtet Mothes. Doch die drei anderen Helfer schienen fest entschlossen, das gebrochene Bein zu schienen. Ordoñez bat Marta Calvache um ihr Messer und schnitt den Polystyrolkühler zurecht, den Andrew Macfarlane und Mike Conway dabeigehabt hatten. Er machte Schienen für das Bein und fixierte sie mit den Schnürsenkeln von Williams' Stiefeln.

Der Ranger hatte eine Decke dabei, und Mothes schlug vor, Williams in der Decke zum Fuß der Calderawand zu tragen. Dann könnten sie ihn, wenn die Trage wieder herunterkäme, so schnell wie möglich heraufholen.

Ricardo Villota half den anderen vier, Williams hochzuheben und auf die Decke zu legen. Dann stand der junge Kolumbianer wortlos auf und ging davon. Er war völlig verstört und verzweifelt und mußte einfach raus aus dem Vulkan.

Calvache, Mothes, Ordoñez und der Park-Ranger begannen Williams aus dem Krater zu schleppen. Jeder hielt eine Ecke der Decke. Der Verletzte kam ihnen unglaublich schwer vor. Sie kamen nur langsam vorwärts und mußten alle paar Schritte eine Verschnaufpause einlegen. »Es ist schon hart genug, den Weg allein zu gehen. Als wir zu viert Stan trugen, brauchten wir zwei Stunden bis zur Steilwand«, sagt Calvache.

Der Galeras grollte nach wie vor, und Mothes schaute besorgt zum Krater hinüber. Sie wünschte, sie hätte ein Funkgerät dabei, um im Observatorium nachfragen zu können, was die Seismographen anzeigten.

Als sie nach knapp zwei Stunden die 400 Meter zum Fuß der Calderawand zurückgelegt hatten, rumorte der Galeras immer noch, aber es gab keine weiteren Anzeichen für einen bevorstehenden Ausbruch. Die Sicht blieb klar, und sie konnten einen Hubschrauber auf dem Rand der Caldera landen sehen.

Williams fragte immer wieder mit zusammengebissenen Zähnen, warum es so lange dauerte.

»Wir sind bald da, Stan«, versprach Mothes.

Am Fuß der Calderawand wurden sie von einem Dutzend Helfer erwartet. Ein Sanitäter vom Roten Kreuz schob die anderen beiseite und kniete sich neben Williams. Zuerst entfernte er die Polystyrolschienen und ließ sich eine Aluminiumschiene geben. Dann nahm er Williams die blutdurchtränkte Wollmütze ab.

»Oh, mein Gott«, sagte Calvache und hielt sich die Hand vor den Mund. Sie meinte, gleich ohnmächtig zu werden.

Unter Williams' dunkler Wollmütze kam ein schwerer Schädelbruch zum Vorschein. Über seinem linken Ohr klaffte eine blutige Wunde, in der sein Gehirn zu sehen war. Sie legten ihn schnell von der Decke auf eine Metalltrage und befestigten sie an dem Stahlseil. Der Sanitäter hatte ein Funkgerät und rief die Mannschaft auf dem Gipfelgrat:

»Okay. Er ist soweit. Aber macht langsam. Er ist schwer verletzt.«

Oben begann ein Dutzend Männer zu ziehen, und die Trage stieß gegen die Felsvorsprünge in der Calderawand. Williams schrie laut auf und hörte nicht mehr auf zu schreien, bis sie ihn die 60 Meter hohe Wand hinaufgezogen hatten.

Die Helfer trugen ihn zu dem kleinen Militärhubschrauber, der nun doch auf dem Rand der Caldera gelandet war. Er startete sofort und nahm Kurs auf das Krankenhaus in Pasto.

Kaum hatten Patty Mothes und Marta Calvache Williams aus ihrer Obhut entlassen, da überkam sie eine ungeheure Erschöpfung. Die Adrenalinreserve, die sie während des Ausbruchs den Berg hinauf und in die Caldera getrieben hatte, schien aufgebraucht. Trotzdem konnte es vielleicht noch weitere Überlebende geben, dachte Calvache.

Mothes war derselben Ansicht, und so schleppten sich die beiden zurück zum Kegel und suchten nach weiteren Opfern. »Ich ging raus und suchte nach weiteren Leichen«, sagt Mothes. »Der Vulkan schien neue Geräusche von sich zu geben, und ich hatte kein Funkgerät, also sah ich mich ständig nach Felsblöcken um, hinter denen ich in Deckung gehen konnte. Bei meiner ersten Runde fand ich niemanden, und ich wollte nicht das nächste Opfer sein.«

Gegen 18 Uhr war es kalt in der Caldera, und es regnete. Die Dämmerung brach herein, und Calvache und Mothes machten sich auf den Rückweg aus dem Vulkan – entmutigt und traurig, weil sie keinen einzigen Überlebenden mehr gefunden hatten.

Als der Hubschrauber Williams im Krankenhaus abgeliefert hatte, kehrte er noch einmal auf den Rand der Caldera zurück. Doch es gab keine Überlebenden mehr zu bergen; so kletterten Mothes und Calvache schweigend an Bord. Calvache blickte auf den schwelenden Vulkan hinunter. Seit sie sich erinnern konnte, war der Galeras immer wie ein Freund für sie gewesen, auch für ihre Familie und ihre Bekannten. Eine unglaubliche Traurigkeit ergriff sie.

Nachwehen

Siebzig Genehmigungen für Kratertouren waren für diesen Tag ausgestellt worden, und niemand hatte eine Ahnung, wie viele Menschen sich während des Ausbruchs in der Caldera befunden hatten. Der lokale Radiosender verkündete die Alarmstufe gelb, eine Warnung, daß der Galeras sich in einem Zustand gesteigerter Aktivität befand, und der Zivilschutz rief im Krankenhaus an, daß mit Dutzenden von Verletzten zu rechnen sei. Die Klinik in Pasto hatte zuwenig Betten und zuwenig Ärzte und Krankenschwestern in der Notaufnahme. Weiß gekleidete Pfleger hasteten mit wackligen Tragen durch die Gänge zum Eingangsbereich des Krankenhauses, um die Verletzten abzuholen.

Um 15 Uhr trafen die drei Militärpolizisten ein, von denen einer seine Hand verloren hatte. Sie schleppten ihn in die Notaufnahme und riefen um Hilfe. Sein Armstumpf war in ein blutgetränktes Hemd gewickelt. Er zitterte, als die Krankenschwestern den Behelfsverband entfernten. Sie banden hastig seinen Oberarm ab, um die Blutung zu stillen, und begannen die Wunde zu reinigen, während seine beiden *compañeros* aufgeregt von der Explosion erzählten.

»Es war ein ganzer Haufen Wissenschaftler drunten,

als es passierte. Wenn sie überlebt haben, könnte es mindestens noch 20 Verletzte mehr geben.«

Dem älteren der beiden fiel auf, daß sein Kamerad noch keinen Arzt gesehen hatte, und er schrie eine der Krankenschwestern an: »Er braucht einen Arzt! Wo ist der Arzt?«

Ein Arzt tauchte auf, versorgte die Wunde und rief den assistierenden Krankenschwestern kurze Kommandos zu, woraufhin sie ihm reichten, was er verlangte. Alle Mitarbeiter, die gerade freihatten, wurden in das Krankenhaus bestellt, und es füllte sich schnell mit aufgeregtem Personal, das wild durcheinanderlief, um die verfügbaren Betten und das notwendige Versorgungsmaterial für die erwartete Flut von Verletzten vorzubereiten.

Nach einer langen, schmerzhaften Fahrt den Berg hinunter hielt der Krankenwagen mit Luis LeMarie vor der Notaufnahme, in der inzwischen große Hektik herrschte. Das Gesicht und die Hände von LeMarie waren mit Blut und schwarzer Asche bedeckt. Fabio García hatte LeMarie, der bei Bewußtsein war, aber schwieg, im Krankenwagen begleitet. Nun half er den Sanitätern, ihn ins Krankenhaus zu bringen und auf ein schmales Bett zu legen. Krankenschwestern schwärmten um den bärtigen Ecuadorianer herum, zogen ihm die Kleidung aus und starrten entsetzt auf seine Verletzungen. Er sah nicht aus wie das Opfer einer gewaltsamen Auseinandersetzung oder eines Verkehrsunfalls, sondern eher wie die Beute eines Monsters in einem Horrorfilm, als hätte der Galeras auf ihm herumgekaut und ihn wieder ausgespuckt. Seine Arme und Beine waren überall aufgerissen, als wären sie zwischen riesige Reißzähne geraten. Er war mit schweren Blutergüssen übersät; seine Glieder waren dick geschwollen, als ob sie gleich platzen wollten; die angespannte Haut war rot und wund. Seine Hände waren mit Brandblasen bedeckt und von geronnenem Blut und Dreck verkrustet.

Die Krankenschwestern fuhren ihn hastig in die Notaufnahme, wo in schmalen Betten an grauweißen Wänden Schwerkranke und Schwerverletzte aufgereiht waren. Die Luft war abgestanden, und der Raum war von lautem Stimmengewirr und dem Lärm der Apparate erfüllt. Zwei kräftige Frauen brachten einen Eimer Wasser, ein dunkelbraunes Antiseptikum und Schwämme herbei. Sie gaben LeMarie mehrere Betäubungsspritzen. Dann begannen sie seine offenen Wunden auszuwaschen.

Andrew Macfarlane mußte ebenfalls die schier endlose Fahrt nach Pasto ertragen. Während der Wagen die mit Geröll übersäte Serpentinenstraße hinunterholperte, sank Macfarlanes Adrenalinspiegel ab; nun spürte er erst, wie stark seine Brandwunden schmerzten. Die Quetschungen an seinen Beinen schwollen an und pochten, und er lag zitternd vor Unterkühlung auf der Trage. Doch die Schmerzen waren auch ein gutes Zeichen: Sie bedeuteten, daß er überleben würde.

Macfarlane wurde eine Stunde nach LeMarie ins Krankenhaus eingeliefert. »Ich weiß noch, wie ich in dem Krankenwagen ankam und die Türen an der Aufnahmerampe des Krankenhauses aufschwangen«, erinnert er sich. »Es gab einen Menschenauflauf, und alle starrten mich entsetzt an, was mir selbst damals komisch erschien.« Er wurde rasch in die Notaufnahme gefahren und von seiner nassen Kleidung befreit. Sein ganzer Körper zitterte und zuckte heftig, als die Krankenschwestern Asche und Sand aus den klaffenden Wunden wuschen, die umherfliegende Brocken in sein Fleisch gerissen hatten. Er hatte große Brandblasen an den roten, geschwollenen Händen und eine Gehirnerschütterung von einem Felsbrocken, der ihn am Kopf getroffen hatte, doch seine anderen schmerzenden Verletzungen hielten ihn bei Bewußtsein. Er war froh, daß er sich nun in der Obhut der kolumbianischen Krankenschwestern befand.

Kurz nach 17 Uhr landete der Hubschrauber mit Stanley Williams auf einem Fußballfeld neben dem Krankenhaus. Zwei Helfer vom Zivilschutz brachten ihn in die Notaufnahme. Im selben Augenblick traf auch Fabio García dort ein. »Stanley tat mir sehr leid«, sagt García. »Er war bewußtlos, hatte praktisch keinen Faden mehr am Leib und sah schrecklich aus.« García wurde übel, als er sah, wie die Krankenschwestern Williams die restlichen Fetzen Kleidung auszogen und immer wieder verbrannte Haut an den Stoffetzen hängenblieb. Der ganze Körper des Amerikaners war mit Blasen, Brand- und Schnittwunden übersät. Der untere Teil seines linken Schienbeins war nur noch durch ein paar weiße, blutige Gewebefasern mit dem Körper verbunden. Die Knochen seines linken Unterschenkels lagen bloß und waren offensichtlich gebrochen. An der linken Seite seines Kopfes war die ganze Haut abgerissen, und ein Ohr fehlte. In einem kleinen Krater in seinem Schädel hatten sich Knochensplitter in die graue Hirnmasse gebohrt.

Der diensthabende Arzt in der Notaufnahme rief sofort den einzigen Gehirnchirurgen in Pasto an, der schnell herbeieilte. Williams Zustand war kritisch, und der Chirurg wollte ihn ohne vorherige Computertomographie, durch die eventuelle innere Verletzungen des Gehirns sichtbar würden, nicht operieren. Da das Krankenhaus keinen Computertomographen besaß, mußte Williams quer durch die Stadt in ein medizinisches Labor gefahren werden. Während die Notaufnahme sich mit immer mehr Leuten füllte, die die Opfer des

Vulkans sehen wollten, rollten zwei Krankenschwestern Williams durch den schmalen Korridor. Ein Fernsehteam filmte unbeirrbar das ganze Chaos, und ein Reporter hielt Williams ein Mikrofon unter die Nase, bis eine der Krankenschwestern es mit einem Wutschrei beiseite stieß.

Unterdessen war der Hubschrauber mit Patty Mothes und Marta Calvache auf dem benachbarten Fußballfeld gelandet. Mothes sah, wie Williams zu dem Krankenwagen gerollt wurde. »Ich begleitete Stan auf der Fahrt zur anderen Seite der Stadt, wo das CT gemacht werden sollte. Wir waren mindestens eine Stunde unterwegs, und er redete unablässig: Mir ist so kalt. Muß ich sterben? Ich will zu meiner Frau und meinen Kindern. Ich will nicht sterben.«

Das kraniale Computertomogramm ergab, daß Williams ein subdurales Hämatom hatte. Zwischen den Schichten seines Gehirns hatten sich Blutgerinnsel gebildet, und in das Gewebe hatten sich Schädelsplitter eingegraben. Nach seiner Rückkehr ins Krankenhaus kam er sofort auf die Intensivstation und wurde für eine Gehirnoperation vorbereitet.

Die Hektik in der Klinik war inzwischen noch größer geworden. Der britische Arzt Dr. Baxter half den kolumbianischen Ärzten bei der Versorgung der Verletzten. Mike Conway, der von allen, die sich zur Zeit des Ausbruchs auf dem Vulkankegel befunden hatten, am glimpflichsten davongekommen war, hatte Wunden und Verbrennungen am Rücken, Kopf und beiden Händen.

Marta Calvache rief Bruno Martinelli an, der die Gruppe der Seismologen mit zu sich nach Hause genommen hatte, wo sie auf Nachrichten wartete.

»Gott sei Dank, Marta. Ich habe mir solche Sorgen gemacht. Habt ihr noch weitere Überlebende gefunden?«

»Nein, ich glaube, sonst hat es keiner mehr geschafft. Ich ruf dich später wieder an. Stan geht's wirklich schlecht.«

Sie hängte auf und stützte den Kopf in die Hände. Sie versuchte, nicht an José Arles Zapata und Nestor García zu denken. Sie mußte jetzt dafür sorgen, daß Williams die bestmögliche Behandlung erhielt. Die Arizona State University, die von Christopher Sanders von dem Unfall informiert worden war, wollte Williams' Rücktransport in die USA veranlassen. Calvache dachte an Williams' Frau Lynda, die sie seit ihrer Studienzeit in Louisiana kannte. Außer Williams lagen noch drei ausländische Wissenschaftler schwerverletzt im Krankenhaus. Fünfzig weitere hielten sich im Hotel auf, und für die war sie jetzt verantwortlich. Sie wußte, daß sie schon bald Interviews würde geben müssen. Auch würden sich der Bürgermeister und der Gouverneur melden, vielleicht sogar der kolumbianische Präsident. *Sei stark,* sagte sie zu sich selbst. *Sei stark.*

Marta Calvache und Patty Mothes hatten im Krankenhaus getan, was sie konnten, und machten sich auf den Weg ins Hotel Cuellar. »Wir fuhren zum Hotel, um den anderen Wissenschaftlern den Stand unserer Kenntnisse mitzuteilen. Damals wußten wir nämlich noch nicht genau, wer im Vulkan war und wer nicht«, sagt Calvache. Die meisten Wissenschaftler hatten sich in der Hotellobby versammelt, und es herrschte große Verwirrung. Die Nachrichten in Radio und Fernsehen waren sehr widersprüchlich und meldeten Dutzende von Verletzten. Menschen wurden als tot gemeldet, die an jenem Morgen überhaupt nicht auf dem Vulkan gewesen waren. Im Hotel gab es keine Telefone in den Gästezimmern, deshalb drängten sich die Wissenschaftler in der Lobby und im Büro des Hotelbesitzers und warteten ungeduldig, daß ein Telefon frei wurde, weil sie ihre Familien anrufen wollten.

Fraser Goff und Gary McMurtry waren seit dem frühen Nachmittag im Hotel, wo sie der Schulbus nach ihrer abgebrochenen Exkursion zum Galeras abgesetzt hatte. Von der Dachterrasse des Hotels aus hatten sie beobachtet, wie der Militärhubschrauber mehrmals auf dem Gipfel des Galeras landete und startete, aber sie hatten keine Ahnung, ob Andy Adams und Alfredo Roldán lebend aus der Caldera herausgekommen waren. Nach qualvoller siebenstündiger Wartezeit erschienen die beiden schließlich um 19 Uhr schmutzig und erschöpft in der Lobby. »Wir haben uns einfach umarmt und ein Weilchen geweint«, sagt Adams. Dann rissen sie sich zusammen und erzählten von ihrem schrecklichen Abenteuer. Goff schrieb schnell eine Nachricht an Los Alamos mit der Bitte, auch den Familien des in Kolumbien weilenden Teams mitzuteilen, daß alle okay seien, und faxte sie durch, sobald die Leitung frei war.

Es war schon nach 20 Uhr, als Marta Calvache und Patty Mothes im Hotel eintrafen und der Menge mitteilten, was sie wußten: José Arles Zapata war tot. Ebenso drei noch nicht identifizierte Einheimische, die einen Ausflug zum Krater gemacht hatten. Alle vier waren von herabfallenden Trümmern erschlagen worden. Auch Carlos Trujillo war tot aufgefunden worden. Von Geoff Brown und Fernando Cuenca, die bei dem Ausbruch auf dem südwestlichen Kraterrand gewesen waren, fehlte hingegen noch jede Spur. Man nahm an, daß sie ebenfalls umgekommen waren. Nestor García und Igor Menyailov hatten sich zum Zeitpunkt des Ausbruchs im Krater befunden und waren höchstwahrscheinlich auch tot. Stanley Williams lag mit lebensgefährlichen Verletzungen im Krankenhaus und Andrew

Macfarlane, Luis LeMarie und Mike Conway wurden wegen weniger schweren Verletzungen behandelt.

An jenem Abend luden Fraser Goff und Gary McMurtry ihre erschöpften und bedrückten Kollegen Andy Adams und Alfredo Roldán im Restaurant im zweiten Stock des Hotels zum Essen ein. Goff schenkte den beiden eine Flasche Wein, an die er einen Zettel geheftet hatte. »Red Badge of Courage« (Rote Tapferkeitsmedaille) hatte er mit einem roten Marker darauf geschrieben. Der sonst so forsche Adams war sehr nachdenklich. Er hatte das Gefühl, im Krieg gewesen zu sein. Immer wieder zitterte er und bekam Schweißausbrüche, wenn er an die Gewalt des Ausbruchs und seine unbeschreibliche Angst zurückdachte. Er wollte eigentlich nur noch so schnell wie möglich nach Hause zu seiner Frau und seinen Kindern.

Goff hob das Glas, um einen Toast auszubringen, und die anderen taten es ihm nach. Adams versuchte, das Zittern seiner Hand zu unterdrücken.

»Darauf, daß ihr lebend herausgekommen seid.«

»Darauf, daß wir den Vulkanausbruch überlebt haben.«

»Hört, hört!«

Unten in der Hotellobby saß Hector Mora, ein Wissenschaftler vom Observatorium in Manizales, der am Vortag mit Geoff Browns Team gearbeitet hatte. Er half den ausländischen Wissenschaftlern mit dem kolumbianischen Telefonsystem, als er den gefürchteten Anruf vom Direktor des Landesinstituts für Geologie und Bergbau erhielt. Er würde die Familien der Toten benachrichtigen müssen. Schweren Herzens machte er sich auf den Weg zu den Häusern der in Pasto wohnhaften Opfer. Die Witwe von José Arles Zapata wußte schon, daß ihr Mann tot war, und Mora fand sie im Kreis ihrer

Familie in einem tranceartigen Zustand. Es gab kaum noch etwas, das er den Hinterbliebenen hätte mitteilen können, also sprach er ihnen nur sein Beileid aus und verabschiedete sich schnell wieder. Die schlimme Nachricht an Carlos Trujillos Angehörige zu überbringen, war schwieriger. Seine Witwe war tieftraurig und sehr ruhig, aber ihr Bruder tobte vor Wut. »Wir hatten Carlos Trujillo an seinem Ehering identifiziert, aber sein Schwager wollte nicht wahrhaben, daß er tot war. Er war betrunken und wütend und schrie. Er machte die Wissenschaftler für Carlos' Tod verantwortlich. Ich mußte das akzeptieren, weil ich seine Lage verstand.«

Trotzdem war Mora ziemlich ratlos. Nicht die Wissenschaftler waren schuld, sondern der Vulkan. Trujillo war eigentlich gar kein Wissenschaftler gewesen, sondern Dozent. Mora wandte sich an Trujillos Witwe, die wie versteinert auf dem Sofa saß. »Es tut mir leid«, sagte er. »Es tut mir sehr leid, daß Sie Ihren Mann verloren haben.« Er hielt ihr die Hand hin, aber sie reagierte nicht; darauf verabschiedete er sich leise und ging.

Nun mußte er ins Hotel zurück und die Familien von Nestor García in Manizales und von Fernando Cuenca in Bogotá anrufen. Mora stammte selbst aus Manizales und hatte Nestor García gut gekannt. Er dachte an Garcías Frau und seine Kinder, an seine Eltern und Geschwister. Er preßte die Hand auf die Augen, um seine Tränen zu unterdrücken. Es war so schrecklich. Und die anderen, was war mit den Ausländern? Er hatte keine Ahnung, wie er die Verwandten von Geoff Brown oder Igor Menyailov informieren sollte.

Um 21 Uhr kehrte Fabio García in Begleitung von drei Zivilschutzbeamten aus dem Krankenhaus ins Hotel Cuellar zurück. Sie brauchten Kleidungsstücke der Opfer, um sie mit Hunden suchen zu können, und baten den Hotelpagen Luis Ruales, einen 45jährigen Mann aus Pasto, von jedem der vermißten Opfer ein Kleidungsstück zu holen. Ruales erinnerte sich sofort, welche Zimmer die Ausländer belegt hatten, holte die Schlüssel an der Rezeption und stieg die Treppe hinauf. Der Engländer hatte Zimmer 205 und der Russe Zimmer 218 gehabt. Ruales nahm einen Sweater aus Browns Reisetasche.

Der Hotelpage hatte vor dem Ausbruch eine schlimme Vorahnung gehabt. »Als die Wissenschaftler am Sonntag ankamen, half ich ihnen, die Koffer zu tragen.« Er hatte die Ausrüstung gesehen, die der Russe auf den Galeras mitnehmen wollte – »Gegenstände aus Metall, furchterregende Gegenstände« –, und war überzeugt, daß den Besuchern etwas zustoßen würde. »Die Wissenschaftler warfen etwas in den Krater und machten den Galeras wütend. Deshalb ist der Galeras ausgebrochen«, sagt Ruales.

Ganz Pasto teilte diese Erklärung für den Ausbruch. »Jeder weiß, daß es stimmt«, sagt Ruales. Während im restlichen Kolumbien und in den Medien von einer erschütternden Tragödie gesprochen wurde, hielt sich das Mitgefühl bei den *Pastusos* in Grenzen. Viele wirtschaftliche Schwierigkeiten und viele Ängste, mit denen sie seit 1989 leben mußten, hatten ebendiese Wissenschaftler mit ihren katastrophalen Vorhersagen verursacht. Jahrelang hatten sie die Bürger von Pasto vor dem Vulkan gewarnt, und nun hatten sie ihre eigenen Ratschläge mißachtet. Die Wissenschaftler hatten den Galeras gereizt wie ein Matador einen Stier, und der Vulkan hatte zurückgeschlagen. Der Galeras hatte noch nie einen Menschen getötet – bis zu dem Tag, an dem die »Experten« in seinen Krater marschierten.

Die Alarmstufe gelb wurde von den *Pastusos* nicht

ernst genommen; sie war schon zu oft verkündet worden. Der Ausbruch war relativ klein gewesen und hätte wahrscheinlich kaum Aufsehen erregt, wenn nicht gerade zu diesem Zeitpunkt Wissenschaftler auf dem Vulkan gewesen wären. Das bißchen Respekt, das die Einheimischen davor vielleicht noch für die Wissenschaftler gehegt hatten, war nun völlig verflogen. Der Gouverneur und der Bürgermeister schimpften ganz offen über die Vulkanologen. *Diario del Sur,* die Tageszeitung von Pasto, brachte eine Karikatur über das Unglück, in der ein riesiger Felsblock vom Gipfel des Galeras herabpolterte und eine Versammlung von Vulkanologen zerschmetterte.

Die Medien schlachteten die Katastrophe weidlich aus. Nahaufnahmen mit den verunstalteten Gesichtern von Macfarlane und Williams prangten auf den Titelseiten der überregionalen Zeitungen. »Der teuflische Vulkan«, »Vulkanologen vom Krater verschlungen«, »Auf das Grollen folgte die Hölle«, lauteten die Schlagzeilen. Wieder sorgten sich außerhalb von Pasto lebende Verwandte um das Schicksal ihrer Lieben in der Region, obwohl die Pastusos sie durch Anrufe zu beruhigen suchten und versicherten, daß mit dem Galeras alles in Ordnung sei – wie immer.

Gegen 22 Uhr hatte sich die Aufregung im Hotel Cuellar etwas gelegt. Die meisten Wissenschaftler hatten ihre Verwandten inzwischen erreicht und ihnen versichert, daß sie gesund und munter waren. Fabio García berichtete einer Gruppe von Wissenschaftlern, was er wußte. Dann stapfte er erschöpft die Treppe zu seinem Zimmer hinauf. Als er am Restaurant im zweiten Stock vorbeikam, hörte er, daß im Fernsehen ein Bericht über den Ausbruch kam, in dem eine Liste der Verletzten verlesen wurde: »Stanley Williams de Los Estados Unidos,

Andrew Macfarlane de Los Estados Unidos, Fabio García de Bogotá.« Er war so erledigt, daß er es fast nicht mitbekommen hätte.

Verdammter Mist.

Er mußte seine Frau noch einmal anrufen und ihr versichern, daß ihm nichts fehlte. Schwach vor Müdigkeit, ging er die Treppe wieder hinunter und wartete in der Lobby, bis zwei andere Wissenschaftler das Telefon freigaben. Als er seine Frau endlich ans Telefon bekam, war sie schon ganz hysterisch vor Angst, obwohl er vorher schon einmal mit ihr gesprochen hatte. Er beteuerte ihr, daß er unverletzt sei. Sie hatte den letzten Fernsehbericht gesehen und schluchzte. »Ich sagte ihr: ›Sei unbesorgt. Ich bin nicht verletzt. Es war eine Falschmeldung‹«, berichtet García.

Er gab den Hörer dem Portier hinter der Theke zurück und stieg wieder die weiße Steintreppe hinauf in den zweiten Stock. Er kam zu seiner Tür und schloß das Zimmer auf. Neben dem Doppelbett an der gegenüberliegenden Wand stand eine Reisetasche aus Segeltuch mit sauber verschlossenem Reißverschluß. Sie enthielt die Sachen von Fernando Cuenca, Garcías Kollegen am Landesinstitut für Geologie und Bergbau in Bogotá. García schlüpfte aus seiner schmutzigen Kleidung und ging unter die Dusche. Er stand unter dem warmen Wasserstrahl und fuhr sich mit den Fingern durch die dichten schwarzen Haare. Seine Kopfhaut war voll sandigem Bimsstein und körniger Asche. Von seinem Körper rann eine schwarze Brühe herab, und er sah kleine Stücke des Galeras wirbelnd im Abfluß verschwinden. Er blieb unter der Dusche, bis das Wasser kalt wurde. Dann trocknete er sich ab, zitternd vor Kälte in dem ungeheizten Zimmer. Er legte sich auf das Doppelbett und versuchte zu schlafen. Am Vorabend hatten Cuenca und er noch miteinander gelacht und gescherzt. Heute war sein *compañero* tot.

Cuenca war frisch verheiratet gewesen. Erst kürzlich war er mit einer schönen und netten Braut aus Rußland zurückgekehrt. Garcías Herz krampfte sich zusammen. Bevor er ins Bett kroch, sprach er ein Gebet für die junge Witwe, die jetzt allein in Kolumbien war – viele tausend Meilen von ihrer Heimat entfernt, in einer fremden Welt. »Ich konnte nicht schlafen«, erinnert er sich. »Sobald ich die Augen schloß, sah ich die Explosion vor mir wie eine Fotografie, wie ein bewegliches Bild, das wieder und wieder vor meinen Augen ablief...«

Auf der anderen Seite der Stadt, im Observatorium von Pasto, hatte sich die Hektik noch nicht gelegt. Der Galeras grollte immer noch. Mit hochgekrempelten Ärmeln und verhärmtem Gesicht wies Fernando Muñoz ein halbes Dutzend Wissenschaftler im Kommandoton an, jedes Beben zu analysieren und zu ermitteln, woher es kam. Je tiefer das Beben, desto größer die Wahrscheinlichkeit, daß ein weiterer Ausbruch bevorstand – einer, der von aufsteigenden Magmamassen gespeist wurde und möglicherweise von pyroklastischen Strömen begleitet sein würde. Es waren Hunderte von Beben, und alle sechs Seismometer lieferten Daten. Während sie analysiert wurden, beantworteten andere Wissenschaftler aus Pasto und Manizales eine endlose Flut von Anrufen der Presse und ausländischer Botschaften.

Obwohl Muñoz mehr als genug zu tun hatte, mußte er ständig an das Unglück denken. Was war schiefgelaufen? Warum hatte das Funkgerät nicht funktioniert? Warum waren die Wissenschaftler noch so spät im Krater gewesen?

Um Mitternacht begann es zu regnen, und der leichte Nieselregen verwandelte sich bald in eine Sintflut. Der auf die Straße niederprasselnde Regen machte die Stimmung von Muñoz und seinen Kollegen noch gedrückter. Sie wußten, daß die Temperatur auf dem Galeras unter den Gefrierpunkt sinken würde. »Wenn da draußen noch jemand lebte, war es unwahrscheinlich, daß er die Nacht überlebte«, sagt Adriana Ortega.

Um vier Uhr morgens kam Milton Ordoñez zum Observatorium und holte einen Geländewagen. Er wollte mit dem Roten Kreuz und dem Zivilschutz die Suche wiederaufnehmen. Ein Konvoi von zehn Gelände- und Krankenwagen kroch in der Dunkelheit die Straße zum Gipfel des Galeras hinauf und erreichte ihn um sechs Uhr. Auf dem Vulkan herrschte wieder dichter Nebel. Die 30 Retter standen auf dem Gipfelgrat und warteten auf den Sonnenaufgang. Sie waren alle mit Helmen und Schutzkleidung ausgerüstet, aber keinem gefiel der Gedanke, in den Vulkan hinabzusteigen, der gerade mindestens neun Menschen getötet hatte. Drei Hunde in Rot-Kreuz-Westen – ein schwarzer Labrador, ein Deutscher Schäferhund und ein Golden Retriever – saßen glücklich auf dem Gipfel, weil die ängstlichen Rettungskräfte ihnen viel Aufmerksamkeit schenkten.

Erst nach einigen Stunden verzogen sich die Wolken in der Caldera, und die Retter stiegen langsam am Seil entlang in den Vulkan hinab. Sie hatten noch immer keine Liste der Vermißten und keine Ahnung, nach wie vielen Leichen sie eigentlich suchen mußten. Der Krater des Galeras dampfte leicht; er wirkte völlig ruhig. Die Rettungsteams verteilten sich im Graben und gingen langsam auf den Krater zu. Die Sicht verschlechterte sich bald wieder, und im Nebel war es gefährlich, auf dem Geröll umherzulaufen. Milton Ordoñez war außerordentlich nervös. Er paßte bei jedem Schritt auf und sah sich ständig nach Felsblöcken um, hinter denen er Deckung suchen konnte, falls der Vulkan wieder ausbrach.

Die erste Aufgabe der Retter war die Bergung der Leichen von José Arles Zapata, Carlos Trujillo und den drei Wanderern. Die Toten wurden auf dieselbe Weise aus dem Vulkan gebracht wie Stanley Williams und Andrew Macfarlane. Sie wurden auf Bahren durch den Graben zur Wand der Caldera getragen und dann vom Gipfelgrat aus hinaufgezogen. Da die Wand so steil war, brauchte es ein Dutzend Männer, um einen Mann hochzuhieven.

Die Leiche von José Arles Zapata wurde in eine Decke gewickelt und zuerst geborgen. Dann wurden die drei Wanderer – Berichten zufolge ein Lehrer aus der Gegend mit seinem Sohn und dessen Freund – heraufgezogen. Sie waren alle auf dieselbe Weise gestorben; ein glühender Trümmer hatte ihre Schädeldecke durchschlagen und sich in ihr Gehirn gegraben.

Schließlich banden die Rettungskräfte Beine und Rumpf von Carlos Trujillo auf eine Bahre und zogen die entzweigerissene Leiche langsam die Wand hinauf. Es war eine grausige und ermüdende Arbeit. Die Sicht war fast den ganzen Tag gleich null, und die Retter stolperten durch den Nebel und verirrten sich oft mit den drei Hunden auf der Suche nach weiteren Leichen.

Auf dem südwestlichen Kraterrand fanden sie Gesteinsbrocken, an denen Blut und Stücke von verbranntem Fleisch klebten. Sie kratzten das Fleisch von den Steinen ab und füllten es in Plastiktüten, damit die Verwandten von Geoff Brown, Fernando Cuenca, Igor Menyailov und Nestor García wenigstens etwas begraben konnten. 360 Meter von der Stelle, an der Geoff Brown mit seinem Team gearbeitet hatte, lag die zerbeulte Aluminiumhülle seines Gravimeters. Außerdem fanden sich Bruchstücke einer Gasmaske, Andrew Macfarlanes völlig zerfetzter Rucksack und ein Glasfläschchen voll vulkanischem Gas, das Luis LeMarie gesammelt hatte und das in dem Steinhagel wie durch ein Wunder unversehrt geblieben war. Wegen der schlechten Sicht verlief die Suche sehr langsam. Um 17 Uhr 30 traten die erschöpften Mitarbeiter des Roten Kreuzes und des Zivilschutzes den Rückzug aus der Caldera an, wollten ihre Suche jedoch am nächsten Tag fortsetzen.

Widersprüchliche Berichte

Am Freitag, dem 15. Januar, berichteten die internationalen Medien über die Vulkankatastrophe. In nordamerikanischen Vulkanologenkreisen löste die Nachricht tiefe Bestürzung aus. Nach offiziellen Angaben waren zwei Wissenschaftler getötet worden; vier weitere wurden vermißt und waren wahrscheinlich ebenfalls tot; auch drei Wanderer, die sich in der Nähe des Kraters aufgehalten hatten, waren bei dem Ausbruch umgekommen. Stanley Williams rang in einem kolumbianischen Krankenhaus um sein Leben; ein Trümmer hatte ihn schwer am Kopf verletzt.

Die Wissenschaftler vom USGS konnten es kaum fassen. Stanley Williams war von einem Gesteinsbrocken lebensgefährlich am Kopf getroffen worden? »Was war mit den Sicherheitsvorkehrungen?« fragten sich Dave Harlow und seine Kollegen. Und andere wurden durch herabfallende Trümmer getötet? Wo hatten sie ihre Schutzhelme? Und warum hielten sich während einer wissenschaftlichen Exkursion Touristen und Reporter im Kraterbereich auf? Die USGS-Wissenschaftler, die sich darüber beklagt hatten, daß das Außenministerium sie nicht nach Pasto hatte reisen lassen, waren nun froh darüber.

Doch niemand war betroffener als Bernard Chouet. 1992 hatte der Galeras sich genauso verhalten, wie er es vorhergesagt hatte. Der Schlot des Vulkans hatte sich verschlossen, und vor seinem Ausbruch am 16. Juli waren langperiodische Signale auf den Seismogrammen erschienen. War der Galeras diesmal ohne irgendwelche Vorzeichen explodiert? Es fiel Chouet schwer, das zu glauben. Wenn es jedoch Signale gegeben hätte, daß der Galeras instabil war, hätte Stanley Williams dann eine Exkursion in den Krater unternommen?

Die Wissenschaftler im Hotel Cuellar waren über das Unglück tief erschüttert. Bemüht, ihre Aufgabe bei diesem Workshop trotz allem zu erfüllen, arbeiteten sie in gedrückter Stimmung den Bericht für die UNO aus. Sie sprachen im Flüsterton über ihre toten Kollegen, und diejenigen, die ihre Angehörigen noch nicht erreicht hatten, versuchten es über das Telefon in der Lobby weiter.

Ein junger Deutscher namens Tobias Fischer stand unter Schock. Er hatte in den vergangenen sechs Monaten am Galeras Gasproben für seine Diplomarbeit gesammelt, die er bei Stanley Williams schrieb. Williams war nicht nur sein Mentor, sondern gleichzeitig eine Vaterfigur für ihn. Ohne den Zuspruch seines Professors hätte er sich vielleicht nie für diese Arbeit entschieden, die er inzwischen liebte. Williams' Tod hätte für ihn einen schweren persönlichen Verlust bedeutet. Doch es war schlimm genug, daß Williams bei genau der Arbeit, zu der er Fischer ermutigt hatte, lebensgefährlich verletzt worden war – und andere waren dabei umgekommen.

Fraser Goff war um Fischers Sicherheit besorgt. Er hatte den Eindruck, daß Williams ihm kaum etwas über angemessene Sicherheitsmaßnahmen beigebracht hatte. »Unser Team adoptierte Toby«, sagt Goff. »Stans letzte Anweisungen an Toby lauteten, er solle sooft wie möglich zum Krater gehen, und wir sagten: Tu das nicht. Arbeite lieber mit uns und bleib am Leben.«

An diesem Abend war eine große Gruppe Wissenschaftler zum Abendessen im Hotel versammelt. Goff saß neben Meghan Morrissey, der Studentin von der Arizona State University, die mit den Seismologen auf Exkursion gewesen war. Morrissey hatte sich längere Zeit mit Roberto Torres und Diego Gómez unterhalten. Sie wußte etwas über langperiodische Seismizität, weil sie seit kurzem mit Bernard Chouet zusammenarbeitete. Nach dem Ausbruch hatten die kolumbianischen Seismologen ihr berichtet, daß vorher zwei Wochen lang *tornillos* auf den Seismogrammen erschienen waren. Als Morrissey hörte, daß Goffs Team in Pasto bleiben und weiter auf dem Galeras arbeiten wollte, machte sie sich Sorgen, daß es in Lebensgefahr geraten könnte. »Beim Abendessen redete Meghan über *tornillos*«, erinnert sich Goff. »Ich erzählte ihr, daß ich beabsichtigte, wieder in den Krater zu gehen, und sie sagte, ›Fraser, du mußt unbedingt auf die Schrauben achten!‹« Morrissey erzählte ihm etwas über langperiodische Seismizität und ermahnte ihn, sich vor jeder Tour zum Vulkan zu vergewissern, daß die Seismogramme keine *tornillos* aufwiesen.

Goff war sich nicht sicher, ob Morrissey wußte, wovon sie sprach, doch er hatte sich vorgenommen, jeden Tag, bevor er mit seinem Team zum Krater aufbrach, die seismischen Daten zu überprüfen. Er würde auf jeden Fall auf seltsame Signale achten. Am nächsten Morgen ging sein Team ins Observatorium und bat darum, einen Blick auf die seismographischen Aufzeichnungen werfen zu dürfen. Goff erinnert sich, daß die kolumbianischen

Seismologen ihnen mehrere Seismogramme aus den Tagen vor dem Ausbruch brachten.

Einer der jungen Kolumbianer deutete auf ein Kritzelmuster auf einem Seismogramm vom 13. Januar 1993. »Inzwischen, seit dem Ausbruch, produziert der Galeras keine *tornillos* mehr, daher ist es nun wahrscheinlich sicher, wieder in den Vulkan zu gehen«, sagte er.

Goff konnte es nicht fassen. Es hatte also Signale gegeben. War es möglich, daß niemand sich die Aufzeichnungen angesehen oder daß man es einfach für sich behalten hatte? Stanley Williams und John Stix hatten die ganze Zeit gesagt, der Vulkan sei völlig ruhig und zeige keinerlei Anzeichen von Aktivität – bis zum Tag des Ausbruchs. Goff wußte, daß es russischem Roulette gleichkam, in einen aktiven Vulkan zu gehen, ohne die seismischen Daten zu überprüfen. Als er Adams und Roldán in den Vulkan geschickt hatte, war er davon ausgegangen, daß der Exkursionsleiter – in diesem Fall Williams – alle Sicherheitsfragen restlos geklärt hatte. Hastig notierte Goff sich Zeit und Dauer der Signale auf vier verschiedenen vor dem Ausbruch aufgezeichneten Seismogrammen. »Insgeheim fragten wir uns, was zum Teufel eigentlich los war. Doch offiziell etwas zu sagen, wäre unangebracht gewesen, denn die Situation war sowieso schon sehr angespannt und wir mußten noch drei Wochen dort arbeiten.«

Am Abend desselben Tages nahm Andy Adams sich den dicken Ordner mit den Workshop-Unterlagen vor. Er enthielt kurze wissenschaftliche Abhandlungen über den Galeras und andere Vulkane, die auf dem Workshop besprochen worden waren. Adams wollte mehr über den Vulkan wissen, der ihn fast getötet hätte, vor allem deswegen, weil Goff vorhatte, in der Caldera des Galeras Proben zu nehmen. Während Adams die ersten Seiten mit dem Programm der Konferenz und der Liste der Teilnehmer durchblätterte, wartete sein Kollege Gary McMurtry, bis er zum ersten Beitrag kam, und tippte mit dem Finger auf die Seite. Die Reihenfolge der Abhandlungen entsprach nicht der der Vorträge, sondern erschien völlig willkürlich. Er begann den Beitrag zu lesen. Es handelte sich um einen kurzen Bericht, den John Stix kurz vor der Konferenz verfaßt hatte. Adams konnte kaum glauben, was er las:

Zustand des Vulkans
Die seismischen Daten und die Schwefeldioxidwerte zusammengenommen lassen zwei Interpretationen zu: entweder (1) das magmatische System hat sich allmählich geschlossen, so daß die Oberflächenentgasung behindert wird, oder (2) das System erreicht sein Lebensende. Die erste Hypothese impliziert, daß sich unter dem Dom Gasdruck aufbauen kann, was logischerweise zu explosiven Eruptionen führt, während die zweite bedeutet, daß der derzeitige Eruptionszyklus endet.

Zukünftige Szenarios am Galeras
(1) Es ist gut möglich, daß es in den nächsten Wochen oder Monaten zu einer ähnlichen Eruption wie der vom 16. Juli 1992 kommt. Die Seismizität und die Gaswerte sind ähnlich niedrig wie vor dem Ausbruch am 16. Juli. Dieser Ausbruch scheint den Vulkanschlot nicht genügend geöffnet zu haben, um eine Entgasung zu ermöglichen. Es kann also sein, daß der Schlot immer noch verstopft ist und daß sich unter dem Vulkangebäude weiterhin Gasdruck aufbaut. Das ist eindeutig ein bedenkliches Szenario, und die Überwachungsbemühungen soll-

> ten darauf abzielen, irgendwelche ungewöhnlichen Veränderungen, wie das Auftreten monochromatischer langperiodischer Ereignisse oder zeitweiliger Tremores, starke tägliche Schwankungen der Schwefeldioxidemissionen und Deformationen des Vulkangebäudes, zu erkennen.
> Die grundlegende Frage ist im Augenblick: Sind die zur Zeit geringe Seismizität und Entgasung Anzeichen für eine andauernde Unruhe des Galeras, oder bedeuten die niedrigen Werte lediglich, daß die gegenwärtige Aktivitätsperiode allmählich zu Ende geht? Es spricht einiges dafür, daß der Galeras aktiv und gefährlich bleibt.

Adams dachte, er müßte sich gleich übergeben. Stix hatte vorhergesagt, daß es in den nächsten Wochen zu einem Ausbruch kommen konnte. Er sprach in seinem Bericht sogar von der Notwendigkeit, langperiodische Signale zu erkennen – die *tornillos*, die Adams und Goff am Morgen im Observatorium gesehen hatten. Nichts davon war auf dem Workshop besprochen worden. Adams war außer sich. Ihm, Alfredo Roldán und allen anderen Exkursionsteilnehmern war ständig erzählt worden, der Vulkan sei völlig ruhig.

Im Hotelfernseher lief immer wieder dasselbe Video des örtlichen Nachrichtensenders: Es zeigte John Stix und Stanley Williams, die in der Lobby des Hotel Cuellar verkündeten, daß der Galeras ruhig sei. Die Kommentatoren schlachteten die Ironie, die in der Situation lag, weidlich aus. Und Adams kochte immer noch vor Wut. »Für mich hatte Stan Williams echt Scheiße gebaut«, sagt Adams.

Fraser Goffs Gruppe und Tobias Fischer wollten noch drei Wochen in Pasto bleiben, die übrigen Teilnehmer des Workshops reisten am Samstag ab. Die Arizona State University schickte ein Rettungsflugzeug nach Bogotá. Im Krankenhaus von Pasto hatte man Williams bei einer erfolgreichen Operation ein Blutgerinnsel und Schädelsplitter aus dem Gehirn entfernt. Seine übel zugerichteten Beine wurden mit Gipsverbänden versehen und seine Verbrennungen gesäubert und behandelt. Williams' Frau Lynda, die man vorgewarnt hatte, daß ihr Mann möglicherweise nur noch dahinvegetieren würde, war ebenfalls auf dem Weg nach Bogotá. Sie holte Williams in Cali ab und flog mit ihm am Sonntag, dem 17. Januar, in ein Krankenhaus in Phoenix. Der Schwiegervater und der Schwager von Williams, die beide Gehirnchirurgen waren, hatten wenig Hoffnung, daß Williams es je schaffen würde, zu einem normalen Leben zurückzukehren, und hatten Lynda gesagt, sie solle sich auf das Schlimmste vorbereiten.

Im Krankenhaus von Pasto hatte sich der Wirbel um die Vulkanopfer inzwischen gelegt, und Andrew Macfarlane und Luis LeMarie wurden ziemlich vernachlässigt, so daß Peter Baxter um ihre Entlassung bat. Macfarlane und Mike Conway flogen am Samstag mit einer normalen Verkehrsmaschine in die Vereinigten Staaten, und LeMarie fuhr mit Pete Hall und Patty Mothes nach Quito zurück.

Die Leichen von José Arles Zapata, Carlos Trujillo und den drei Wanderern wurden im Krankenhaus von Pasto obduziert. Bei Zapata und den drei Wanderern waren schwere Schädelbrüche und Gehirnverletzungen durch herabfallende Gesteinstrümmer die Todesursache. Ihre Körper wiesen tiefe Wunden und schwere Verbrennungen auf, die sie vermutlich nach ihrem Sturz erlitten hatten. Carlos Trujillos Leiche war nicht verkohlt oder ausgedörrt wie die eines Brandopfers, sondern sah aus, als wäre sie gekocht worden; das Fett war geschmolzen und das Fleisch hart, woraus der Pathologe schloß, daß Trujillo in eine um die 200 Grad Celsius heiße Dampfwolke geraten sein mußte. Sein Schädel war zertrümmert und sein Körper, der 450 Meter vom Kraterrand entfernt gefunden wurde, war in zwei Teile gerissen worden – wahrscheinlich von einem herabstürzenden Gesteinsbrocken.

Obwohl der Bürgermeister von Pasto und der Gouverneur von Nariño von der Gefährlichkeit des Galeras weniger überzeugt waren denn je, nutzten sie die Gelegenheit, um Präsident Barco, der das Gebiet einige Tage später besuchte, um Unterstützung zu bitten. Sie hofften, er würde die Gegend zum wirtschaftlichen Notstandsgebiet erklären und ihnen finanzielle Hilfe für den Wiederaufbau der lokalen Infrastruktur anbieten, die – so ihre Argumentation – wegen der angeblichen Vulkankrise zusammengebrochen war. Doch wie schon so oft lehnte die Landesregierung ihre Bitte um Unterstützung ab.

Zehn Tage nach dem Ausbruch, am 24. Januar, begab sich Goffs Team um vier Uhr morgens ins Observatorium. Es hatte bisher nur Wasserproben aus den Quellen im unteren Bereich des Vulkanbergs gesammelt, nun wollte Goff endlich zum Krater aufbrechen. Diesmal wurden Goffs Leute gebeten, Formulare auszufüllen und mit ihrer Unterschrift zu bestätigen, daß sie auf eigene Gefahr in den Galeras gingen und das Oberservatorium von jeglicher Verantwortung für ihre Sicherheit entbanden. An diesem Morgen und an den folgenden fünf Tagen fuhren Goff, Gary McMurtry, Tobias Fischer, Andy Adams und Alfredo Roldán zum Gipfel des Galeras. Alle trugen Schutzhelme und feuerfeste Schutzanzüge und hatten Gasmasken dabei. Doch an keinem Tag verhielt der Vulkan sich kooperativ. Die Wolken waren so dicht, und die Sicht war so schlecht, daß Goff beschloß, das Team nicht im Krater arbeiten zu lassen, worüber Adams insgeheim froh war. Am 30. Januar war endlich schönes, klares Wetter, und sie machten sich an den Abstieg in den Vulkan. Bruno Martinelli war auch mitgekommen, doch er blieb mit seinem Funkgerät auf dem Rand der Caldera, als Verbindungsmann zwischen Goff und dem Observatorium.

Tausend Gedanken schossen Adams durch den Kopf, als er in den Vulkan hinabkletterte, der ihn beinahe getötet hätte. Er war immer noch empört über die Art, wie die Exkursion durchgeführt worden war. »Ich glaube, unser größtes Verhängnis war die mangelnde Sicherheit. Dabei beobachteten sie diese seismischen Ereignisse schon seit zwei Wochen.« Williams, der sich eine lebensbedrohliche Kopfverletzung zugezogen hatte, hatte über Adams und Roldán gelacht, weil sie Schutzhelme trugen. Und er hatte weder versucht, die Gruppe zur Eile anzutreiben, noch ihr auf sonst irgendeine Weise vermittelt, daß jeder Aufenthalt in einem aktiven Vulkan riskant war und daher so kurz wie möglich sein sollte. Das Probensammeln im Krater, das gewöhnlich nur ein bis zwei Stunden in Anspruch nahm, hatte vier Stunden gedauert. Und warum hatte er die *tornillos* oder den Bericht von John Stix mit keinem Wort erwähnt? Adams wußte, daß Fraser Goff es mit der Sicherheit peinlich genau nahm und daß sie nun viel mehr Vorsichtsmaßnahmen trafen – unter anderem überprüften sie allmorgendlich um vier Uhr die seismographischen Aufzeichnungen. Trotzdem konnte er seine Angst nicht abschütteln.

In seinem Hotelzimmer, in seiner schwarzen Aktentasche, hatte er einen auf Briefpapier des Hotel Cuellar geschriebenen Brief hinterlassen. Auf dem Umschlag stand: »An meine Frau im Falle meines Todes«. Der Brief begann mit den Worten: »Wenn du das liest, hat es mich wirklich erwischt.«

Alfredo Roldán glaubte dagegen eher an das Schicksal. Er betrachtete den dampfenden Vulkan, der sein Leben geschont hatte, eher als einen Freund denn als einen Feind. Der Ausbruch konnte ihn nicht davon abhalten, auch weiterhin in aktiven Vulkanen zu arbeiten. Er war bei der Arbeit immer schon extrem vorsichtig gewesen. Er trug seinen Schutzhelm wie einen zweiten Schädel, selbst auf der Fahrt zum Gipfel des Vulkans. Wo er herkam, brachten viele Leute den Vulkanen Opfergaben dar: Weihrauch, Rum, einen Schokoriegel...

Die Wochen nach der Tragödie waren für Marta Calvache sehr anstrengend. Sie mußte Berichte schreiben und kommentieren, Interviews geben und logistische Probleme bewältigen. Sie übernahm Fraser Goffs Sicherheitskonzept für das Observatorium. Von nun an mußte jeder, der auf den Vulkan fuhr, eine Haftungsausschlußerklärung unterschreiben, einen Schutzhelm, Schutzkleidung und Spezialstiefel tragen und eine geeignete Gasmaske im Gepäck haben, und alle Wissenschaftler, die im Krater arbeiteten, mußten sich an einen Sicherheitsplan halten. Inzwischen gab es auch Notfallpläne. Außerdem wurde eine Funkverbindung zwischen dem Polizeirevier und dem Vulkanobservatorium in Pasto eingerichtet.

Die Experten waren sich einig, daß bei diesem Ausbruch des Galeras kaum 100 Kubikmeter Gestein herausgeschleudert worden waren – beim Ausbruch des Mount Saint Helens war es eine Million mal soviel. Dennoch hatte er neun Menschen das Leben gekostet. Calvache ging zu den Beerdigungen, doch ihr blieb wenig Zeit zum Trauern. Sie und Nestor García hatten in der Zeit, in der sie zusammen am Nevado del Ruiz arbeiteten, so vieles durchlebt. Sie waren nur einen Tag vor seinem Ausbruch auf seinem Gipfel gewesen, ihrem gemeinsamen Tod also nur knapp entronnen. Der Tod von José Arles Zapata hinterließ eine tiefe Lücke im Leben derer, die im Observatorium mit ihm zusammengearbeitet hatten. Er war ihr strahlender Held gewesen – ein junger Wissenschaftler, der den Galeras liebte und und sich von den politischen und sozialen Problemen seines Landes nie entmutigen ließ.

Stanley Williams erholte sich in den Vereinigten Staaten erstaunlich gut und schnell. Nach nur drei Wochen war er bereit, den Nachrichtenmedien seine Geschichte zu erzählen. Das erste Interview gab er der *New York Times.* Der Artikel erschien am 9. Februar und enthielt eine besonders befremdliche Fehlinformation:

> Bei dem explosiven Ausbruch wurden sechs Wissenschaftler, die sich im oder am Krater aufhielten, erschlagen oder verbrannt. Der einzige Überlebende aus der Gruppe war Dr. Stanley N. Williams, 40, ein Vulkanologe von der Arizona State University, der verheiratet und Vater von zwei kleinen Kindern im Alter von sieben und vier Jahren ist.

Als nächstes rief Williams vom Krankenhaus aus Bob Tilling, einen leitenden Beamten vom USGS, in Menlo Park an. Er wollte wissen, wie er die Produzenten eines Fernsehnachrichtenprogramms erreichen konnte. Ein paar Tage später erschien er mit rasiertem genähtem Kopf und verdrahtetem Kiefer in den NBC *Nightly News.* Der Beitrag wurde live aus dem Krankenhaus in Arizona gesendet und zeigte ihn während eines physiotherapeutischen Trainings. Er hielt sich an einem stählernen Gehapparat fest, und sein Gesicht verzerrte sich zu einer Grimasse, als er sein gebrochenes Bein hob. »Wir waren zehn Leute, und ich bin der einzige, der noch am Leben ist. Das ist nicht leicht«, erzählte Williams dem Reporter Robert Bazell. »Ich sagte: ›Etwas stimmt nicht. Das hört sich nicht gut an. Wir müssen hier raus.‹ Und bevor irgendwer eine Chance hatte, zu reagieren, ging es schon los – der Vulkan explodierte, und direkt vor meinen Augen starben alle in Sekunden. Sie wurden nicht nur getötet, sondern völlig zerfetzt und … verbrannten, weil ihre Leichen nicht einmal geborgen werden konnten.«

»Und Sie sahen das mit an?« fragte Bazell.

»Leider ja. Es war hart … meine Freunde so sterben zu sehen.«

Am Ende des Interviews blickte Williams in die Kamera und sagte: »Wenn … wenn der Tod dieser Menschen bewirkt, daß Tausende oder Millionen von Menschen nicht sterben, dann war dieses Opfer wohl nicht umsonst.«

Drei Tage später, am 15. Februar, stellte Katie Couric von der *Today Show* des Fernsehsenders NBC Williams in einem per Satellit live übertragenen Interview als den einzigen Überlebenden vor. Während des Interviews fragte sie ihn ausdrücklich, ob es Zeichen für einen bevorstehenden Ausbruch des Vulkans gegeben habe. Er bestritt das entschieden und behauptete, daß die seismischen Signale, die dem Ausbruch vom 16. Juli 1992 vorausgegangen waren, vor dem Ausbruch vom 14. Januar 1993 *nicht erschienen* seien.

Couric: Gab es absolut keine Warnzeichen irgendwelcher Art, daß dieser Vulkan kurz vor dem Ausbruch stand?

Dr. Williams: Es war wirklich erstaunlich. Selbst im nachhinein kann man sich nicht die Daten anschauen und sagen: »Oh, wir hätten damit rechnen müssen.« Wir hatten Funkgeräte; wir sprachen mit den Leuten im Observatorium; wir hatten allen Grund zu glauben, daß der Vulkan stabil war.
Couric: Tatsächlich führt uns dieses entsetzliche Unglück deutlich vor Augen, wie gering die Fortschritte der Wissenschaft auf dem Gebiet der Vorhersage von Vulkanausbrüchen sind.
Dr. Williams: Ja, es ist ein gutes Beispiel für die herrschende Frustration. Dieser Vulkan hatte bereits im letzten Juli einen explosiven Ausbruch, und in der Woche vor dieser Explosion gab es Vorzeichen: Beben einer bestimmten Art, eine gewisse Veränderung der Gasemissionen. Doch im Januar [1993] wiederholte sich keines dieser schlechten ... Muster.

Auch in den folgenden Wochen und Monaten posierte Williams für Pressefotos und erklärte immer wieder, es sei notwendig, solche Risiken einzugehen, um Millionen von Menschenleben zu retten. In seiner Darstellung der Ereignisse war er ein Held, der als einziger den Kampf mit einem gefährlichen Vulkan überlebt hatte.

Sein ganzes Verhalten befremdete viele Wissenschaftler, die darin eine schamlose Ruhmsucht auf Kosten toter Kollegen sahen. Das befremdlichste daran war, insbesondere für die Wissenschaftler, die an dem Workshop teilgenommen hatten, daß Williams sich als den einzigen Überlebenden einer furchtbaren, unvorhergesehenen Katastrophe darstellte.

Andrew Macfarlane, der mit einem verstauchten Knöchel an die Florida International University zurückgekehrt war und sich geschworen hatte, nie wieder in einem aktiven Vulkan zu arbeiten, war sprachlos. Das Magazin *Time* und die *Los Angeles Times* hatten ihn um Interviews gebeten, doch in den meisten Berichten ging es nur um Williams, der sich weiterhin als den einzigen Überlebenden darstellte. Verärgert über diese merkwürdigen Geschichten rief Macfarlane Williams an und fragte ihn, ob er sich diese Falschmeldung erklären könne.

»Ich sagte: ›Hör mal, Stan, ich wollte dich fragen, warum sie dich heute Morgen in den Nachrichten als den einzigen Überlebenden bezeichneten?‹ Er ging sofort in die Defensive und erzählte mir, man habe ihn falsch zitiert; das Zitat sei aus dem Zusammenhang gerissen worden«, sagt Macfarlane. Doch als weitere Berichte erschienen, die diese Fehlinformation enthielten, wurde Macfarlane allmählich klar, daß Williams selbst die Vorstellung aufrechterhielt, daß nur er allein die Explosion überlebt hatte. Williams verbreitete noch mehr falsche Behauptungen: Er erzählte, als er den Steinschlag einige Minuten vor dem Ausbruch gehört habe, hätte er zu den anderen gesagt, sie sollten machen, daß sie so schnell wie möglich aus dem Vulkan herauskamen. Er sagte auch, er hätte auf dem Kraterrand gestanden und alle vor seinen Augen sterben sehen. Und immer wieder behauptete er, es habe keinerlei Anzeichen dafür gegeben, daß der Vulkan kurz vor dem Ausbruch stand.

Williams gab unglücklichen Umständen die Schuld an dem Unglück. Die Exkursionen hatten wegen einer Stromeinschränkung um einen Tag verschoben werden müssen – eine grausame Laune des Schicksals. Letztendlich hatte er sogar Menschenleben gerettet, indem er die Zahl der Teilnehmer an der Kratertour stark einschränkte. Was einige Wissenschaftler am meisten irritierte, war, daß Williams keine Spur von Reue zeigte, keinerlei Verantwortung für das Unglück übernahm und nie zugab, daß Fehler gemacht wurden. Schließlich war er der Veranstalter des Workshops und trug als Exkursionsleiter die Verantwortung für die Gruppe, die er in den Vulkan führte. Andere Wissenschaftler meinten, sie hätten es an Williams' Stelle vor lauter Schuldgefühlen gar nicht fertiggebracht, sich so aufzuspielen.

Andrew Macfarlane fragte sich, ob Williams sich vielleicht aufgrund eines Hirnschadens nicht mehr daran erinnern konnte, daß noch weitere Opfer am Leben geblieben waren. Er fühlte sich in die wenig beneidenswerte und unangenehme Lage versetzt, beweisen zu müssen, daß er, Mike Conway und Luis LeMarie den Ausbruch des Galeras ebenfalls überlebt hatten. Sie hatten sich sogar näher am Krater befunden als Williams. Andy Adams, Alfredo Roldán, Carlos Estrada und Fabio García waren schon weiter weg, als der Vulkan explodierte, doch sie waren ebenfalls Überlebende. Glaubte Williams wirklich an seine merkwürdige Geschichte?

In den Massenmedien blieb Williams bei der Version, daß er der einzige Überlebende war, doch vier Monate nach dem Ausbruch erzählte er in einem Artikel, den er für die Juli-Ausgabe der vom American Geological Institute herausgegebenen Fachzeitschrift *Geotimes* schrieb, eine ganz andere Geschichte:

> Ich stand auf und versuchte wegzurennen, bin aber wegen des Doppelbruchs gleich wieder hingefallen. Die anderen, die in der Nähe waren, nur ein Stück weiter unten am Hang des Vulkans (Luis Le Marie [sic] von der Escuela Politecnica Nacional in Ecuador, Andrew Macfarlane von der Florida International University und Michael Conway von der Michigan Technological University), wurden auch verletzt, doch alle waren in der Lage, sich weiter

> den Hang hinabzuschleppen, auf die Calderawand zu (eine viel sicherere Entfernung vom Krater).

Dieser kurze Artikel bewies, Stanley Williams erinnerte sich sehr wohl, daß es noch andere Überlebende gab, doch er erreichte nur einen sehr kleinen Leserkreis. Macfarlane befürchtete, daß die Geschichte nie richtiggestellt werden würde. Er hatte an William Broad von der *New York Times* geschrieben, in dessen Artikel Williams als der einzige Überlebende bezeichnet worden war, aber keine Antwort erhalten. Als letzten Ausweg rief er Christopher Sanders an, einen Kollegen von Stanley Williams an der Arizona State University. Sanders fühlte sich gegen seinen Willen in Williams' Medienrummel hineingezogen. Er hatte ebenfalls an dem Galeras-Workshop teilgenommen und wußte sehr wohl, daß Williams nicht der einzige Überlebende war. Er hatte Williams nie leiden können und ihm nie so recht über den Weg getraut, doch seine ständigen Ungereimtheiten und seine Versuche, durch seine Geschichte berühmt zu werden, fand er inzwischen unerträglich. Er wollte Macfarlane helfen, den die Situation, in der er sich befand, verständlicherweise verdroß. »Andy Macfarlane machte sich Sorgen über Stans Gesundheitszustand«, erinnert sich Sanders. Da Williams sich immer noch im Krankenhaus befand, wandte Sanders sich an dessen Frau. Er erklärte Lynda Williams, andere Überlebende des Ausbruchs seien befremdet darüber, daß ihr Mann eine unwahre Geschichte verbreitete, und sie machten sich Sorgen, er habe womöglich einen Gehirnschaden erlitten. Bald darauf erhielt Sanders eine Aktennotiz von Stanley Williams, in der dieser ihm in einem scharfen und beleidigten Ton vorwarf, daß er sich eingemischt hatte, und Mike Conway und Andrew Macfarlane auf die übelste Weise attackierte.

> Als (nach alledem) die *New York Times* erschien, die mich als den einzigen Überlebenden von den am Krater arbeitenden Wissenschaftlern korrekt zitierte, und die NBC-Sendungen ausgestrahlt wurden, wurden Andy und Mike aus zwei Gründen sehr wütend: aus einem Schuldgefühl heraus (weil sie gar nichts für mich taten) und aus Neid auf die Anerkennung, die ich erhielt. Heute wird Andy im Magazin *Time* zitiert; er sagt, er hätte tatsächlich versucht, mich den Vulkan hinunterzutragen. Das ist eine glatte Lüge von einem, der verzweifelt versucht, den wahren Sachverhalt zu vertuschen … Ich bin entsetzt über Sie und tief gekränkt, daß Sie diesen offenkundigen Mist von zwei erbärmlichen Lügnern wiederholen … Ich hoffe, wir können das nun hinter uns lassen und in Zukunft konstruktiv miteinander verkehren.

Dann startete Williams eine Verleumdungskampagne. »Immer mehr Leute berichteten mir, daß Stan diese Gerüchte verbreitete, Mike und ich würden Lügen auftischen, weil wir ihn ruinieren wollten«, sagt Macfarlane. Mike Conway hatte gerade erst seinen Doktor in Chemie gemacht und befürchtete, in seinem kleinen Fachbereich – der Chemie von Vulkanen – auf die schwarze Liste gesetzt zu werden. Macfarlane, der Wirtschaftsgeologe war, machte sich weniger Sorgen, wollte jedoch trotzdem tun, was er konnte, um die Situation zu bereinigen.

Viele Vulkanologen aus den USA und der ganzen Welt hatten Stanley Williams' ständige Medienauftritte allmählich satt. In jedem Bericht sagte er, vor dem Ausbruch des Galeras sei keine ungewöhnliche Seismizität festgestellt worden, und was das Thema Sicherheit betraf (das von anderen Wissenschaftlern oft angesprochen, in den Medienberichten jedoch nie erwähnt wurde), behauptete Williams, alle seien ausreichend über den Zustand des Vulkans informiert worden und hätten die üblichen Sicherheitsregeln eingehalten. Doch eine Gruppe wußte, daß es sich mit der Seismizität und der Sicherheit ganz anders verhielt.

Fraser Goff und Andy Adams kehrten einen Monat nach dem Ausbruch nach Los Alamos zurück. Der Medienrummel um Stanley Williams vergrößerte ihre Wut über die schlecht organisierte Exkursion noch. Kurz nach seiner Rückkehr hielt Goff vor seinen Kollegen von Los Alamos einen Vortrag, in dem er die stümperhafte Art, auf die die Expedition durchgeführt wurde, vernichtend kritisierte. Bei der Tour in den aktiven Vulkan sei soviel Vorsicht an den Tag gelegt worden wie bei einem Sonntagnachmittagspaziergang im Park, sagte er. Auf den ersten Folien, die er während seines Vortrags in den Overheadprojektor legte, war zu lesen:

Galeras-Tragödie
14. Januar 1993
Opfer: 9 bestätigte Tote, 10 Verletzte

Probleme

1. Es wurde kein allgemeiner Sicherheitsplan ausgegeben
2. Die meisten hatten keine ausreichende Sicherheitsausrüstung
3. Schlechte Funkverbindung (1 Gerät genügt nicht)
4. Schlechte seismologische Unterstützung (der Seismologe war nicht da)
5. Praktisch keine Erste-Hilfe-Ausrüstung
6. Keine Sperrung des Kraterbereichs für Touristen (3 Tote)

Kommentare

1. Falsche Einstellung (?), wenig Respekt!
2. Zwei Wissenschaftler betreten den Schlot des Vulkans (tot!)
3. Vier vorausgehende seismische Ereignisse werden nicht als Warnsignale erkannt!
4. Ein Workshop-Bericht, der die drohende Gefahr voraussagte, bleibt weitgehend unbeachtet!

Die Sache mit den Signalen war besonders rätselhaft. Williams behauptete weiterhin, es hätte keine Warnzeichen gegeben, doch einige Wochen nach dem Ausbruch warf Bernard Chouet zum ersten Mal einen Blick auf die seismographischen Aufzeichnungen vom Galeras aus den Wochen vor dem Ausbruch vom 14. Januar. Meghan Morrissey hatte ihm Kopien der Daten aus Pasto mitgebracht, weil sie wußte, daß sie ihn sehr interessieren würden. Chouet war entsetzt – und sah sich gleichzeitig bestätigt. Es hatte tatsächlich seismische Warnzeichen gegeben: langperiodische Signale wie die, die vor dem Ausbruch im Juli 1992 auf den Seismogrammen erschienen waren – genau wie er es im November 1991 prophezeit hatte. Sowohl Stanley Williams wie auch John Stix waren damals mit Chouet in Kolumbien; sie waren sogar dabei, als er seine Prognose für den Galeras abgab. Doch nun behauptete Williams, auf den Seismogrammen sei nichts Besorgniserregendes zu sehen gewesen, und John Stix pflichtete ihm bei. Diese neun Menschen hätten nicht sterben müssen.

Bernard Chouet war sprachlos. »Was auf dem Treffen geschah, ist für mich ein großes Rätsel«, sagt er. »Der Bericht von 1991 hätte den Leuten in Pasto zugänglich gemacht werden sollen.« Chouet hatte keine Ahnung, warum Williams die langen seimischen Signale übersehen oder ignoriert hatte. Er erinnert sich, daß er sich damals fragte, wofür er sich die ganze Arbeit gemacht hatte, wenn niemand ihr Aufmerksamkeit schenkte.

Im Herbst 1993 konnte Stanley Williams zum Erstaunen seiner Ärzte seine Arbeit an der Universität wieder aufnehmen. Einige Wiederherstellungsoperationen standen ihm noch bevor. Er trug ein Hörgerät im linken Ohr, und sein linkes Bein steckte in einer Metallschiene, das dem gebrochenen Knochen helfen sollte, richtig zusammenzuwachsen. Wenn er seine Vulkanologiekurse gab, legte er das schauerliche Ding auf sein Pult. An der Universität war Professor Stanley Williams, der bisher nur für seinen trockenen, monotonen Vorlesungsstil bekannt war, nun eine Berühmtheit. Seine Studenten fanden ihn cool.

Tobias Fischer und Marta Calvache schrieben ihre wissenschaftlichen Arbeiten bei Williams weiter. Calvache war die meiste Zeit in Pasto und arbeitete im Observatorium und an ihrer Doktorarbeit über die geologische Beschaffenheit des Galeras. Und Fischer sammelte die Gasdaten nun mit einem Instrument, das Messungen aus der Ferne erlaubte, so daß er sich nicht mehr in den Vulkan begeben mußte – zum Glück, denn der Galeras hatte noch zwei Ausbrüche, am 23. März 1993 und am 7. Juni 1993. Auch vor diesen beiden Eruptionen registrierten die Seismometer langperiodische Ereignisse. Bei dem Ausbruch vom Juni wurde das Polizeirevier völlig zerstört. Danach war auf dem Vulkan alles ruhig.

Im Juli 1993, sechs Monate nach dem tödlichen Ausbruch, erhielt Bernard Chouet einen Brief von der Zeitschrift *Nature*, in dem er gebeten wurde, eine wissenschaftliche Arbeit »gegenzulesen«. (Bevor eine wissenschaftliche Fachzeitschrift neue Forschungsberichte veröffentlicht, läßt sie diese von Experten auf dem jeweiligen Gebiet überprüfen.) Diese spezielle Anfrage war allerdings ungewöhnlich, und das Thema der Arbeit flößte Bernard Chouet beträchtliches Unbehagen ein. Der Hauptautor war Tobias Fischer; unter den genannten Mitautoren waren John Stix, Meghan Morrissey, Diego Gómez, Roberto Torres – und Stanley Williams. Der Grund für Chouets Bauchschmerzen war, daß es in dieser Arbeit um langperiodische Seismizität ging.

Die *Nature* ist eine der renommiertesten wissenschaftlichen Fachzeitschriften der Welt, die nur herausragende und wegweisende Arbeiten aus allen wissenschaftlichen Disziplinen veröffentlicht. Neue Erkenntnisse, über die die britische Zeitschrift *Nature* und ihr amerikanisches Gegenstück *Science* berichten, erregen in der Medienwelt große Aufmerksamkeit. In dieser speziellen Arbeit verglich Stanley Williams' Schützling Tobias Fischer die langperiodische Seismizität am Galeras mit dem Schwefeldioxidgehalt der vulkanischen Gase und versuchte den Nutzen der Kombination von seismischen Daten und Gaswerten für die Vorhersage von Ausbrüchen aufzuzeigen.

Chouet arbeitete bereits an einem eigenen Beitrag für die *Nature*, an einer umfassenden wissenschaftlichen Analyse der Ergebnisse seiner sorgfältigen Studien über langperiodische Seismizität und ihre Bedeutung für die Prognose des Verhaltens von Vulkanen. Die Forschungsarbeit an einem aktiven Vulkan unterschied sich von der im Labor, wo ein Experiment in einem Zeitraum von ein paar Tagen mehrmals wiederholt werden konnte. Deshalb war Chouets Arbeit, die in der *Nature* veröffentlicht werden sollte, die Quintessenz von neun Jahren bahnbrechender Forschung. Er erklärte darin nicht nur in allen Einzelheiten seine Erfolge beim Galeras und beim Redoubt in Alaska, sondern beschrieb auch zum ersten Mal (einem großen Leserkreis) die physikalischen Prozesse, die dazu führen, daß sich im Vulkan Druck aufbaut, bis er schließlich explodiert. »Bernard Chouet ist der weltweit führende Experte auf diesem Gebiet. Er entwickelte diesen Ansatz und beschrieb genau, was im Vulkan vor sich geht«, sagt Dave Harlow. Chouets Ansatz war der größte Fortschritt, der seit Jahren auf dem Gebiet der Vorhersage von Vulkanausbrüchen erzielt wurde, und sollte bald zum ersten Mal in der vollständigen Endfassung der ganzen Fachwelt und der Öffentlichkeit präsentiert werden. Nun publizierten Tobias Fischer und Stanley Williams vor ihm eine Abhandlung über sein eigenes Arbeitsfeld. Die *Nature*-Redakteure, denen bewußt war, daß Chouet an seiner eigenen Abhandlung über dieses Thema arbeitete, fragten ihn, ob es ihm etwas ausmachte, die Arbeit Fischers gegenzulesen. Sie wußten, daß daraus ein Interessenkonflikt entstehen würde, doch sie kannten sonst niemanden, der auf diesem sehr speziellen Gebiet arbeitete.

Chouet geriet durch die Bitte der *Nature*, Fischers Arbeit gegenzulesen, nicht nur in einen Interessenkonflikt, sondern auch in einen inneren Konflikt. Der Gedanke, daß sein Ansatz, in dessen Ausarbeitung er neun Jahre seines Lebens investiert hatte, falsch dargestellt werden könnte, war ihm unerträglich. Als er die Arbeit las, stellte er fest, daß Fischer keinerlei Hintergrundwissen besaß, und offenbar alles, was er über langperiodische Seismizität gelesen hatte, völlig mißverstanden hatte. Außerdem ging er davon aus, daß eine Kombination von Gaswerten und seismischen Daten zur Vorhersage von Vulkanausbrüchen benutzt werden konnte. Das ärgerte Chouet am meisten, weil Gaswerte völlig unzuverlässig waren und zur Prognose gar nicht benötigt wurden. Maßgeblich waren die seismischen Ereignisse, und alles, was über diese gesagt wurde, hatte Chouet herausgefunden.

Chouet befürchtete, daß eine Arbeit über langperiodische Seismizität, die voller Irrtümer steckte, mehr negative als positive Auswirkungen zeitigte, besonders wenn sie in der *Nature* veröffentlicht wurde. Für ihn stand fest, daß neun Menschen sterben mußten, weil seine Arbeit ignoriert worden war. Wenn er Fischers Arbeit gegenlas, würde sie *vor* seiner eigenen Abhandlung, die noch nicht geprüft wurde, in der renommierten Zeitschrift publiziert. Schließlich gelangte er zu dem Schluß, daß es am wichtigsten war, die Irrtümer richtigzustellen, und erklärte sich bereit, die Arbeit gegenzulesen.

Da die Überarbeitung einer wissenschaftlichen Abhandlung und die anschließende redaktionelle Bearbeitung für die Publikation Zeit in Anspruch nehmen, dauerte es sechs Monate, in denen Chouet drei Fassungen von Fischers Arbeit korrigierte, bis sie seiner Meinung nach inhaltlich korrekt und druckreif war. Nun ließ die *Nature* Chouets eigene Arbeit prüfen. Fischer und Williams waren dankbar für Chouets Hilfe, was ihn freute. Er rechnete nicht damit, daß seine Arbeit in den Schatten gestellt werden würde.

Doch am 10. März 1994, dem Tag, an dem Fischers Arbeit in der *Nature* veröffentlicht wurde, machte Stanley Williams wieder in der Presse von sich reden – diesmal propagierte er zu Chouets Bestürzung *seine* Methode, Vulkanausbrüche vorherzusagen.

Am 10. März erschien in der *Los Angeles Times* ein Artikel von Kenneth Reich:

> Ein Geologe von der Arizona State University, der letztes Jahr schwer verletzt wurde, als der Vulkan Galeras in Kolumbien unerwartet ausbrach, während er und andere Wissenschaftler ihn erforschten, berichtet heute, daß der Galeras und bestimmte andere Vulkane anscheinend ein Signal aussenden, bevor sie ausbrechen.
> Wenn dem so wäre, wäre es nach Aussagen des Geologen Stanley N. Williams und fünf anderer Wissenschaftler wohl möglich, einige Eruptionen vorauszusagen.
> Und hätten Williams, 41, und die Forschergruppe, zu der er gehörte, schon letztes Jahr über diese Information verfügt, dann hätten sie sich am 14. Januar 1993, an dem neun Menschen, darunter sechs Wissenschaftler, bei einem Ausbruch getötet wurden, sicher vom Krater ferngehalten …
> »Wir schätzten die Situation falsch ein«, sagte Williams diese Woche in einem Interview. »Wir glaubten, der Vulkan sei stabil, doch das war ein Irrtum.«

Und in einem weiteren Artikel vom 10. März berichtete William Broad, der Wissenschaftsreporter von der *New York Times*, über Williams' »neue Entdeckung«.

> Williams sagte diese Woche in einem Interview, die Entdeckung könne auf dem Gebiet der Vorhersage von Vulkanausbrüchen wichtig werden. »Sie ist der große Schritt, den wir brauchen, um aus der Theorie ein nützliches Werkzeug zu entwickeln.«
> Der Bericht steht in der britischen Fachzeitschrift

Nature. Der Hauptautor ist Tobias Fischer, ein Diplomand von der Arizona State University, dem Williams die Entdeckung zuschrieb.
Die Wissenschaftler fanden bei der Untersuchung der beiden Ausbrüche des Galeras heraus, daß jeder Eruption schwache Erdbeben von extrem niedriger Frequenz und langer Dauer vorausgingen, die allmählich kürzer wurden.

Obwohl die Abhandlung Fischers auf der Arbeit Chouets basierte, nahmen Williams, Fischer und John Stix das Verdienst für die Entdeckung in Anspruch.

Ironischerweise konnte Williams in der Fachwelt die Entdeckung nicht als die seine ausgeben, da er ständig behauptet hatte, daß es vor dem Ausbruch vom 14. Januar keine seismischen Warnzeichen gegeben habe. Wenn er eingeräumt hätte, daß er sich der Bedeutung der langperiodischen Seismizität bewußt war, hätte jeder sich gefragt, warum er dann die Exkursion in den Krater unternommen hatte, insbesondere, da der Vulkan vor dem vorangegangenen Ausbruch dieselben Anzeichen gezeigt hatte. So schrieb Williams statt dessen Tobias Fischer das Verdienst zu. In einer offiziellen Verlautbarung erklärte er, daß die Entdeckung ein Glückstreffer des jungen Deutschen war. Es sei die Idee eines aufgeschlossenen jungen Geistes gewesen, die Gaswerte und die seismischen Daten zu kombinieren, um Eruptionen vorherzusagen – was bisher noch keinem Wissenschaftler in den Sinn gekommen war.

Das *Research Magazine* der Arizona State University erzählte nach einem Interview mit Williams in seiner Ausgabe vom Frühjahr 1995 die Geschichte von Fischers Entdeckung.

Das Beste, was ein Professor für einen wißbegierigen Jungakademiker tun kann, ist manchmal, ihn ungestört forschen zu lassen.
Genau das konnte der Diplomand Tobias Fischer von der Arizona State University im letzten Jahr. Am 14. Januar 1993 kostete ein katastrophaler Ausbruch des Vulkans Galeras in Südamerika sechs Wissenschaftlern das Leben. Bei dem Ausbruch wurde Fischers Mentor, der Geologe Stanley Williams von der Arizona State University, schwer verletzt.
Das Ergebnis der Forschungsarbeit, die Fischer zusammen mit zwei Kommilitonen von der Arizona State University – und größtenteils ohne fachliche Betreuung – am Galeras leistete, war ein bahnbrechender Artikel, der am 10. März 1995 in der *Nature*, einer der renommiertesten wissenschaftlichen Fachzeitschriften der Welt, erschien.
Fischer und seine Mitautoren taten, was noch kein Vulkanologe vor ihnen getan hatte: Sie verglichen die Erdbebendaten eines Vulkans mit seinen Gaswerten und fanden heraus, daß die Überwachung der Gasemissionen in Verbindung mit den seismischen Ereignissen die Vorhersage zukünftiger Ausbrüche erleichtern kann.
»Die Leute, die die seismischen Signale von Vulkanen studieren, reden selten mit den Leuten, die die Gase analysieren. Sie reden nicht mit den Leuten, die die gravimetrische Forschungsarbeit machen. Und sie reden nicht mit den Geologen, die nur die Gesteine untersuchen«, sagt Williams.
»Wir entwickeln uns wirklich zu Fachidioten. Vielleicht war Tobias naiv genug, um nicht zu wissen, daß er diese Grenze nicht überschreiten sollte. Er

verglich die seismischen Ereignisse unter dem Vulkan mit den Gaswerten und entdeckte eine Wechselbeziehung.«

Für die Vulkanologen war das alles schwer zu glauben. Williams erforschte Vulkane, seit der Mount Saint Helens vor 13 Jahren ausgebrochen war. Er hatte an allen Fachkonferenzen teilgenommen und mit allen führenden Experten gesprochen. War es möglich, daß er auf einem Workshop über den Vulkan, der im Mittelpunkt seiner Forschungsarbeit stand, eine der wichtigsten Entdekkungen auf dem Gebiet der Vulkanologie völlig ignoriert hatte? Es erschien verrückt, eine Exkursion in den Krater eines aktiven Vulkans zu unternehmen, ohne vorher die seismischen Daten zu überprüfen. Doch Williams war als Einzelgänger bekannt, der sich darauf versteift zu haben schien, anhand von Gasdaten Ausbrüche vorherzusagen. Außerdem lag er schon seit langem im Konflikt mit den Wissenschaftlern vom USGS. Es war zwar schwer vorstellbar, daß Williams nichts von den seismischen Warnzeichen vor dem Ausbruch vom 1. Januar 1993 wußte, doch da niemand in den Vereinigten Staaten seiner Darstellung widersprach, ging man in Vulkanologenkreisen schließlich davon aus, daß er die seismischen Daten entweder ignoriert oder nie angeschaut hatte, weil er es schlicht nicht besser wußte.

Doch Bernard Chouet, der es immer noch nicht fassen konnte, daß Fischer und Williams seine Entdeckung einfach für sich in Anspruch nahmen, glaubte nie so recht, daß Williams von den langperiodischen seismischen Signalen vor dem Ausbruch, der seine angeblichen Freunde tötete, nichts gewußt hatte.

Chouets Arbeit wurde immer noch von der *Nature* geprüft, und er hoffte inständig, daß er nach ihrer Veröffentlichung endlich die verdiente Anerkennung für seine Entdeckung erhalten würde. Doch als er seine Arbeit schließlich von der Redaktion der renommierten Zeitschrift zurückerhielt, war er sprachlos. Dieselbe *Nature*-Redakteurin, in deren Auftrag er die Arbeit von Tobias Fischer dreimal korrekturgelesen hatte, bat ihn, in seiner eigenen Arbeit alle Passagen über den Galeras zu streichen, da die *Nature* gerade erst eine Arbeit über diesen Vulkan – von Fischer und seinen Mitautoren – veröffentlicht habe. Noch unglaublicher war, daß sie zudem von ihm verlangte, die Bedeutung seiner Entdeckung für die Vorhersage von Ausbrüchen herunterzuspielen.

Der Schweizer Wissenschaftler war entsetzt. Er wußte, daß die *Nature* sich aus allen Kontroversen heraushalten wollte, und sein Bericht enthielt eine brisante Bemerkung über »die tragische Verkennung der Bedeutung der langperiodischen Seismizität, die dem Ausbruch des Galeras vorausging«. Nun bat ihn die Redakteurin, all seine Ausführungen über den Galeras zu streichen und die Leser auf Fischers Abhandlung über diesen Vulkan zu verweisen. Neun Jahre Arbeit an einer bedeutenden Entdeckung waren von einem 25jährigen Diplomanden namens Tobias Fischer und seinem Mentor Stanley Williams, der behauptete, nichts über langperiodische Seismizität zu wissen, in den Schatten gestellt worden. Dabei hatte Chouet den Teil ihrer Abhandlung, in dem es um langperiodische Seismizität ging, völlig umschreiben müssen. »Für mich war das ein doppelter Schlag. Mein erster Gedanke war: Für diese Leute begutachtest du keine Arbeiten mehr! Und es kränkte mich wirklich wegen der Reihenfolge der Ereignisse.« Wütend, aber bemüht, Fassung zu bewahren, schrieb Chouet folgenden Brief an *Nature:*

Was die Kommentare zum Galeras und die Anwendung der LP *(long-period)*-Prognosestrategie auf diesen Vulkan betrifft, möchte ich diesen Brief zum Anlaß nehmen, Ihnen ein paar Hintergrundinformationen zu geben. Der Galeras liefert das vielleicht beste Beispiel für die potentielle prognostische Aussagekraft flacher LP-Aktivität. Im November 1991 wurde ich gebeten, den Galeras zu besuchen, um das Eruptionspotential dieses Vulkans abzuschätzen und Empfehlungen auszusprechen. Am Ende dieses Besuchs schrieb ich einen Bericht, in dem ich Szenarien für zukünftige Aktivitäten beschrieb und ausdrücklich darauf hinwies, von welch entscheidender Bedeutung die Beobachtung langperiodischer Ereignisse war, insbesondere wenn diese in größerer Tiefe stattfanden als die Oberflächenaktivität, die damals beobachtet wurde (Abb. 3 meiner Arbeit gibt ein Beispiel für diese Oberflächenaktivität). Dieser Bericht ging an das Observatorium von Pasto, den Direktor des Ingeominas in Bogotá und an andere Behörden, die der Zustand des Galeras interessierte. Obwohl der Bericht als eines der wahrscheinlichen Szenarien die LP-Aktivität beschrieb, die zu den Ausbrüchen von 1992 und 1993 führen sollte, achtete offenbar niemand auf sie. Im Januar 1993 war bekannt, welche Gefahr die damals beobachtete LP-Aktivität darstellte. Deshalb spreche ich in meiner Arbeit von »der tragischen Verkennung der Bedeutung der langperiodischen Seismizität, die dem Ausbruch des Galeras vorausging«. In Anbetracht der damals vorliegenden Informationen hätte niemand auf diesem Berg sterben müssen, aber das ist natürlich ein sehr problematischer und heikler Punkt. Dann schickten Sie mir die Arbeit von Fischer et al.

> zur Durchsicht. Ich habe Tobias Fischer und Meghan Morrissey während eines Aufenthalts an der Arizona State University nicht nur persönlich in die Materie eingearbeitet, sondern ihnen auch geholfen, ein Modell zu entwickeln, mit dem sie sich zunächst schwertaten (in meinem letzten Brief an Sie vom 7. Januar erwähnte ich diese Bemühungen). Nun lese ich in der *New York Times*, den *Science News* und den *News and Views in Nature*, daß diese Leute Ausbrüche vorhersagen, und gleichzeitig werde ich aufgefordert, den Teil der Geschichte, auf dem diese Nachrichten basieren, nicht hervorzuheben. Ich finde das, offen gesagt, ein bißchen viel auf einmal. Doch in Anbetracht der verständlichen Sensibilität der Leute, was die Geschehnisse am Galeras betrifft, ist mir die ganze Geschichte den Aufruhr und die Emotionen nicht wert, den die Konzentration auf den Galeras in meinem Artikel auslösen würde, daher würde ich dieses Thema gerne ganz fallenlassen. Auch wenn ich dieses Beispiel streiche, würde der Hauptzweck erfüllt, die Fachwelt zu informieren, daß die Seismologie nun quantitative Anhaltspunkte bezüglich der physikalischen Prozesse und Bedingungen in einem Vulkan liefert, auf deren Grundlage eine Prognosestrategie entwickelt werden kann, die eher auf einem physikalischen Verständnis beruht als auf der Empirie oder dem Erkennen von Mustern …

Am Ende entschied er sich dagegen, seine Arbeit in einer zensierten Fassung zu veröffentlichen. Er war zornig auf Williams und auf die *Nature*. Er fühlte sich vom System überrollt. Er wollte kämpfen, streiten, die Redakteurin ablehnen, Fischer und Williams attackieren, doch die

Wut begann ihn zu zerstören. »Ich beklagte mich bitter, und dann ließ ich das Werk in der Schublade verschwinden, weil ich nichts mehr damit zu tun haben wollte. Dort blieb es zweieinhalb Jahre lang«, sagt er.

Was in der laufenden Debatte darüber, was Stanley Williams über die seismischen Signale vor dem tödlichen Ausbruch wußte oder nicht, nie zur Sprache kam, war ein Dokument, das Williams ein gutes Jahr davor verfaßt hatte. Es handelte sich um die Beschreibung eines Forschungsprojekts für einen bei der National Science Foundation eingereichten Antrag auf Fördermittel, die im Dezember 1991 bewilligt wurden – nur einen Monat *nachdem* Bernard Chouet in Pasto (auf einem Treffen, an dem auch Williams und John Stix teilnahmen) seinen ersten Bericht über den Galeras vorgelegt hatte, der präzise Prognosen und Informationen über die Seismizität an diesem Vulkan enthielt.

Vulkan Galeras, 1991, Eruptionsstudien
Kurzbericht zum NSF-Förderprojekt 202195
Datum der letzten Änderung: 24. Dezember 1991
Förderprojekt Nr. 9202195
Bewilligte Fördermittel: Standardzuschuß
Programmleiter: Maryellen Cameron
Beginn des Forschungsprojekts: 1. Februar 1992
Voraussichtliches Ende des Forschungsprojekts: 31. Juli 1993
Geschätzer Gesamtbetrag: $ 8200
Leiter des Forschungsprojekts: Stanley N. Williams
Sponsor: Arizona State University

Kurzbericht
Im November 1991 zeigte der Vulkan Galeras in Kolumbien zahlreiche Anzeichen eines drohenden

Ausbruchs. Ganz ähnliche Anzeichen wurden vor ein paar Jahren vor dem Ausbruch des kolumbianischen Vulkans Ruiz beobachtet, der 20 000 Menschenleben forderte. Dieser Zuschuß versetzt den Leiter des Forschungsprojekts und seinen Studenten in die Lage, nach Kolumbien zu reisen, bevor es zu einem Ausbruch kommt, und ein kleines seismisches Netz auf den Flanken des Vulkans zu installieren. Sie werden dann versuchen, die seismischen Tremores mit spezifischen Gasemissionen, die mit dem COSPEC (Korrelationsspektrometer) bestimmt werden, zu korrelieren. Diese Erkenntnisse über die Beziehung zwischen Seismizität und Gasemission könnten sich bei Versuchen, zukünftige Ausbrüche von ähnlichen Vulkanen vorherzusagen, als sehr wichtig erweisen. Wenn der Galeras nicht ausbricht, während das Forscherteam dort ist, werden die örtlichen Geologen die Ausrüstung weiterbenutzen und Messungen vornehmen, wenn eine Eruption erfolgen sollte.

Wie sich herausstellte, handelte es sich bei der Beschreibung des Forschungsprojekts, für das Williams unter seinem Namen Fördermittel bei der National Science Foundation beantragt hatte, um die in der *Nature* veröffentlichte Studie, von der Williams behauptete, sie sei hauptsächlich von seinem 25jährigen Diplomanden Tobias Fischer ohne seine Anleitung und ohne sein Wissen erstellt worden. Der über ein Jahr vor der Galeras-Tragödie geschriebene Kurzbericht bewies, daß Williams sich der Bedeutung seismischer Daten für die Vorhersage von Ausbrüchen des Galeras sehr wohl bewußt war, wurde aber nie ans Licht gebracht. In den folgenden Jahren behauptete Williams weiterhin, daß der Galeras am

14. Januar 1993 so ruhig gewesen sei, wie ein aktiver Vulkan nur sein kann, und daß er nichts von seismischen Warnzeichen gewußt habe, als er die folgenschwere Exkursion zum Krater des Vulkans unternahm.

Das war die Geschichte, die Williams in der Presse und in Fernsehinterviews verbreitete, die Geschichte, die die Vulkanologen vom USGS und seine Studenten an der Arizona State University zu hören bekamen – und die Geschichte, die er den Witwen und Kindern der Männer erzählte, die bei dem Ausbruch umgekommen waren.

So hatte er die Situation am Galeras vor allem auch seinen Kollegen José Arles Zapata, Geoff Brown, Carlos Trujillo, Fernando Cuenca, Igor Menyailov und Nestor García dargestellt, als sie ihre Exkursion in den Krater des Vulkans planten, die ihre letzte sein sollte: Die Kratertour sei »ein Kinderspiel«, sagte er, es bestünde absolut kein Grund zur Sorge, keinerlei Gefahr; und sie gingen davon aus, daß er nach Überprüfung aller verfügbaren Daten und aufgrund seiner großen Erfahrung und Sachkenntnis zu dieser Einschätzung gelangt war.

Die Katastrophe am Nevado del Ruiz vom 13. November 1985 war für die Kolumbianer eine wirkliche Tragödie, eine Prüfung Gottes, ein Vulkanausbruch, bei dem wegen der damals herrschenden Meinungsverschiedenheiten, Interessenkonflikte und Unwissenheit Tausende von Menschen in Chinchiná und Armero unter Schlammströmen begraben wurden und der fruchtbares Land und kostbaren Besitz vernichtete. Doch als 1993 sechs Wissenschaftler bei einem Ausbruch des Galeras umkamen, wurde das in Kolumbien nicht als eine Tragödie, sondern als eine lächerliche Ironie des Schicksals empfunden. Die Vulkanologen trauerten um ihre toten Kollegen, doch die Einheimischen fanden es zum Lachen, daß ausgerechnet die Experten, die es hätten besser wissen müssen, direkt in den Schlund eines Vulkans liefen. Die Hälfte von ihnen kehrte nie zurück.

Epilog

Winter 1996 bis Sommer 2000

Ich begegnete Williams zum ersten Mal im Januar 1996 im kleinen, schäbigen Auditorium des Instituts für Geowissenschaften an der University of California in Riverside, wo ich mich damals auf meinen Magisterabschluß vorbereitete. Williams war gekommen, um vor der versammelten geologischen Fakultät einen Vortrag zu halten. Wir hatten den ganzen Morgen gespannt auf seine Ankunft gewartet: Da für Geologen nichts aufregender ist als ein aktiver Vulkan, neigen wir dazu, jeden zu vergöttern, der den Mut hat, auf einem zu arbeiten. Wir konnten es kaum erwarten, den Mann kennenzulernen, der als der einzige Überlebende einer Vulkankatastrophe berühmt geworden war.

Er sah anders aus, als ich erwartet hatte, eher wie ein Computerprogrammierer als jemand, der sich durch einen vulkanischen Feuersturm gekämpft hatte. Er stand auf der Rednertribüne und erzählte die Geschichte vom Galeras, wie seine guten Freunde vor seinen Augen in tausend Stücke zerfetzt wurden, wie er hilflos dalag, bis seine Diplomandin ihn aus dem Vulkan schleppte. Dann kam das Interessanteste: Er erzählte, wie einer seiner Diplomanden herausfand, daß die kolumbianischen Seismologen vor dem Ausbruch des Galeras einige

Warnsignale in den seismographischen Aufzeichnungen beobachtet hatten. Hätten wir das nur gewußt, sagte er. Wenn die Wissenschaftler der verschiedenen Disziplinen doch nur miteinander reden würden. Hätten die Chemiker doch nur mit den Seismologen gesprochen. Das sollte wohl heißen, daß neun Menschen letztendlich nur deshalb sterben mußten, weil die Verständigung zwischen den Wissenschaftlern nicht klappte.

Williams war auf Einladung meines Professors an die University of California in Riverside gekommen, und ich durfte am anschließenden Mittagessen teilnehmen. Williams hatte in seinem Vortrag erzählt, daß er inzwischen bereits wieder auf aktiven Vulkanen in ganz Lateinamerika arbeite. Ich fragte seine Frau Lynda, wie sie und ihre Kinder damit umgehen. Sie zuckte die Achseln und wich der Frage aus. Anscheinend hatte sie sich damit abgefunden, daß sie ihren Mann nicht von einer Arbeit abhalten konnte, die er offenbar unbedingt machen wollte.

Ich weiß noch, daß ich damals dachte, die Galeras-Tragödie war eine hochinteressante Geschichte, daß Williams ein Buch darüber schreiben sollte. In der Zwischenzeit schloß ich mein Studium ab und fand meinen eigenen Vulkan, den Mount Rainier, über den ich 1997 meine Diplomarbeit schrieb.

Zwei Jahre später trat Stanley Williams erneut in mein Leben. Ein literarischer Agent, der Williams ein Buchprojekt ankündigen hörte, rief mich an und fragte mich, ob ich die Geschichte vom Galeras kenne. Ich sagte, ja, das sei eine faszinierende Tragödie. Williams schien sich endlich entschlossen zu haben, seine Geschichte niederzuschreiben, und ich wollte unbedingt die Person sein, die ihm dabei half. Ein paar Monate später hörte ich, daß er bereits einen Mitautor hatte, die Rechte an seinem Buch für eine hohe Summe an ein New Yorker Verlagshaus verkauft hatte und bereits dabei war, den nächsten Abenteuer-und-Katastrophen-Bestseller zu schreiben.

Ich hatte meine Chance verpaßt, die große Vulkangeschichte zu schreiben, und erzählte einem Vulkanologen von der University of Hawaii bei einem Glas Bier, wie sehr ich das bedauerte. Als ich darauf zu sprechen kam, was für ein Glück Williams hatte, erstarrte er sichtlich. »Weißt du«, sagte er nach einer Weile, »das ist längst nicht die ganze Geschichte.« Er drückte sich sehr vorsichtig aus, und ich meinte, einen bitteren Unterton in seiner Stimme zu hören – beruflicher Neid vielleicht? Doch er brachte mich auf den Gedanken, daß es vielleicht *tatsächlich* noch mehr zu erzählen gab – nicht nur über Stanley Williams, sondern über die ganze Gruppe von Wissenschaftlern, die auf dem Galeras starb, und darüber, was scheinbar vernünftige Wissenschaftler dazu treibt, ihr Leben zu riskieren.

Als wir unser Bier ausgetrunken hatten und uns anschickten zu gehen, ließ der Vulkanologe noch eine Bemerkung über Williams fallen: »Viele Leute haben ein Problem mit Stans Sicherheitsvorkehrungen.«

In der Bücherei des Goddard-Raumflugzentrums der NASA fand ich ein Sonderheft des *Journal of Volcanology and Geothermal Research* aus dem Jahre 1997, das sich ausnahmslos mit dem Ausbruch des Galeras vom Januar 1993 befaßte. Hinten im Heft war ein Artikel von Dr. Peter Baxter, der an dem Galeras-Workshop teilgenommen hatte. Der Beitrag des Mediziners bestand aus einer Sammlung von Interviews mit den Überlebenden des Ausbruchs.

Überlebende? Ich hatte immer gehört, daß Williams der *einzige* Überlebende war. Doch hier waren Augenzeugenberichte von fünf anderen Wissenschaftlern, die diesen Ausbruch ebenfalls überlebt hatten.

Das war die erste von vielen Unstimmigkeiten, die ich in der Geschichte entdeckte, die Stanley Williams den Medien erzählte. Meine Nachforschungen – deren Ergebnis dieses Buch ist – führten mich zunächst nach Kolumbien, und schließlich interviewte ich alle Leute, die in der Tragödie eine Rolle gespielt hatten.

Am Ende war nur noch ein Überlebender übrig, mit dem ich noch sprechen mußte. An einem fast 43 Grad Celsius heißen Junitag traf ich an der Arizona State University in Tempe ein. Williams gab dort Sommerkurse, und ich wollte ihm Gelegenheit geben, seine Version der Geschichte zu erzählen.

Er hielt gerade eine Vorlesung in einem großen Auditorium, und ich stand mit einer Freundin hinten im Raum und hörte zu. Er sah genauso aus, wie ich ihn in Erinnerung hatte, und sprach mit derselben monotonen Stimme. Er trug kurze Hosen; die Narben an seinen Beinen waren deutlich sichtbar. Und in seinem linken Ohr steckte ein Hörgerät aus Plastik.

Nach dem Ende der Vorlesung lief ich auf ihn zu und stellte mich vor. Ich erwartete keinen herzlichen Empfang – er wußte, daß ich inzwischen meinen Buchvertrag hatte –, doch wir gaben uns die Hand und machten auf dem Weg in sein Büro im sechsten Stock höfliche Konversation. Ich war nervös und merkte, daß er es auch war, doch er schien bereit, sich meinen Fragen zu stellen. Ich fragte ihn, was er in der Zeit nach der Vulkankatastrophe von Armero erlebte und wie er dazu kam, auf dem Galeras zu arbeiten. Obwohl er wußte, daß ich Geologin bin, gab er mir die stereotypen kurzen Antworten, die ich aus so vielen Zeitungsausschnitten und Fernsehaufzeichnungen kannte. Sein Ton war die meiste Zeit freundlich – bis ich ihn gezielt zum Ausbruch des Galeras vom 14. Januar 1993 befragte.

Er rutschte in seinem Sessel hin und her und zupfte an seinen Fingernägeln herum; dann sagte er höflich, es sei Zeit für mich zu gehen. Doch ich hatte noch eine Frage.

»Was war mit der Seismizität? Die Seismologen sagten, sie hätten am Abend vor dem Ausbruch mit Ihnen darüber diskutiert, weil sie besorgt waren.«

»Wer hat das gesagt?« wollte er wissen.

Ich nannte ihm meine Quellen, unter anderem Fernando Gil, den Williams seit 1988 kannte, als er von ihm die Erlaubnis forderte, eine Abhandlung von Gil und Bernard Chouet über langperiodische Seismizität in einem von ihm herausgegebenen Sonderheft über den Nevado del Ruiz abzudrucken.

Williams fühlte sich immer unbehaglicher. Offensichtlich hatte er nicht erwartet, daß ich ihn danach fragen würde.

»Mir war nichts dergleichen bewußt. Außerdem bin ich kein Seismologe.«

Dann erklärte er unser Gespräch für beendet. Ich klappte mein Notebook zu und gab ihm die Hand. Obwohl ich die Wahrheit über die Geschehnisse am Galeras herausfinden mußte und bereits wußte, worauf meine kritische Untersuchung hinauslief, tat Stanley Williams mir leid, weil er ein schlimmes Trauma durchgemacht hatte, unter dessen Folgen er immer noch litt. Dieser Mann und 15 andere waren auf einem Vulkan in Kolumbien von einem explosiven Ausbruch überrascht worden. Sechs Leute – darunter der Exkursionsleiter Stanley Williams – hatten ihn überlebt, neun andere nicht.

Als wir uns voneinander verabschiedeten, spürte ich, daß diese Tatsachen ebenso Teil seines täglichen Lebens waren wie sein Hörgerät und die Narben an seinem Körper – alles erinnerte an die schreckliche Tragödie vom 14. Januar 1993.

ANHANG

Die Wissenschaftler

Vulkanologen

Norm Banks	U.S. Geological Survey (USGS), Washington, U.S.A.
Pete Hall	Escuela Politécnica Nacional, Quito, Ecuador
Patty Mothes	Escuela Politécnica Nacional, Quito, Ecuador
John Tomblin	Vereinte Nationen, Schweiz

Geologen

Marta Calvache	Ingeominas*, Pasto, Kolumbien
Dave Harlow	U.S. Geological Survey (USGS), Kalifornien, U.S.A.
Darrel Herd	U.S. Geological Survey (USGS), Virginia, U.S.A.

Seismologen

Bernard Chouet	U.S. Geological Survey (USGS), Kalifornien, U.S.A.
Fernando Gil	Ingeominas*, Manizales, Kolumbien
Diego Gómez	Ingeominas*, Pasto, Kolumbien
Bruno Martinelli	Schweizerisches Katastrophenhilfekorps, Schweiz

Fernando Muñoz	Ingeominas*, Pasto und Manizales, Kolumbien
Roberto Torres	Ingeominas*, Pasto, Kolumbien

Chemiker

Andy Adams	Los Alamos National Lab, New Mexico, U.S.A.
Mike Conway	Florida International University, Michigan, U.S.A.
Fabio García	Ingeominas*, Bogotá, Kolumbien
Nestor García	Universidad de Caldas, Manizales, Kolumbien
Luis LeMarie	Escuela Politécnica Nacional, Quito, Ecuador
Andrew Macfarlane	Florida International University, Florida, U.S.A.
Igor Menyailov	Institut für Vulkanologie, Kamtschatka, Rußland
Alfredo Roldán	Instituto Nacional de Electrificación, Guatemala City, Guatemala
Stanley Williams	Arizona State University, Arizona, U.S.A.
José Arles Zapata	Ingeominas*, Pasto, Kolumbien

Geophysiker

Geoff Brown	The Open University, United Kingdom
Fernando Cuenca	Ingeominas*, Bogotá, Kolumbien
Milton Ordoñez	Ingeominas*, Pasto, Kolumbien

Bauingenieure

Bernardo Salazar	CHEC**, Manizales, Kolumbien
Carlos Trujillo	Universidad de Nariño, Pasto, Kolumbien

* Kolumbianisches Landesinstitut für Geologie und Bergbau
** Zentrale Wasserkraftwerksgesellschaft von Caldas

Danksagung

Dieses Buch gehört den Menschen, die die Katastrophen am Nevado del Ruiz und am Galeras durchlebten. Es ist eine kolumbianische Geschichte, und ohne die Gesprächsbereitschaft und Offenheit der beteiligten kolumbianischen Wissenschaftler wäre es unmöglich gewesen, die komplizierte Geschichte hinter dem Tod von vielen tausend Menschen im November 1985 und weiteren neun im Januar 1993 aufzudekken. Allen, die mir erzählten, was sie wußten, erlebten und empfanden, bin ich ungeheuer dankbar.

Im Landesinstitut für Geologie und Bergbau in Bogotá schilderten Juan Duarte, Fabio García, Jaime Romero, Fernando Muñoz, Hector Cepeda und Roberto Torres mir Erinnerungen aus dem Jahrzehnt zwischen 1984 und 1994. Yesenia Arzuza, die freundliche Öffentlichkeitsarbeiterin des Ingeominas, arrangierte Interviews mit vielbeschäftigten Wissenschaftlern und beantwortete mir per E-Mail beinahe in Echtzeit Dutzende von Fragen.

Im Instituto Geofísico de Los Andes Colombiano erzählten mir Tito Vargas und Oscar Rodríguez von den Anfängen der Seismologie in Kolumbien, vom ersten Seismometer in einem Berg am Stadtrand von Bogotá und aus dem Leben von Padre Jesús Emilio Ramírez. Luis Eduardo Peñuela bewältigte die selbstmörderischen Straßen von Bogotá und die Landstraße zur Laguna de Guatavita und dachte, außer an jenem ersten Abend, immer daran, mich vom Flughafen abzuholen.

In Manizales war mir Carlos Arturo Garzón, der Direktor des Vulkanobservatoriums, eine große Hilfe. Er gewährte mir freundlicherweise freien Zugang zum Observatorium und seiner Belegschaft, organisierte einen Ausflug zum Vulkan und brachte mich mit einem Militärhubschrauber auf die andere Seite der Kordillere. Gloria Patricia Cortés und Hector Mora schilderten mir schmerzliche Erinnerungen an die Tage nach Armero und den Tag, an dem der Galeras ausbrach. Gustavo Garzón, der zur Zeit der beiden Katastrophen noch nicht für das Geominas arbeitete, verdanke ich dennoch viele nützliche Informationen, unter anderem zum Verhältnis der Kolumbianer zu ihren Vulkanen. An einem schönen Märztag nahmen mich die beiden bekanntesten Ruiz-Bergführer Fernando Gil und Maria Luisa Monsalve zu dem großen Vulkan mit und weihten mich in seine Geheimnisse ein. In der Stadt überhäuften mich Pablo Medinas Frau Clarita und seine Tochter Lucita mit ganzen Stapeln von Veröffentlichungen über den Nevado del Ruiz, die Pablo während der Vulkankrise gesammelt hatte. Pablo schilderte mir das tragische Jahr telefonisch und per E-Mail von seinem Arbeitsplatz aus, der zwei Autostunden von Manizales entfernt lag und nur über eine von den Guerilleros kontrollierte Landstraße zu erreichen war. An der Universität von Caldas ließ Adela Londoño mich an glücklichen Erinnerungen an ihre Zusammenarbeit mit Nestor García und Marta Calvache vor dem Ausbruch des Nevado del Ruiz teilhaben und zeigte mir schöne Fotos aus dieser Zeit. María Elena Vivas, die inzwischen im piekfeinen Privatclub C.M. in Manizales arbeitet, erzählte mir die Geschichte von der klappernden, kalten Schutzhütte auf dem Nevado del Ruiz. Omar Darío Cardona, der gerade bei seinen Eltern in Manizales Urlaub machte, führte Norm Banks und mich auf einen Bergkamm, von dem aus man die beste Aussicht auf seine schöne Heimatstadt hatte, und erzählte von der Vulkankatastrophe am Nevado del Ruiz, die ihn sehr erschütterte, und von der Tragödie am Galeras. Außerdem muß ich Omar für seinen detaillierten Bericht über die Galeras-Krise loben, der 1997 im *Journal of Volcanology and Geothermal Research* veröffentlicht wurde. Für den Preis einer Tankfüllung Treibstoff flog Fabio Diaz mich in einer Hughes 500S über Chichiná; so konnte ich aus 4900 Metern Höhe die nach 15 Jahren immer noch deutlich erkennbaren Spuren der Verwüstung besichtigen, die die 30 Meter hohe Schlammlawine im Flußbett des Chinchiná hinterließ.

Im Vulkanobservatorium von Pasto erzählten mir Marta Calvache und Bruno Martinelli ihre jeweilige Geschichte, und anschließend ermöglichten sie es mir, alle Wissenschaftler und Mitarbeiter zu interviewen, die die Galeras-Katastrophe miterlebt und dabei ihre Freunde Adriana Ortega, Ricardo Villota, Diego Gómez, Carlos Estrada und Milton Ordoñez verloren hatten. An einem kühlen Abend in Pasto tauschte ich mit Natalie Ortiz und Gustavo Córdoba bei einer Flasche Wodka Vulkangeschichten aus. José Cuellar, der Besitzer des Hotels Cuellar, spendierte Alfredo und mir ein Abendessen und nahm sich mehrere Stunden Zeit, um uns das Verhältnis der Pastusos zum Galeras und ihre Reaktionen auf die angebliche Vulkankrise darzulegen. Luis Ruales, unser Kellner, erinnerte sich an die Woche, in der die Wissenschaftler nach Pasto kamen und etwas in den Vulkan warfen. Der Journalist Winston Virachaca und der Kameramann Eduardo Cruz, die die Galeras-Tragödie aufzeichneten, erzählten, daß sie seit dem 16. Januar 1993 nie mehr auf dem Galeras waren.

In Quito, der Hauptstadt von Ecuador, schilderte mir Pete Hall in allen Einzelheiten, wie die Presse, die gegnerischen wissenschaftlichen Lager und die sich streitenden Behörden die Situation am Nevado del Ruiz während der Vulkankrise darstellten, und seine Frau Patty Mothes opferte viele Stunden ihrer kostbaren Zeit, um mir die komplizierten Krisen verstehen zu helfen. (Dafür mußte ich Pete versprechen, eine Autobatterie auf 6100 Meter Höhe zu schleppen, wenn ich das nächste Mal in der Stadt bin.) Luis LeMarie hat Quito verlassen und lebt und arbeitet nun in den Niederlanden, doch er war so freundlich, für dieses Buch seine Erinnerungen an den Ausbruch des Galeras niederzuschreiben.

Besonderen Dank schulde ich Afredo Roldán, der mich

nach Pasto und auf den Galeras begleitete, und Norm Banks, dessen hohes Ansehen bei den kolumbianischen Wissenschaftlern mir von Bogotá bis Manizales und Pasto Türen öffnete.

Fraser Goff und Andy Adams vom Los Alamos National Lab machten mir die seltsamen Unstimmigkeiten in den Geschichten bewußt, die nach dem Galeras-Workshop aus Kolumbien zu hören waren. Andrew Macfarlane von der Florida International University und Mike Conway vom Arizona Western College erzählten mir weniger von ihrem verzweifelten Überlebenskampf auf dem Galeras als von ihrem wachsenden Ärger darüber, daß Stanley Williams sich seit Jahren als den einzigen Überlebenden des Ausbruchs darstellt. Von Bernard Chouet erfuhr ich die Geschichte seiner Entdeckung und wie schmerzlich und frustrierend es für ihn war, daß seine Arbeit ignoriert wurde – was den Tod von neun Menschen zur Folge hatte. Unter den anderen nordamerikanischen Wissenschaftlern, die am Galeras-Workshop teilnahmen und mich an ihren Erinnerungen teilhaben ließen, waren Steve McNutt von der University of Alaska, Meghan Morrissey vom USGS, Chuck Wood von der University of South Dakota, Christopher Sanders von Microsoft, Greg Arehart von der University of Nevada in Reno, Tobias Fischer von der University of New Mexico und John Stix von der McGill-University in Montreal, Kanada.

Weitere Wissenschaftler vom USGS, die mir ihre Erfahrungen in Kolumbien schilderten, waren John Ewert, Dan Miller, Randy White und Dave Harlow. Ich muß insbesondere dem USGS-Emeritus Jack Lockwood dafür danken, daß er die Augenzeugenberichte von Juan José Restrepo und anderen Überlebenden der Katastrophe von Armero aufzeichnete. Und ich möchte auch Juan José Restrepos Mut würdigen, die grauenvolle Geschichte, wie er die Schlammlawine überlebte, zu erzählen. Peter Mouginis-Mark von der University of Hawaii brachte mich auf die Gedanken, daß die in den Medien verbreitete Geschichte nur die halbe Wahrheit sein könnte. Barry Voight von der Penn State University schrieb 1990 für das *Journal of Volcanology and Geothermal Research* einen höchst aufschlußreichen Bericht über den Nevado del Ruiz.

Hintergrundinformationen zu den wissenschaftlichen, sozialen und politischen Aspekten der beiden Vulkankatastrophen lieferten mir auch Barney Berger vom USGS, Tom Aldridge, ein Emeritus vom Carnegie Institute of Washington, Claudia Zapata und Rick Wessles von der Arizona State University, Jimmy Hinacapie von der University of El Paso und John Tomblin, der ehemalige Leiter der UNO-Katastrophenhilfe.

Dave Zimbelman, ein beeindruckender Sportler und Wissenschaftler, machte mich mit dem Mount Rainier bekannt und lehrte mich, wie man auf dem 4267 Meter hohen Geröllhaufen sicher arbeitet. George Breit vom USGS war immer bereit, Fragen wie »Auf welche Weise kann Kadmium Menschen töten?« zu beantworten. Arlene Collins fotografierte die kolumbianischen Wissenschaftler unmittelbar nach der Vulkankatastrophe von Armero bei der Arbeit und stellte mir ihre gelungenen Bilder zur Verfügung. Patrick O'Neill, ein Reporter vom *Oregonian*, machte, während ich unterwegs war, Informationsquellen für mich ausfindig, und Fred Lovinger, ein ehemaliger Redakteur des *Oregonian*, unterstützte mich unermüdlich. Die Lehrkräfte der Abteilung für Geowissenschaften an der University of California in Riverside vermittelten mir solide Fachkenntnisse in theoretischer und praktischer Geologie und lehrten mich die wissenschaftliche Methodik, die, wie ich feststellte, der journalistischen recht ähnlich ist. Besonders danken möchte ich auch Margarita Martí aus Venezuela, die mir stundenlang half, schwierige wissenschaftliche Fachausdrücke zu übersetzen.

Der beste Kolumbien-Reiseführer bleibt der *Lonely Planet Travel Guide*, auch wenn sich seit seiner letzten Aktualisierung im Jahr 1997 vieles verändert hat. Zwei weitere besonders informative Bücher sind *The Making of Modern Colombia: A Nation in Spite of Itself* von David Bushnell und die *Historia de Los Terremotos en Colombia* von Jesús Emilio Ramírez.

Emilie Lorditch, eine wundervolle Freundin mit ungewöhnlich viel Spürsinn, fand im Nu die obskursten Details für mich heraus, und Chris Oliver erwies mir alle möglichen Gefallen, die mir in diesem letzten Jahr das Leben erleichterten. Sterling Spangler, der wie ein Bruder für mich ist, erstellte großartige Karten von Kolumbien, vom Galeras und vom Nevado del Ruiz. Meine liebe Freundin Nancy Austin war an meiner Seite, als ich nach Tempe reiste, um Stanley Williams zu interviewen, und Melinda Wright grub ihre akribischen Notizen aus, die mir halfen, meine Daten zu verifizieren.

Einen besonderen Platz in meinem Herzen haben Holly Hodder, der Wirbelwind, der mein Leben für immer veränderte, mein unbeirrbarer Agent und weiser Berater Peter McGuigan, Peters absolut unermüdliche Assistentin und Hobbyforscherin Amy Lotven, Nikola Scott, die kompetente, kreative und stets hilfsbereite Assistentin meines Lektors, Dan Conaway, mein liebenswürdiger und tüchtiger Lektor bei HarperCollins, dessen enthusiastisches Engagement für dieses Buch nie nachließ, und meine Großmutter, die mir immer sagte, ich würde eines Tages ein Buch schreiben. Vor allem möchte ich von ganzem Herzen Mom, Dad und Tim danken. Es läßt sich nicht mit Worten beschreiben, wie wichtig eure liebevolle Unterstützung und Ermutigung für mich ist.

Personenregister

Sachregister

MALIK

Richard Picciotto mit Daniel Paisner
Unter Einsatz meines Lebens

Ein New Yorker Feuerwehrmann im World Trade Center. Aus dem Amerikanischen von Klaus Timmermann und Ulrike Wasel. Ca. 320 Seiten mit Farbbildteil. Geb.

Während Hunderte Angestellte zu den Ausgängen drängten, rannten wir in den nördlichen Tower. Mein Auftrag war, eine Gruppe von Leuten herauszuholen, die etwa in Höhe der 21. Etage feststeckten. Ich mußte nur nach oben, Stockwerk für Stockwerk, und Tür um Tür öffen, bis ich sie fand. Überall schickte ich die Menschen zu den Notausgängen und den Treppenhäusern. Als ich bei denen war, die um Hilfe gerufen hatten, brachte ich sie auf den Weg nach unten und machte weiter. Natürlich, über mir mußten noch Tausende sein.
Ungefähr im 30. Stock ließ mich ein donnerndes Geräusch innehalten. Es ging mir durch Mark und Bein, und ich könnte es nicht beschreiben, nicht einmal in eine Größenbeziehung einordnen. Jemand verglich es später mit Dutzenden von Güterzügen, die auf einen zurasen. Aber das war es nicht: Es war mächtiger, dumpfer, schneller, lauter. Der Südturm des World Trade Centers – erdbebensicher, brandgeschützt, für die Ewigkeit gebaut – war eingestürzt. Und ich wußte, was das bedeutete.

MALIK

Bruno Baumann
Karawane ohne Wiederkehr

Das Drama in der Wüste Takla Makan.
Mit 135 Farbfotos. 318 Seiten. Geb.

Die Takla Makan in China: 338.000 km² Sandwüste. Extreme Temperaturschwankungen von mehr als 60° und verheerende Sandstürme machen dieses »Meer aus Sand« zu einem der feindseligsten und zugleich faszinierendsten Orte. Der erste, der das Unmögliche versuchte und sich an eine Durchquerung der Takla Makan wagte, war vor über 100 Jahren der schwedische Entdecker Sven Hedin. Obwohl er seine Karawane ins Verderben führte, wurde er zum Mythos, sein Buch »Durch Asiens Wüsten« zum Welterfolg und Klassiker, trotz aller Widersprüchlichkeiten und Rätsel.
Bruno Baumann, der jetzt das lebensgefährliche Unternehmen wiederholt hat, dokumentiert seine eigene Expedition – und legt auf erschütternde Weise offen, wie das Wüstendrama damals wirklich verlaufen sein muß. Baumanns umfangreiche Recherchen fördern nicht nur neue Zeugnisse Hedins zutage, sondern auch überraschende Aussagen von Nachfahren der einheimischen Expeditionsteilnehmer von 1895.

Joachim Feyerabend
Das Jahrtausend der Orkane

Warnsignale aus dem Himmel. 293 Seiten. Geb.

Stürme gehören zu den Naturgewalten, die der Mensch nicht zähmen kann. Wenn ein Orkan tobt und seine Schneisen schlägt, bleibt dem Menschen nur die Flucht. Woher kommen die Stürme? Weshalb nimmt ihre Zahl und Zerstörungskraft weltweit zu? Warum lassen sie sich häufig nicht einmal zuverlässig vorhersagen? Joachim Feyerabend beschreibt lebendig und packend das Wüten der Stürme auf dem Globus. Zahlreiche zerstörerische Unwetter hat der passionierte Segler selbst erlebt. Er wirft einen Blick zurück in die Geschichte und berichtet von den Jahrhundertstürmen auf See und über Land. Und er erklärt, welche Arten von Stürmen es gibt, wo sie auftreten und wie sie entstehen. So gelingt ihm ein faszinierendes Buch, das genauso fesselnd wie informativ ist. Doch Feyerabend warnt auch: Die Zahl der Stürme nimmt dramatisch zu. Wir stehen vor einem Jahrtausend der Orkane...

MALIK

Hans Kammerlander
Bergsüchtig

Unter Mitarbeit von Walther Lücker. 347 Seiten
mit 141 Abbildungen, davon 85 in Farbe. Geb.

Hans Kammerlander, der hier von seinem spektakulären Alleingang auf den Mount Everest erzählt, ist einer der erfolgreichsten Extrembergsteiger der Welt. Er war der erste, der vom Nanga Parbat mit Skiern abfuhr. Und er ist noch immer der einzige Mensch, der die Skiabfahrt vom Everest gewagt hat. Wer ist dieser Mann, der kein Risiko scheut, der am Berg fast Übermenschliches leistet? Packend erzählt er von seinem Leben zwischen Fels und Eis, von dem Abenteuer und davon, warum er immer wieder seine eigenen Grenzen überwinden muß, um das Unmögliche möglich zu machen. Der Umgang mit dem Risiko, der Angst und dem Tod, der Unsinn des Achttausender-Tourismus, die Sucht nach dem Berg – Hans Kammerlander läßt die Leser miterleben, warum es ihn seit früher Jugend immer wieder in die steilsten Wände und auf die höchsten Gipfel treibt.